JN121322

工事担任者

第2級
デジタル通信
標準テキスト

リックテレコム

はしがき

工事担任者規則の改正により、2021年４月から工事担任者資格の種類および各資格種の名称が変わり、従来のDD第３種の名称は「第２級デジタル通信」になります。

本書は、工事担任者「第２級デジタル通信」の資格取得を目指す受験者のためのテキストです。

本書は、各科目の主要内容を押さえることはもとより、試験に合格するためのエッセンスを抽出し、効率良く学習できるように工夫しています。具体的には、以下の特長を持っています。

1　ひとめでわかる重要ポイント

本文の中で特に重要な点や間違えやすい点を、マーク(重要)を用いて表示しています。重要ポイントがひとめでわかるので、効率的に学習することができます。

2　豊富な図表

理解しづらい電気や半導体の性質、データ伝送の仕組み、各種のインタフェースの仕様、法令の規定内容などを豊富な図や表でわかりやすく解説しています。これにより直感的にさまざまな原理や技術内容、法制度を理解することができます。

3　理解度チェックに役立つ「練習問題」と「実戦演習問題」

本書では「練習問題」を掲載するとともに、実際の試験で出題された問題等を厳選し、「実戦演習問題」として各章末に掲載しています。問題を解くことで理解度を確認することができます。

受験者の皆さんが、本書を有効に活用することにより、合格への栄冠を獲得されることをお祈りいたします。

2021年１月

編者しるす

工事担任者について

1 工事担任者とは

工事担任者資格は、法令で定められた国家資格です。電気通信事業者の電気通信回線設備に利用者の端末設備等を接続するための工事を行う(または監督する)ためには、工事担任者資格が必要です。

工事担任者資格者証の種類は、端末設備等を接続する電気通信回線の種類や工事の規模等に応じて5種類が規定されています。アナログ伝送路設備および総合デジタル通信用設備(ISDN)に端末設備等を接続するための工事を行う「アナログ通信」と、デジタル伝送路設備(ISDNを除く)に端末設備等を接続するための工事を行う「デジタル通信」に分かれ、さらにこれらを統合した「総合通信」があります。具体的には、下表のように区分されています。

表　工事担任者資格者証の種類および工事の範囲

資格者証の種類	工事の範囲
第1級アナログ通信	アナログ伝送路設備(アナログ信号を入出力とする電気通信回線設備をいう。以下同じ。)に端末設備等を接続するための工事および総合デジタル通信用設備に端末設備等を接続するための工事
第2級アナログ通信	アナログ伝送路設備に端末設備を接続するための工事(端末設備に収容される電気通信回線の数が1のものに限る。)および総合デジタル通信用設備に端末設備を接続するための工事(総合デジタル通信回線の数が基本インタフェースで1のものに限る。)
第1級デジタル通信	デジタル伝送路設備(デジタル信号を入出力とする電気通信回線設備をいう。以下同じ。)に端末設備等を接続するための工事。ただし、総合デジタル通信用設備に端末設備等を接続するための工事を除く。
第2級デジタル通信	デジタル伝送路設備に端末設備等を接続するための工事(接続点におけるデジタル信号の入出力速度が1Gbit/s以下であって、主としてインターネットに接続するための回線に係るものに限る。)。ただし、総合デジタル通信用設備に端末設備等を接続するための工事を除く。
総合通信	アナログ伝送路設備またはデジタル伝送路設備に端末設備等を接続するための工事

2 工事担任者試験について

工事担任者試験の試験科目は、「電気通信技術の基礎」「端末設備の接続のための技術及び理論」「端末設備の接続に関する法規」の3科目です。それぞれの科目の満点は100点で、合格点は60点以上です。

受験の申請や、試験の実施日、試験の免除申請等、受験に関する詳細については、一般財団法人日本データ通信協会 電気通信国家試験センターのホームページ(https://www.shiken.dekyo.or.jp/)をご参照ください。

目　次

第Ⅱ編　端末設備の接続のための技術及び理論 …………… 113

第Ⅲ編　端末設備の接続に関する法規……………………217

第Ⅰ編

電気通信技術の基礎

第1章　電気回路

第2章　電子回路

第3章　論理回路

第4章　伝送理論

第5章　伝送技術

第1章

電気回路

1. 電荷と静電気力

電　荷

2つの異なる材質でできた物体どうしをこすり合わせると、その摩擦(まさつ)により一方には正(プラス)の電気が発生し、もう一方には負(マイナス)の電気が発生する。この電気を静電気または摩擦電気という。たとえば、エボナイト棒を毛皮でこすると、エボナイト棒は負電気を帯び、毛皮は正電気を帯びる。また、ガラス棒を絹布でこすると、ガラス棒は正電気を帯び、絹布は負電気を帯びる。このように、物体が電気を帯びることを帯電するといい、帯電した物体のことを帯電体という。

帯電のしやすさは物体の材質によって異なる。たとえば、銅線や食塩水などのように電気を通しやすいものは導体といわれ、電気が発生してもすぐに移動してしまうため帯電しにくい。一方、空気やポリエチレン、ゴムのような電気を通しにくいものは絶縁体または不導体といわれ、発生した電気の多くがその場所に留まるため帯電しやすい。

物体が帯電すると、正(プラス)または負(マイナス)の電気的性質が生じる。通常、物体は正の電気と負の電気の量が同じであり、電気的に中性であるが、電子が多くなると負の電気を帯び、電子が少なくなると正孔(ホール)を生じて正の電気を帯びる。すなわち、電子および正孔が物体の電気的性質を担っており、これらは電荷といわれる。先ほどの例のように、異なる材質でできた2つの物体をこすり合わせると、物体間で電荷の移動が起こり、それぞれの物体内で正電荷と負電荷の量のバランスがくずれるので、帯電が起きる。なお、電荷の量のことを電気量といい、その大きさを示す記号(量記号)には一般にQが用いられ、単位にはクーロン(C)が用いられる。

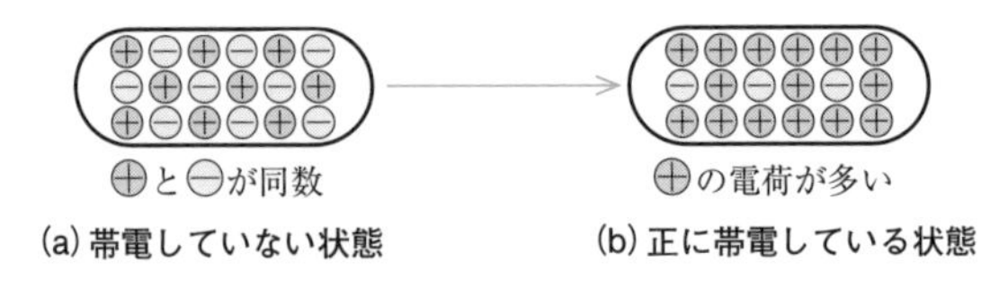

図1・1　帯　電

クーロンの法則

複数の電荷の間には力が働く。これを静電気力という。力とは、物体の運動状態や形状などを変える作用のことで、大きさを表すときの単位にニュートン(N)を用いる。静電気力は、それぞれの電荷の電気量の積に比例し、それらの間の距離の2乗に反比例する。これをクーロンの法則という。

Q_1〔C〕とQ_2〔C〕の2つの電荷が真空中でr〔m〕の間隔で置かれたとき、これらの間に働く力F〔N〕は、$Q_1 \times Q_2$に比例し、r^2に反比例するので、次式で表される。

$$F = k\frac{Q_1Q_2}{r^2}\text{〔N〕}$$

ここで、kは比例定数($k \fallingdotseq 9.0 \times 10^9$)である。また、「〜に比例する」というときは分数の分子(上)側になり、「〜に反比例する」というときは分母(下)側になることに注意する。

電荷の間に働く力の方向は、同種類(正と正、または負と負)の電荷の場合は互いに離れようとする反発力となる。また、異種類(一方が正でもう一方が負)の電荷の場合は互いに引き合う吸引力となる。

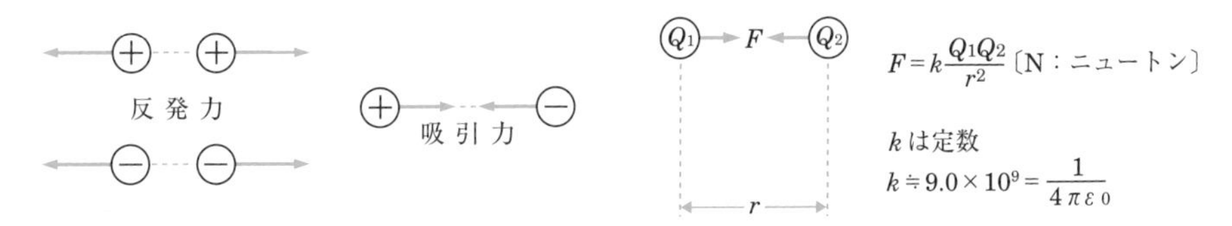

同種の電荷の間には反発力が働き、異種の電荷の間には吸引力が働く。

(a)

2つの電荷Q_1、Q_2の間に働く力の大きさFは、それぞれの電荷の量の積に比例し、それらの間の距離rの2乗に反比例する。

(b)

図1・2　クーロンの法則

静電誘導

図1・3のように、絶縁(周囲との間で電荷の出入りが生じないように設置)されている導体(電荷が移動しやすい性質を持つ物体)に、帯電した物体を近づけると、導体の近い方の端には帯電した物体の電荷とは異なる電荷が、また、遠い方の端には同種の電荷が発生する。このような現象を静電誘導という。

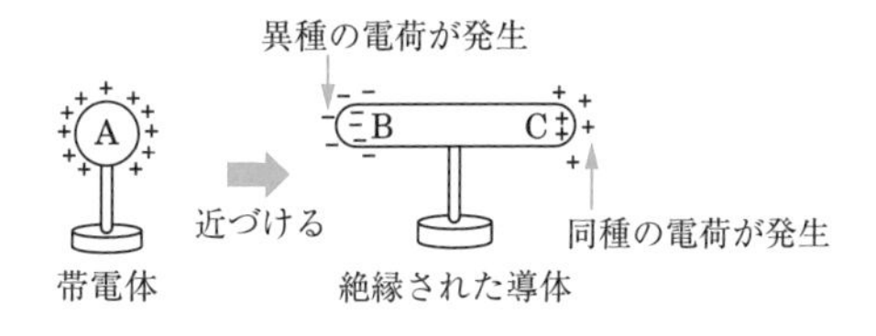

図1・3　静電誘導

すべての物質は原子といわれる極めて小さい粒子でできていて、正の電荷を持つ原子核のまわりを電子といわれる負の電荷を持つ粒子が高速で回っている構造になっていると考えられている。電子が回る軌道はいくつかの層(殻)に分かれているが、導体では、最も外側の殻を回っている電子が他の原子に飛び移りやすくなっている。このような電子を自由電子といい、導体では、この自由電子の分布により、部分部分で電荷が正であるか、負であるか、中性であるかが決まってくる。静電誘導では、近づけた電荷により導体の中の自由電子が片側に寄ると、そこには負電荷が生じ、反対側は自由電子が少なくなって電気的にはプラスの正電荷が生じたことになる。

誘電分極

絶縁体は、電子が原子核に強く束縛されていて自由電子がほとんど存在しないため、静電誘導は生じない。しかし、絶縁体に帯電した物体を近づけた場合も、帯電した物体に近い側の表面には帯電した物体と異なる電荷が現れ、遠い側(反対側)の表面には同種の電荷が現れる。これは、帯電した物体を近づけることで絶縁体の原子核と軌道を回っている電子の平均的な位置関係が図1・4から図1・5のように変わり、絶縁体の原子が見かけ上、図1・6のように正・負の電荷を持つ粒子(電気双極子)になる分極現象が起こるからである。電気双極子が持つ正・負の電荷を分極電荷というが、絶縁体の内部では隣り合う分極電荷どうしが打ち消し合って電気的に中性になり、結果的に電荷は絶縁体の表面にのみ現れる。この現象を誘電分極という。絶縁体は誘電分極を生じるので誘電体ともいわれる。

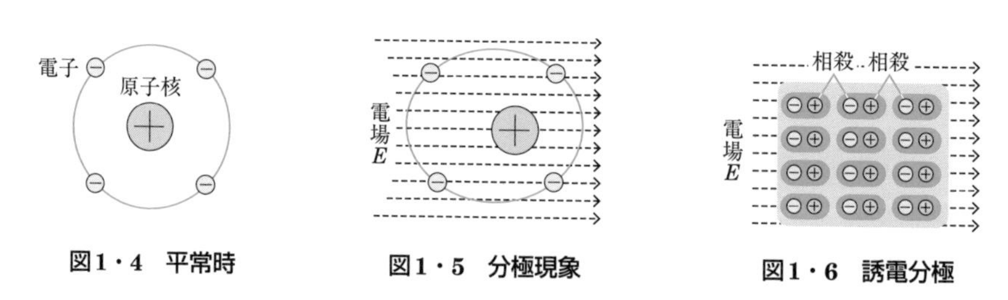

図1・4　平常時　　図1・5　分極現象　　図1・6　誘電分極

電流、電圧

●電流

電流は、導体の中の自由電子すなわち負電荷が移動する現象である。導体の断面をt秒(s)間にQ〔C〕の電荷が流れたとすると、そのときの電流の大きさは、量記号Iで表され、単位をアンペア(A)として、次式のように定義される。

$$I=\frac{Q}{t}\text{〔A〕}$$

したがって、1〔s〕に1〔C〕の電荷が移動した場合の電流は1〔A〕となる。また、上式を変形して電荷を$Q=It$と表すことができるので、電気量の単位クーロン(C)は、アンペア・秒(A・s)と同じ単位であるといえる。なお、電流の方向は、「自由電子が動く方向とは逆方向」と定められている。

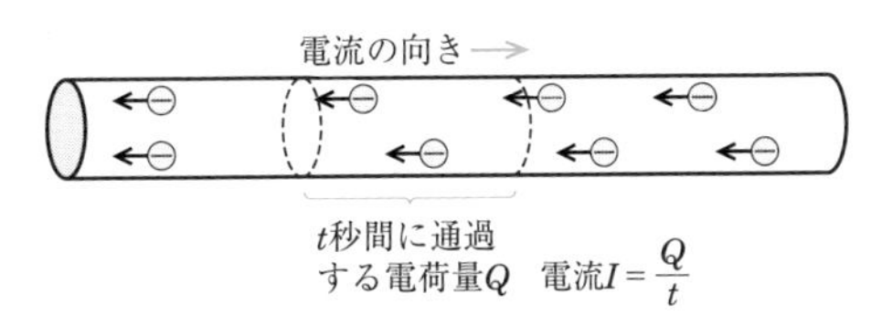

図1・7 電 流

電圧

電流は、水を斜面に流すときのたとえで説明されることがある。流れを生み出す原理は異なるが、視覚的にわかりやすいからである。水が存在する高さを水位といい、水は地球の重力により、水位の高いところから水位の低いところに向かって流れる。すなわち、水が流れるためには水位の差が必要であり、水位に差がなければ水は流れない。

水を流す場合と同様に、電流を流す場合も電位の差、すなわち**電位差**が必要となる。図1・8のように、ある導体上の2点間で電位差があり、高い方の電位をV_H、低い方の電位をV_Lとすると、2点間の電位差Vは、$V_H - V_L$となる。この電位差を**電圧**といい、これが電流を流す力になる。電圧の単位には**ボルト(V)**を用いる。

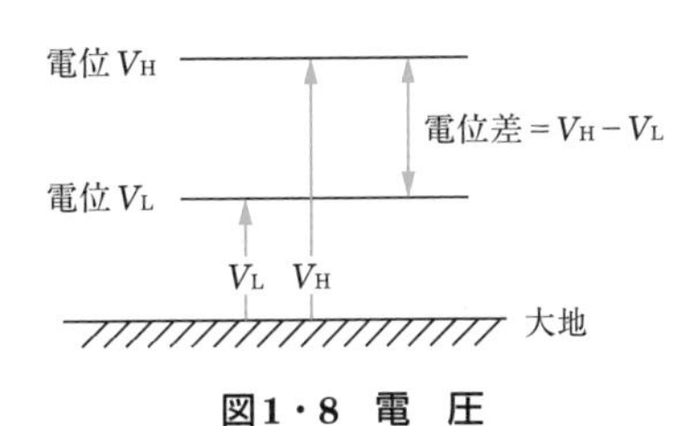

図1・8 電 圧

【参考：単位記号について】

基礎科目を学ぶにあたって、まずは単位記号を理解しておきたい。

表1・1に、国際単位系(SI)の主な単位記号を示す。

表1・1 主な単位記号

量	単位記号	名 称	備 考
電 流	A	アンペア	1〔A〕= 10^3〔mA〕
電圧・電位	V	ボルト	1〔V〕= 10^3〔mV〕
電気抵抗	Ω	オーム	1〔Ω〕= 10^{-3}〔kΩ〕
熱 量	J	ジュール	1〔J〕= 1〔W・s〕
電 力	W	ワット	1〔W〕= 10^{-3}〔kW〕
電気量・電荷	C	クーロン	1〔C〕= 1〔A・s〕
静電容量	F	ファラド	1〔F〕= 10^6〔μF〕= 10^{12}〔pF〕
コンダクタンス	S	ジーメンス	
インダクタンス	H	ヘンリー	
時 間	s	秒	

2. 静電容量

コンデンサ

図１・９のように、2つの導体を接触しないように近づけて向かい合わせに置き、一方に正、他方に負の電源を接続すると、それぞれの導体には正と負の電荷が流れ込む。2つの導体に流れ込んだ電荷は静電気力により互いに吸引し合うので、この後に電源を取り外しても、電荷は無くならず蓄えらえることになる。

この電荷を蓄えることのできる1組の導体の組合せを**コンデンサ**という。電源を接続する導体を電極というが、一般に、コンデンサの電極に使用する導体は板状であるため**極板**と呼ばれ、極板を平行に置いてつくられたコンデンサは**平行板コンデンサ**といわれる。極板間が空気で満たされているものもあるが、真空や窒素ガス、絶縁紙、プラスチックフィルム、鉱油といった絶縁体が挿入されているものも多い。

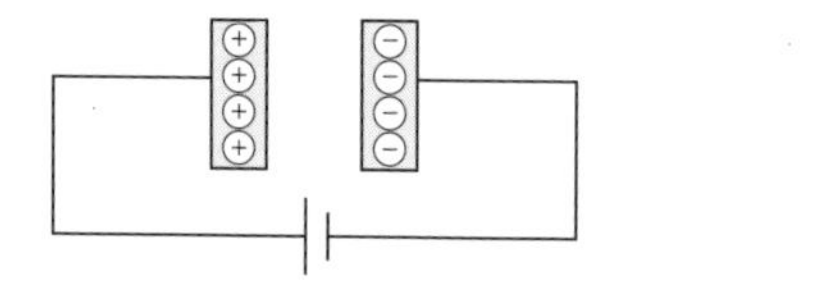

図１・９　コンデンサ

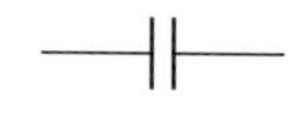

図１・10　コンデンサの図記号

静電容量

静電容量とは、コンデンサにある電圧を加えた（それぞれの電極に異なる電位の電源を接続した）とき、どれくらいの電荷を蓄えることができるかを示すもので、容量またはキャパシタンスともいう。静電容量の量記号にはCを用い、単位は**ファラド**〔F〕で表す。

静電容量Cは、**極板の面積S〔m^2〕に比例**し、また、**極板間の距離d〔m〕に反比例**する。これを式で表すと次のようになる。

$$C = \varepsilon \frac{S}{d} \text{〔F〕}$$

ここでεは、比例定数で**誘電率**という。誘電率は極板間に挿入する絶縁体（誘電体）により異なる。極板間が真空の場合の誘電率は8.854×10^{-12}で、これを基準の値として記号ε_0で表す。また、極板間に絶縁体を挿入したとき、その絶縁体の誘電率は真空の誘電率を ε_r 倍した $\varepsilon_0\varepsilon_r$ で表され、ε_r を比誘電率という。誘電率の高い($\varepsilon_r>1$ の)誘電体を挿入すれば、静電容量を真空時の何倍にも増加させることができる。

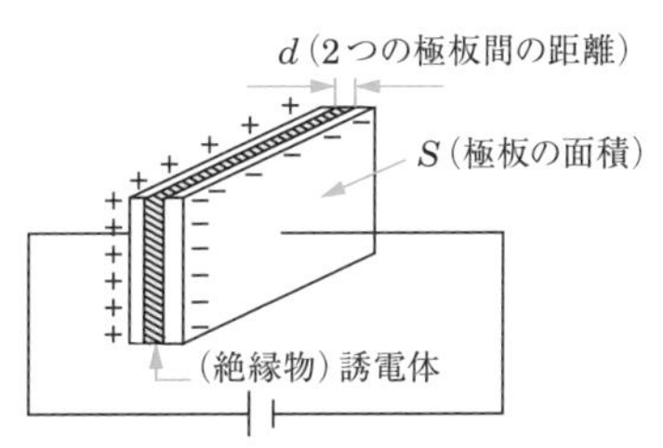

図1・11　コンデンサの静電容量

コンデンサの静電容量を大きくする方法には、次の3つがある。
- **極板の面積を大きくする。**
- **極板の間隔を狭くする。**
- **極板間に誘電率が大きい誘電体を挿入する。**

蓄えられる電荷の量

コンデンサに蓄えられる電荷量 Q〔C〕と、静電容量 C〔F〕、加えられた電圧 V〔V〕の関係を式で表すと、次のようになる。

$$\boldsymbol{Q=CV}\text{〔C〕}\qquad \boldsymbol{C=\frac{Q}{V}}\text{〔F〕}$$

この式より、コンデンサの静電容量は、蓄えられる電荷量と加えられた電圧との比であることがわかる。すなわち、静電容量の単位ファラド(F)はクーロン毎ボルト(C/V)と同一の単位であるということができる。

なお、静電容量の単位は基本的にはファラド(F)であるが、ファラドは実用的には大き過ぎるので、その 10^{-6} 倍(100万分の1)を示すマイクロファラド(μF)や、10^{-12} 倍(1兆分の1)を示すピコファラド(pF)が用いられている。

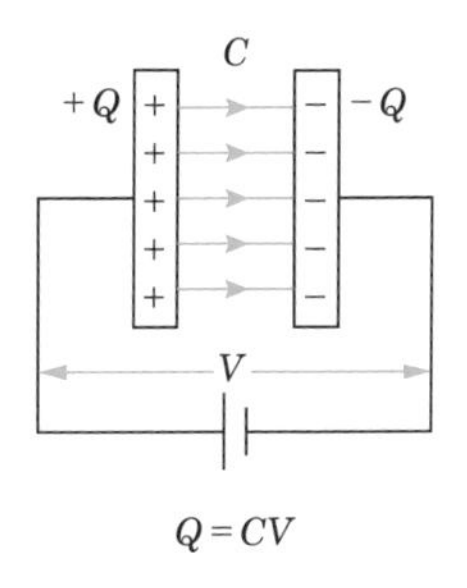

図1・12　電気量

合成静電容量

複数のコンデンサを接続して回路を作成した場合の回路全体の静電容量を合成静電容量といい、その大きさは接続の仕方により異なる。

●並列接続

図1・13のようにコンデンサを並列に接続した場合の合成静電容量は、各コンデンサの静電容量の和に等しい。静電容量がそれぞれC_1とC_2の2つのコンデンサを並列に接続したときの合成静電容量Cは、次式で表される。

$$C = C_1 + C_2 \text{〔F〕}$$

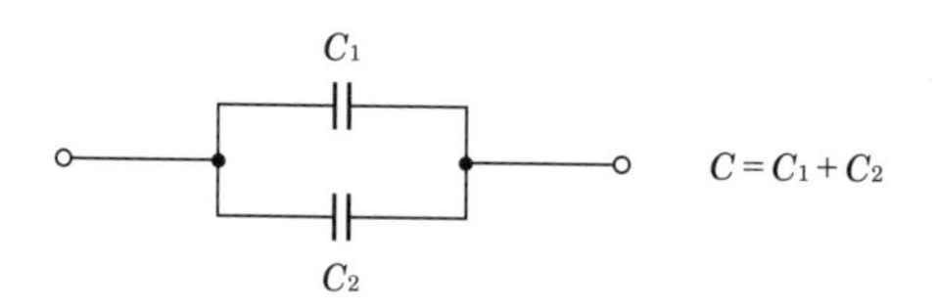

図1・13　コンデンサの並列接続

●直列接続

図1・14のようにコンデンサを直列に接続した場合の合成静電容量は、次式に示すように各コンデンサの静電容量の逆数の和の逆数となる。静電容量がそれぞれC_1とC_2の2つのコンデンサを直列に接続したときの合成静電容量Cは、次式で表される。

$$\frac{1}{C} = \frac{1}{C_1} + \frac{1}{C_2} \qquad \therefore\ C = \frac{1}{\frac{1}{C_1} + \frac{1}{C_2}} = \frac{C_1 C_2}{C_1 + C_2} \text{〔F〕}$$

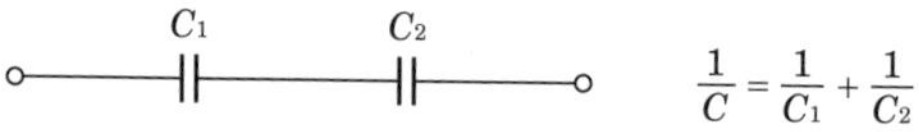

C_1　C_2

$$\frac{1}{C} = \frac{1}{C_1} + \frac{1}{C_2}$$

図1・14　コンデンサの直列接続

コンデンサのエネルギー

コンデンサの両極板間に電圧Vの電源をつなぐと、極板間の電圧は0から次第に上昇していき、それにつれて最初に0だった電荷も増していき、電圧がVになったときに蓄えられた電荷はQになる。このとき、図1・15の網かけした三角形の面積に等しいエネルギーが必要になる。すなわち、極板間の電圧がV、蓄積されている電荷がQの場合、そのコンデンサに蓄えられたエネルギーW〔J（ジュール）〕は、次式で表される。

重要 $W = \frac{1}{2}QV = \frac{1}{2}CV^2$〔J〕

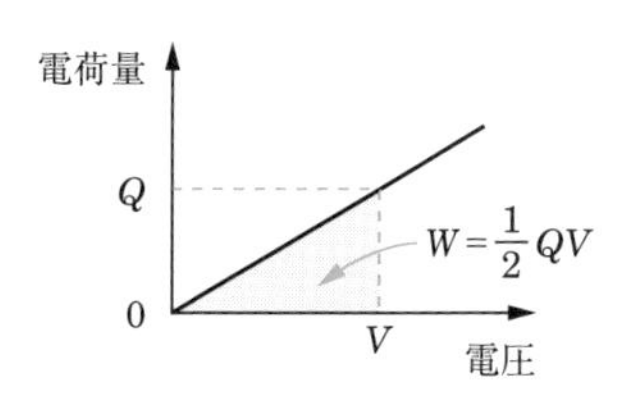

図1・15　コンデンサのエネルギー

練習問題

【1】コンデンサに蓄えられる電気量とそのコンデンサの端子間の （ア） との比は、静電容量といわれる。

［① 静電力　② 電　荷　③ 電　圧］

【2】静電容量 C は、極板の面積 S に比例し、また、2つの極板の間隔 d に反比例する。これを式で表すと （イ） になる。なお、ε は比例定数で誘電率という。

$$\left[① \ C = \frac{\varepsilon \cdot S}{d} \quad ② \ C = \frac{S}{\varepsilon \cdot d} \quad ③ \ C = \frac{\varepsilon \cdot d}{S} \right]$$

【3】平行板コンデンサにおいて、両極板間に V ボルトの直流電圧を加えたところ、一方の極板に $+Q$ クーロン、他方の極板に $-Q$ クーロンの電荷が現れた。このコンデンサの静電容量を C ファラドとすると、これらの間には、$Q =$ （ウ） の関係がある。

$$\left[① \ \frac{1}{2}CV \quad ② \ CV \quad ③ \ 2CV \right]$$

答（ア）③（イ）①（ウ）②

3. 磁界と電磁誘導

磁界と磁束

鉄に磁石を近づけると吸い付くが、これは磁石の周囲で磁力という力が作用するからである。この磁力が働く空間のことを磁界という。磁石には磁力の強い部分と弱い部分があり、両端で最も強くなるが、その両端の部分を磁極という。磁極にはN極とS極があり、1つの磁石上にこの2種類の磁極が対になって存在する。磁力はN極からS極へ作用するので、磁石の付近のある地点に磁針（N　S）を置いたとき、その磁針のN極が示す方向が磁界の向きとなる。

磁極の大きさ（強さ）は、その磁極が帯びている磁気（磁力のもととなるもの）の量で表され、量記号にm、単位にウェーバ（Wb）を用いる。磁界の強さは、磁界中に＋1〔Wb〕の磁極（単位正磁極）を置いたときにその磁極に働く力の大きさ〔N〕によって、また、磁界の向きはその力の方向によって定めることができる。このとき、磁界の強さの単位はニュートン毎ウェーバ（N/Wb）となる。

磁石の外部にできる磁界の様子を図示したものが磁力線であり、磁力線はN極から出てS極に入る。磁力線の方向は、その点における磁界の方向を示し、磁力線に垂直な面を通る単位面積当たりの磁力線の本数によって磁界の強さを表す。

ところが、磁極に出入りする磁力線の本数は、磁極の大きさが同じでも周囲にある物質によって異なるため、取扱いが複雑になる。そこで、周囲の物質に関係なく、＋m〔Wb〕の磁極からはm〔本〕の磁気的な線が出ているものと考えて取り扱うことがある。この線を磁束といい、量記号にΦを用い、単位には磁極と同じ〔Wb〕を用いる。また、磁束に垂直な面を通る1〔m^2〕当たりの磁束の本数を磁束密度といい、単位にテスラ（T）を用いる。なお、〔T〕は〔Wb/m^2〕と同じ単位である。

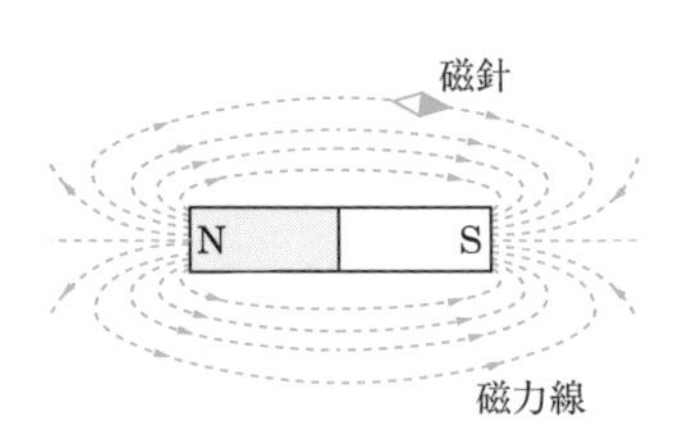

図1・16　磁界と磁力線

右ねじの法則

直線状の導体に電流を流すと、そのまわりに磁界ができる。磁界は導体を中心とする同心円状にでき、右ねじを締めるときねじが進む方向に電流が流れているとすると、磁界の方向は、ねじを回す方向と同じになる。これをアンペールの右ねじの法則という。また、円周率をπ（円の直径を1としたときの円周の長さのことで、値は約3.14）、電流をI〔A〕とすると、導線からr〔m〕離れた点における磁界の強さHは、次式で表される。

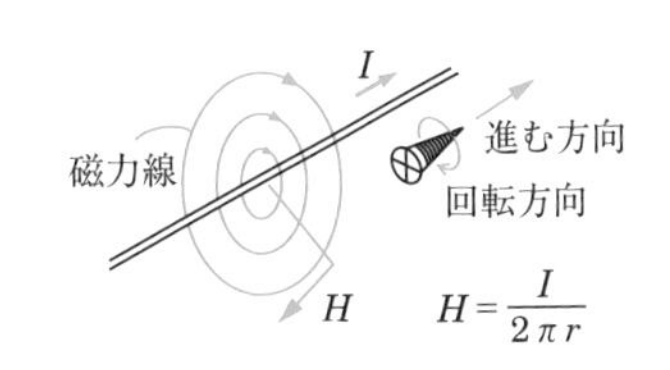

図1・17　右ねじの法則

$$H=\frac{I}{2\pi r}\ 〔\mathrm{A/m}〕$$

ここでは、単位はアンペア毎メートル（A/m）となるが、これは〔N/Wb〕と同じ単位である。

コイルと磁界

導線をらせん状に巻いたものをコイルという。コイルに電流を流すと磁界が発生し、図1・18のように筒状にしたコイルでは、1本の棒磁石のように両端にN極とS極が生じる。このような磁石は、電流によって作られることから電磁石という。磁力をより強くするため、コイルの中に鉄心などの強磁性体が入れられているものもある。コイルの1〔m〕当たりの巻数をN〔回〕、コイルの導線（巻線）に流れる電流をI〔A〕とすると、コイルの中の磁界の強さH〔A/m〕は、次式で表される。

$$H=NI\ 〔\mathrm{A/m}〕$$

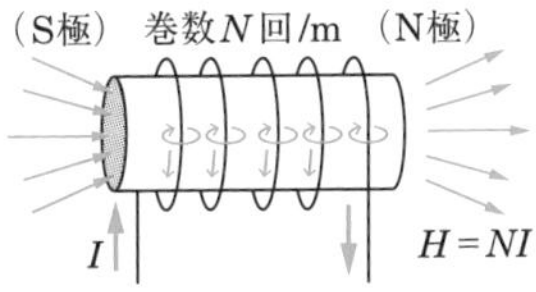

図1・18　コイルと磁界

図1・19　コイルの図記号

電磁力

磁界中に導体を置いて電流を流すと、その導体はある方向に力を受ける。この力を電磁力という。電流の方向を逆方向にすると、電磁力の方向は逆になる。

磁界、電流、電磁力の方向には一定の関係がある。図1・21のように左手の親指、人差し指、中指を互いに直角になるように開き、人差し指を磁界、中指を電流の方向に合わせると、親指の方向に電磁力が働く。これをフレミングの左手の法則という。

左手の親指を電磁力の方向とすると、人差し指は磁界、中指は電流の方向になる。

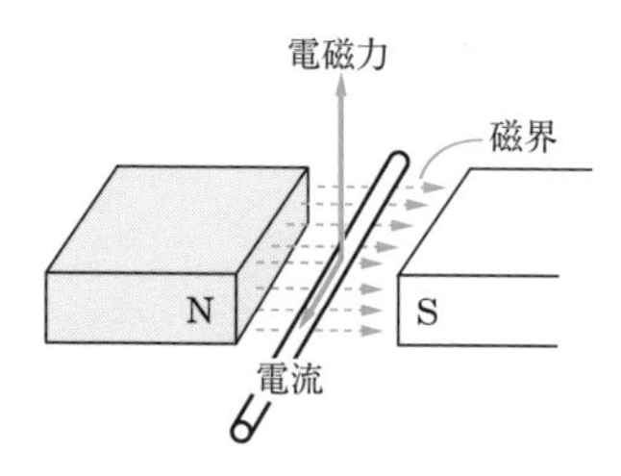

図1・20　磁界、電流、電磁力

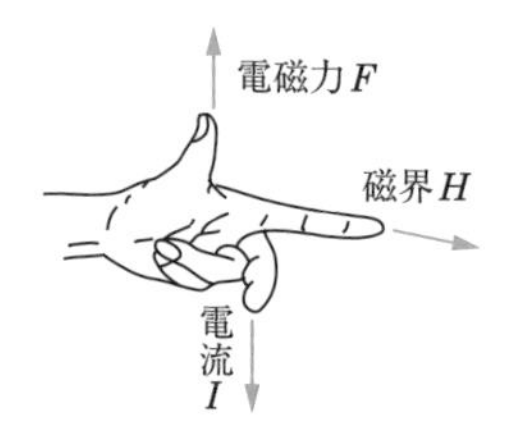

図1・21　フレミングの左手の法則

平行導体に働く力

2本の導体を平行に置き、図1・22(a)のようにそれぞれの導体に同じ方向の電流を流すと、導体間には**互いに引き合う力**が働く。また、図1・22(b)のように電流の方向を互いに逆になるようにした場合、導体間には**反発し合う力**が働く。

これは、一方の導体に流れる電流により発生した磁界と、他方の導体に流れる電流が作用して、フレミングの左手の法則の方向に電磁力が発生するためである。

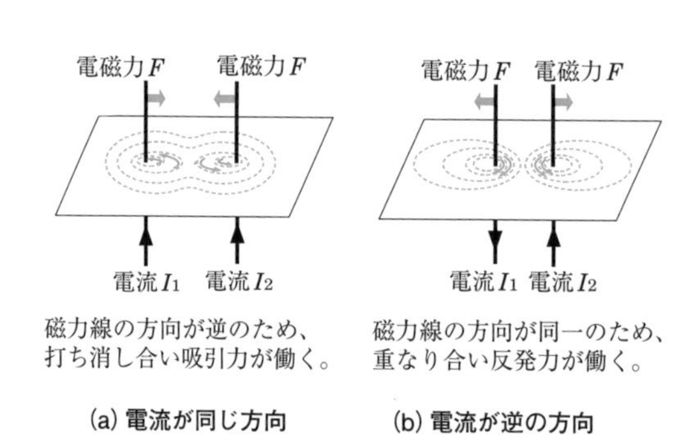

(a) 電流が同じ方向　　(b) 電流が逆の方向

図1・22　平行導体に働く力

重要

平行導体の電流の方向が ┬ 同じ ―――― 引き合う力
**　　　　　　　　　　　 └ 逆 ―――― 反発し合う力**

起磁力と磁気回路

図1・23のように、環状の鉄心に導線を巻いてコイルを作り、電流を流すと、鉄心の中には**磁束**が発生する。コイル鉄心の中に発生した磁束は、ほとんどが鉄

心中を通り、空中を通るものは極めて少ない。このように鉄心の中に磁束が発生する状態になっている回路を、磁気回路という。

磁気回路において、コイルに流れる電流(I)とコイルの巻数(N)との積は、磁束を生じさせる力で、起磁力という。

また、磁気回路に発生する磁束は起磁力に比例し、その比例定数の逆数を磁気抵抗という。磁気抵抗は、量記号にR_{m}、単位にアンペア毎ウェーバ(A/Wb)を用いる。これにより、磁気回路における起磁力NI、磁束Φ、磁気抵抗R_{m}の関係は、電気回路における起電力、電流、電気抵抗の関係に対応させることができ、磁気回路では次のオームの法則(磁気回路のオームの法則)が成り立つ。

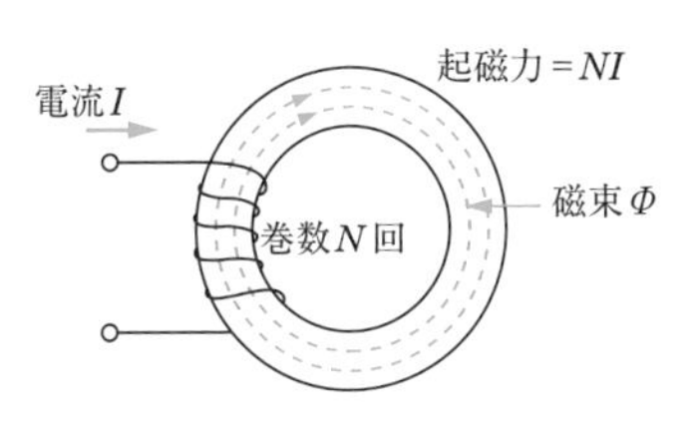

図1・23　磁気回路

$$\phi = \frac{NI}{R_m}$$

電磁誘導

図1・24のようにコイルに検流計(微弱な電流を検出する装置)を接続し、そのコイルに磁石を近づけたり遠ざけたりすると、検流計の針が振れ、電流が生じたことがわかる。これは、磁石を動かすことにより、コイルと鎖交(あたかも鎖の各リンクが交差し合うように交わること)する磁束が変化し、このとき磁束の変化に応じた電流を流そうとする起電力が発生するためである。このように1つの回路と鎖交する磁束の変化によって起電力が発生する現象を電磁誘導という。

電磁誘導により発生する起電力の大きさは、回路に鎖交する磁束の時間当たりの変化の割合に比例する。これをファラデーの電磁誘導の法則という。また、起電力の向きは、磁束の変化を妨げる方向に発生する。これをレンツの法則という。

コイルを貫く磁束が微小時間Δt〔s〕の間に$\Delta\Phi$〔Wb〕だけ変化するとき、コイル1巻きには$\dfrac{\Delta\Phi}{\Delta t}$に比例する起電力が発生する。このときの比例定数は、SI単位系では1となっている。N回巻きのコイルなら、発生する起電力はこのN倍の大きさとなる。また、磁束の変化を妨げる向きになるため、マイナスの符号を付けて表す。したがって、N回巻きのコイルに発生する起電力e〔V〕は、次式で表される。

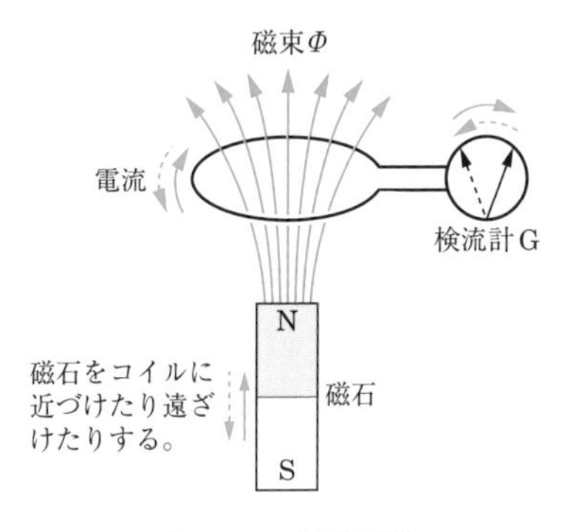

図1・24　電磁誘導

$$e = -N\frac{\Delta\Phi}{\Delta t}\text{〔V〕}$$

自己誘導と自己インダクタンス

コイルの巻線に電流を流し、その大きさを変化させると、$\Phi = \frac{NI}{R_m}$の関係より、巻線と鎖交する磁束も変化する。そして、この磁束が巻線を切るため、巻線には起電力が発生する。この現象は、コイルを流れる電流によりそのコイル自身に起電力が発生するため、自己誘導といわれる。N回巻きのコイルの鎖交磁束数$N\Phi$が巻線を流れる電流Iの大きさに比例するので、比例定数をLとして$N\Phi = LI$と置けば、コイルに発生する起電力e〔V〕は、ごく短い時間Δt〔s〕の間における電流の変化ΔI〔A〕の割合を用いて、次式で表される。

$$e = -N\frac{\Delta\Phi}{\Delta t} = -L\frac{\Delta I}{\Delta t}\text{〔V〕}$$

このときの比例定数Lを自己インダクタンスという。自己インダクタンスの値は、コイルの巻数、形状、磁路(鉄心など磁束の通路)の透磁率によって決まる定数で、単位にはヘンリー(H)を用いる。

練習問題

【1】平行に置かれた2本の直線状の電線に、互いに反対向きに直流電流を流したとき、両電線間には［（ア）］。

①互いに引き合う力が働く　②互いに反発し合う力が働く
③引き合う力も反発し合う力も働かない

【2】コイルのインダクタンスを大きくする方法の一つに、［（イ）］方法がある。

①コイルの断面積を小さくする
②コイルの巻数を少なくする
③コイルの中心に比透磁率の大きい金属を挿入する

解説　【2】コイルの中心に比透磁率の大きい金属を挿入すると磁束が大きくなり、この結果、インダクタンスも大きくなる(インダクタンスと磁束は比例関係にある)。ここで透磁率とは、磁束の通りやすさのことをいい、真空の透磁率との比をとったものを比透磁率という。なお、インダクタンスを大きくする方法には、この他、コイルの巻数を多くする方法や、コイルの断面積を大きくする方法がある。

答（ア）②（イ）③

4. 電気抵抗とオームの法則等

電気抵抗

導体に電源を接続し、電圧を加えると、接続点間に電流が流れる。しかし、その大きさは、導体の種類や導線の長さ、形状などにより異なる。そこで、電気抵抗という、電流の流れにくさの指標を用いてその導体の電気的な性質を示すこととしている。その大きさを示す量記号には一般にRが用いられ、単位はオーム〔Ω〕である。なお、電気抵抗は、単に抵抗といわれる場合も多い。

電気抵抗は、導体の中で自由電子が移動するとき、導体の分子から摩擦抵抗を受けるために生じる。したがって、導体が長ければ長いほど自由電子の動きはそれだけ多くの分子に妨げられ、電気抵抗は大きくなる。反対に、断面積が大きく導体が太くなれば自由電子は移動しやすくなるため、電気抵抗は小さくなる。

図1・25において、導体の長さをl〔m〕、断面積をS〔m^2〕とすると、導体の電気抵抗R〔Ω〕は、長さlに比例し、断面積Sに反比例する。また、この導体の断面が円形で直径がD〔m〕なら、断面積S〔m^2〕は、円の面積の公式「円の面積$=\pi\times$(半径)^2」から$S=\pi\cdot\left(\frac{1}{2}D\right)^2$となるので、電気抵抗は次式で表される。

$$R=\rho\frac{l}{S}=\rho\frac{l}{\pi\cdot\left(\frac{1}{2}D\right)^2}\text{〔Ω〕}$$

ここでρは、導体を作る物質によって決まる定数であり、抵抗率という。抵抗率はその物質を流れる電流の通しにくさを表し、同じ電圧を加えた場合は抵抗率が大きいほど流れる電流は小さくなる。また、抵抗率の逆数$\left(\frac{1}{\rho}\right)$を導電率$\sigma$といい、その物質の電流の通しやすさを表す。

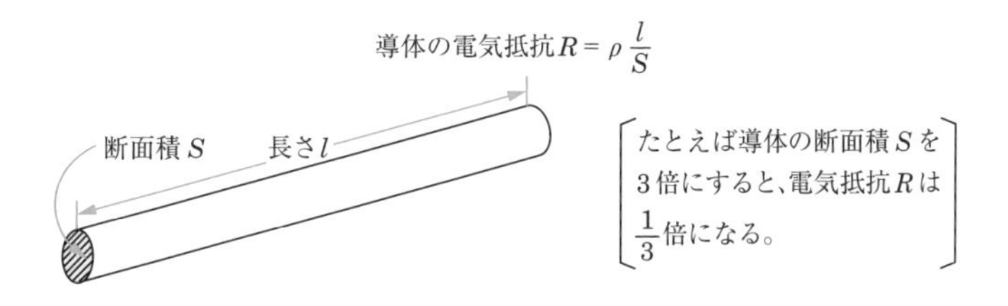

図1・25　導体の電気抵抗

電気抵抗は温度によっても変化する。温度が上昇すると導体の分子の振動が激しくなるため、自由電子は移動しにくくなる。すなわち、導体の**温度が上昇すると電気抵抗は大きく**なる。

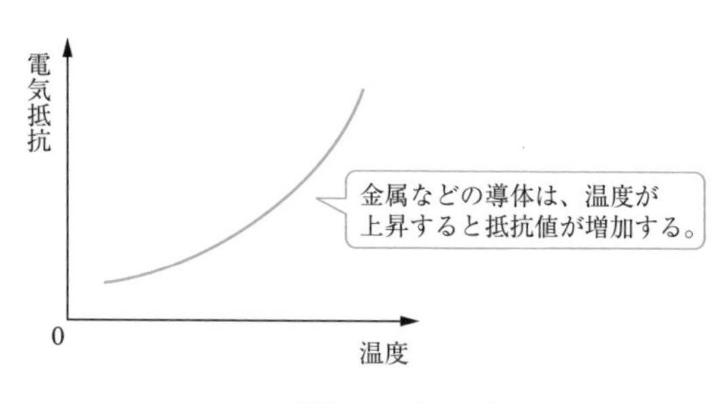

図1・26　導体の温度と電気抵抗

オームの法則

導体に流れる電流の大きさは、加えた電圧に比例し、導体の電気抵抗に反比例する。この性質を**オームの法則**という。導体に加えた電圧をEボルト(V)、そのとき流れた電流をIアンペア(A)、導体の抵抗をRオーム(Ω)とすると、オームの法則は次式で表される。

$$I=\frac{E}{R}\,〔\mathrm{A}〕\qquad E=IR\,〔\mathrm{V}〕\qquad R=\frac{E}{I}\,〔\Omega〕$$

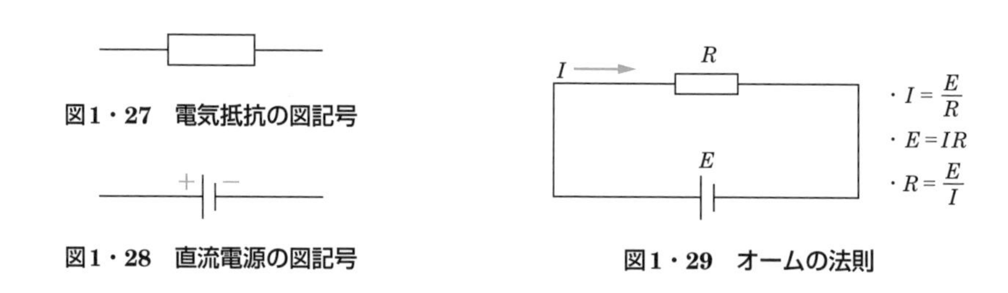

図1・27　電気抵抗の図記号

図1・28　直流電源の図記号

図1・29　オームの法則

電力量と熱量

電圧V〔V〕と電流I〔A〕の積を**電力**という。これは、電気のエネルギーが行う1秒(s)間当たりの仕事量(仕事率)を表し、単位に**ワット(W)**を用いる。また、電気のエネルギーがt秒(s)間に行う仕事量を**電力量**といい、単位に**ワット・秒(W・s)**を用いる。

- **電　力**　$P=VI$〔W〕
- **電力量**　$W=Pt$〔W・s〕

電気のエネルギー（電力量)は、回路に接続された負荷で消費され、モータを回転させたり電灯を点灯させたりするが、単純な導体ではすべて熱エネルギー(**熱量**)

に変換され、抵抗R〔Ω〕の導体にI〔A〕の電流が流れると、1秒(s)間に

$$P = V \times I = IR \times I = I^2R〔\mathrm{W}〕$$

の熱量が発生する。したがって、この導体にt秒(s)間電流を流したときに発生する熱量すなわち電力量W〔W・s〕は、次式で表される。

重要

$$\boldsymbol{W = I^2Rt〔\mathrm{W \cdot s}〕}$$

このとき発生する熱をジュール熱といい、熱量を表すときには、数値はそのままで単位のワット・秒(W・s)をジュール(J)に置き換えることが多い。同様に、ワット(W)もそのままジュール毎秒(J/s)に置き換えることができる。

練習問題

【1】一般に、導体の温度が上昇したとき、その抵抗値は、（ア）。
［① 増加する　② 変わらない　③ 減少する］

【2】導体の抵抗をR、抵抗率をρ、長さをl、断面積をSとすると、これらの間には、（イ）の関係がある。また、断面が円形の導体の抵抗値は、導体の長さを9倍にしたとき、直径を（ウ）倍にすれば、変化しない。

$\left[① R = \dfrac{l}{\rho \cdot S}\quad ② R = \dfrac{S}{\rho \cdot l}\quad ③ R = \dfrac{\rho \cdot l}{S}\quad ④ \dfrac{1}{3}\quad ⑤ 3\quad ⑥ 9\right]$

解説【2】図1の導体において、断面積Sが大きいほど電流が流れやすくなるので抵抗Rは小さくなる(Sに反比例)。また、長さlが長いほどその分抵抗は増えるのでRは大きくなる(lに比例)。したがって、図1の導体の抵抗Rは次式で表すことができる。

$$R = \frac{\rho \cdot l}{S} = \frac{\rho \cdot l}{\pi\left(\frac{1}{2}D\right)^2} \qquad \left(\begin{array}{ll}\rho:抵抗率 & l:長さ \\ S:断面積 & D:直径\end{array}\right)$$

ここで、長さlを9倍にしたとき抵抗Rが変わらないようにするためにはSを9倍にする必要がある。このとき、断面積Sは直径Dの2乗に比例するので、導体の直径Dは3倍にすればよい。

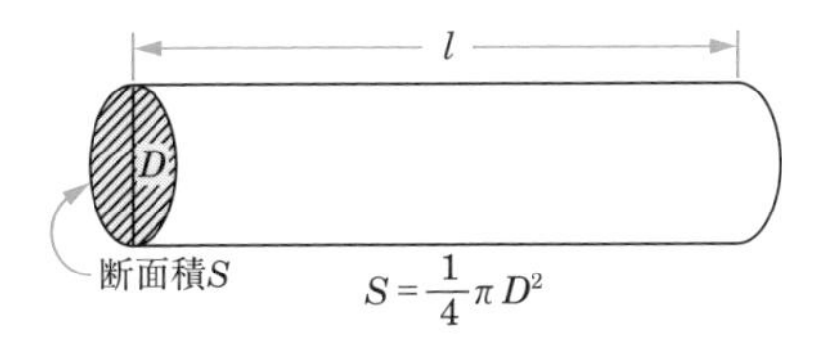

図1

答（ア）①（イ）③（ウ）⑤

5. 直流回路の計算

抵抗を直列に接続した回路の合成抵抗

抵抗を直列に接続したときの合成抵抗は、各抵抗の大きさ(値)の和となる。たとえば図1・30のように、2つの抵抗R_1〔Ω〕とR_2〔Ω〕を直列に接続した場合の合成抵抗をR〔Ω〕とすれば、Rは次式で表される。

重要 $R = R_1 + R_2$〔Ω〕

このとき、抵抗R_1に加わる電圧をV_1〔V〕、抵抗R_2に加わる電圧をV_2〔V〕とすれば、これらの和$V_1 + V_2$は回路全体に加えた電圧に等しく、V_1、V_2の大きさは、全体の電圧をR_1、R_2の各抵抗値の割合に比例して配分した値となる。各抵抗にかかる電圧を分圧という。

重要 $V_1 : V_2 = R_1 : R_2$

また、抵抗R_1に流れる電流I_1〔A〕と抵抗R_2に流れる電流I_2〔A〕の大きさは等しく($I_1 = I_2$)なる。

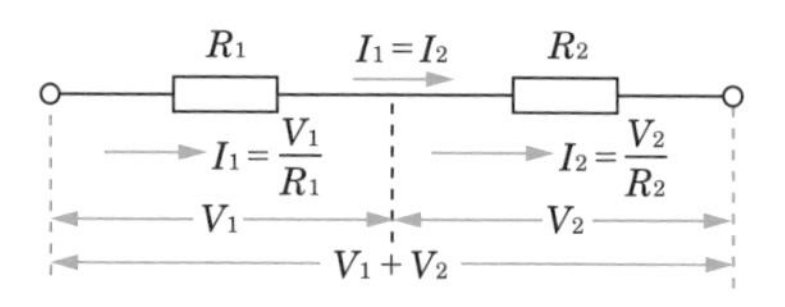

図1・30　抵抗の直列接続

抵抗を並列に接続した回路の合成抵抗

抵抗を並列に接続したときの合成抵抗は、各抵抗の値の逆数の和の逆数となる。たとえば、図1・31のように、抵抗R_1とR_2を並列に接続した場合、合成抵抗Rは、次のように求められる。

$$\frac{1}{R} = \frac{1}{R_1} + \frac{1}{R_2}$$

$$\therefore R = \frac{1}{\frac{1}{R}} = \frac{1}{\frac{1}{R_1} + \frac{1}{R_2}} = \frac{R_1 R_2}{R_1 R_2} \cdot \frac{1}{\frac{1}{R_1} + \frac{1}{R_2}} = \frac{R_1 R_2}{\frac{R_1 R_2}{R_1} + \frac{R_1 R_2}{R_2}} = \frac{R_1 R_2}{R_2 + R_1}$$

$$R=\frac{R_1R_2}{R_1+R_2}$$

特に、並列に接続した抵抗が2つの場合、合成抵抗を求める式は、分母が各抵抗の和で、分子が各抵抗の積となるので、「和分の積」と覚えておくとよい。

このとき、抵抗R_1に流れる電流をI_1とし、抵抗R_2に流れる電流をI_2とすれば、これらの和I_1+I_2は回路全体の電流に等しく、I_1、I_2の大きさはそれぞれ各抵抗値の逆数に比例して配分した値となる。各抵抗に流れる電流を分流電流という。

重要

$$I_1:I_2=\frac{1}{R_1}:\frac{1}{R_2}$$

また、抵抗R_1に加わる電圧V_1と抵抗R_2に加わる電圧V_2の大きさは等しく($V_1=V_2$)なる。

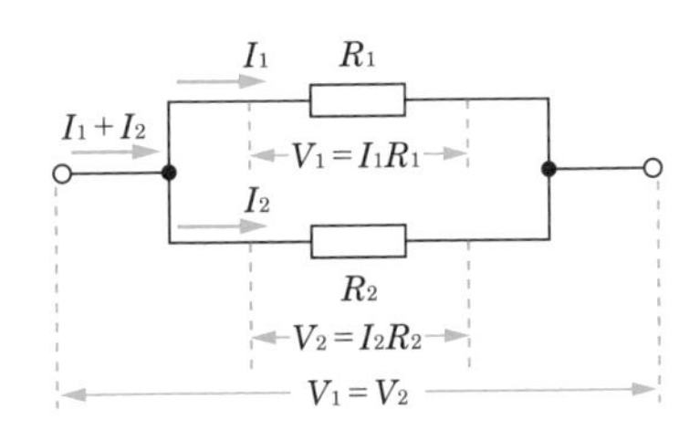

図1・31　抵抗の並列接続

直並列回路の計算方法

図1・32のように直列接続と並列接続を組み合わせた回路の場合は、部分ごとに直列接続と並列接続を適用して考える。また、複雑な形状のものは、直列接続と並列接続の組合せに書き換えて計算を行う。

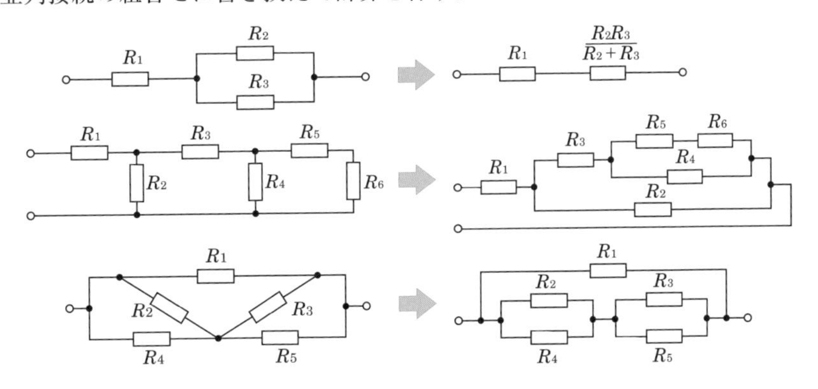

図1・32　直並列回路の例

例題

図１・33に示す回路において、端子a－b間の合成抵抗を求める。

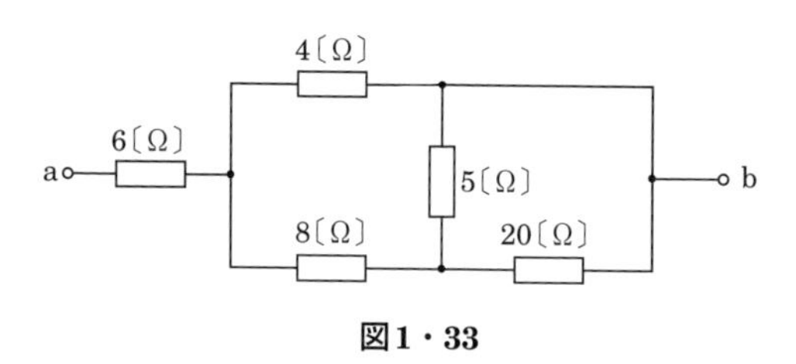

図１・33

この回路は図１・34のように書き換えることができる。それぞれの接続点をc、d、e、fとし、各端子間の合成抵抗を順次求めて、端子a－b間の合成抵抗を求める。

端子d－e間の合成抵抗R_{de}は、

$$R_{de}=\frac{20\times 5}{20+5}=\frac{100}{25}=4〔\Omega〕$$

端子c－e間の合成抵抗R_{ce}は、

$$R_{ce}=8+4=12〔\Omega〕$$

端子c－f間の合成抵抗R_{cf}は、

$$R_{cf}=\frac{12\times 4}{12+4}=\frac{48}{16}=3〔\Omega〕$$

したがって、端子a－b間の合成抵抗R_{ab}は、

$$R_{ab}=6+3=9〔\Omega〕$$

となる。

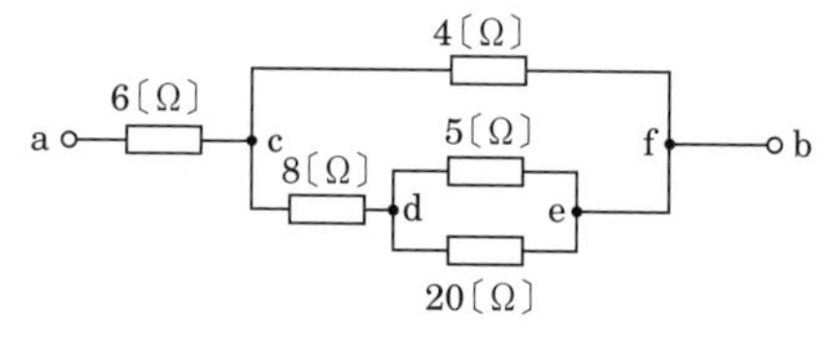

図１・34

練習問題

【1】図１に示す回路において、端子a－b間の合成抵抗は、（ア）オームである。

［① 10　② 17　③ 34］

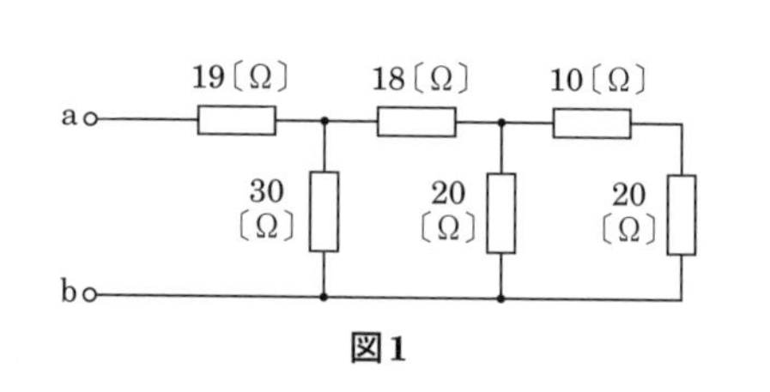

図１

【2】図2に示す回路において、抵抗R_2に2アンペアの電流が流れているとき、この回路に接続された電池Eの電圧は、（イ）ボルトである。ただし、電池の内部抵抗は無視するものとする。

〔① 24　② 30　③ 36〕

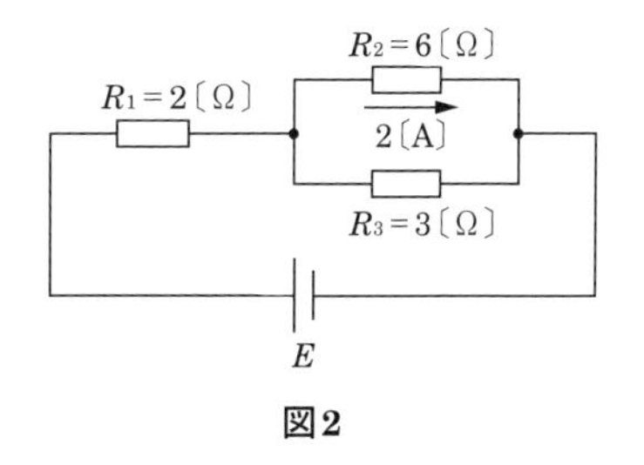

図2

解説【1】図3(a)の破線の枠内の合成抵抗R_1を求める。

10〔Ω〕と20〔Ω〕の抵抗の直列回路で30〔Ω〕（＝10〔Ω〕＋20〔Ω〕）となり、これと20〔Ω〕の抵抗が並列に接続されているので、合成抵抗R_1は、

$$R_1=\frac{30\times 20}{30+20}=\frac{600}{50}=12〔\Omega〕$$

となる。したがって、図(a)の回路は図(b)のように書き換えることができる。

次に、図(b)の回路の破線の枠内の合成抵抗R_2は、図(a)の破線の枠内と同様に考えてR_2は15〔Ω〕となる。したがって、図(b)の回路は図(c)のように書き換えることができる。さらに、a－b間の合成抵抗R_3を求めると次のようになる。

$$R_3=19+15=34〔\Omega〕$$

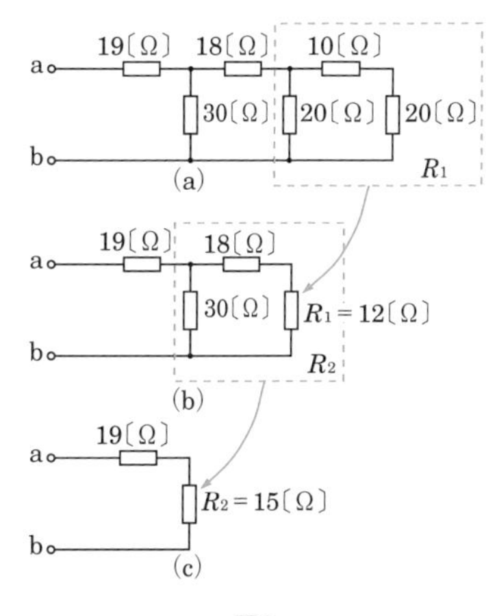

図3

【2】設問の回路において、抵抗R_2、R_3に流れる電流をそれぞれI_2、I_3とすると、$I_2R_2=I_3R_3$であるから(＊)、I_3を求めると、

$$I_3=\frac{I_2R_2}{R_3}=\frac{2\times 6}{3}=\frac{12}{3}=4〔A〕$$

ここで、$I_2+I_3=2+4=6$〔A〕が回路の電流Iであるから、電池Eの電圧は、次のようになる。

$$E=R\,(回路の合成抵抗)\times I\,(回路の電流)=\left(\frac{R_2R_3}{R_2+R_3}+R_1\right)\times 6$$

$$=\left(\frac{6\times 3}{6+3}+2\right)\times 6=\left(\frac{18}{9}+\frac{18}{9}\right)\times 6=\frac{36}{9}\times 6=4\times 6=24〔V〕$$

（＊）抵抗R_2とR_3は並列に接続されているので、それぞれに加わる電圧の値は同じである。

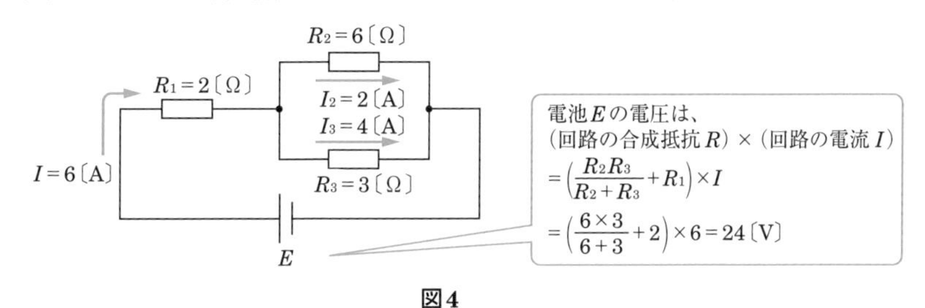

図4

答（ア）③（イ）①

6. 電流計と電圧計

電流計

●電流計の使用法

電流計は、回路に流れる電流を測定する計器で、図1・35のように、測定したい箇所に直列に接続して使用する。一般的に用いられている電流計は、固定永久磁石の磁界中に指針を取り付けた可動式のコイルを置き、コイルに流れた電流と磁界の間に発生する電磁力により指針を回転させる構造になっている。このコイルは金属でできているため直流電流をよく通すが、ある大きさの電気抵抗を有しており、これを内部抵抗という。電流計は、回路に挿入したとき回路に流れる電流にできる限り影響を与えないよう、内部抵抗を小さくしている。

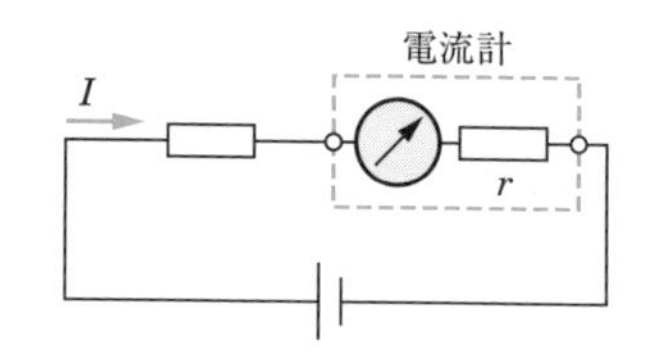

図1・35　電流計

●測定範囲の拡大

可動コイル型計器に流すことのできる電流はそれほど大きくないため、そのままでは測定できる電流の大きさも限られる。したがって、電流を測定する際には何らかの工夫を施して測定範囲を拡大する必要がある。一般的には、図1・36に示すように電流計と並列に抵抗R_Sを接続して測定する電流を2つに分け、電流計では電流の一部を計るようにすることで、測定範囲を本来の数倍に拡大している。この並列に接続する抵抗R_Sを分流器という。

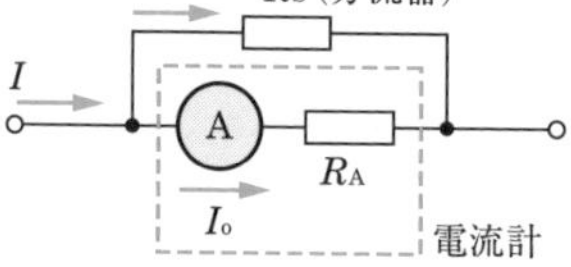

図1・36　分流器

いま、電流計の内部抵抗をR_A、回路に流れる電流をI、電流計が測定できる最大電流をI_0とすると、各抵抗にかかる電圧は等しいので、次式が成り立つ。

$$R_S(I - I_0) = R_A I_0 \qquad \therefore\ R_S I = (R_S + R_A) I_0$$

したがって、R_Sを接続することにより拡大される電流の倍率n_iは、次式で表される。

$$n_i = \frac{I}{I_0} = 1 + \frac{R_A}{R_S}$$

電圧計

●電圧計の使用法

電圧計は、電圧を測定する計器で、図1・37に示すように、測定したい2点間に対して並列に接続して使用する。電圧計は、電流計に抵抗を直列に接続し、内部抵抗を大きくしたものである。内部抵抗を大きくすることにより、電圧計を並列に接続したとき測定する2点間の電圧に影響を与えないようにしている。

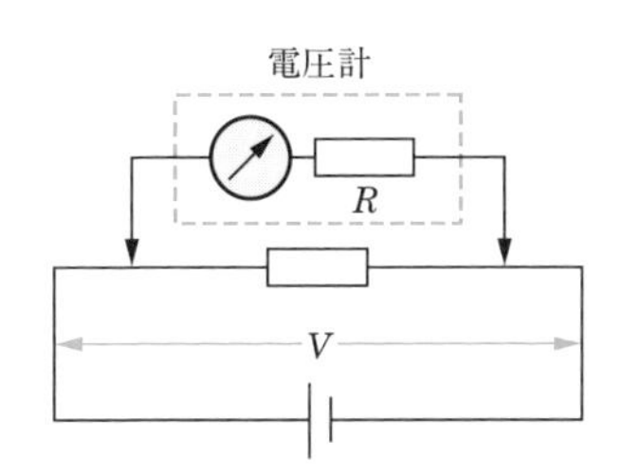

図1・37　電圧計

●測定範囲の拡大

電圧計の測定範囲を拡大するためには、図1・38に示すように、電圧計に対して直列に抵抗R_mを接続して、測定する電圧を分圧し、電圧計では一部の電圧を測定する。こうして、本来の計測範囲の数倍の範囲の計測ができるようになる。この電圧計と直列に接続する抵抗R_mを倍率器という。

電圧計の内部抵抗をR_v、測定する電圧をV、電圧計が測定できる最大電圧をV_0とすると、各抵抗に流れる電流は等しいので、次式が成り立つ。

$$\frac{V - V_0}{R_m} = \frac{V_0}{R_v} \qquad \therefore \quad R_v V = (R_v + R_m) V_0$$

したがって、R_mを接続することにより拡大される電圧の倍率n_vは、次式で表される。

$$n_v = \frac{V}{V_0} = 1 + \frac{R_m}{R_v}$$

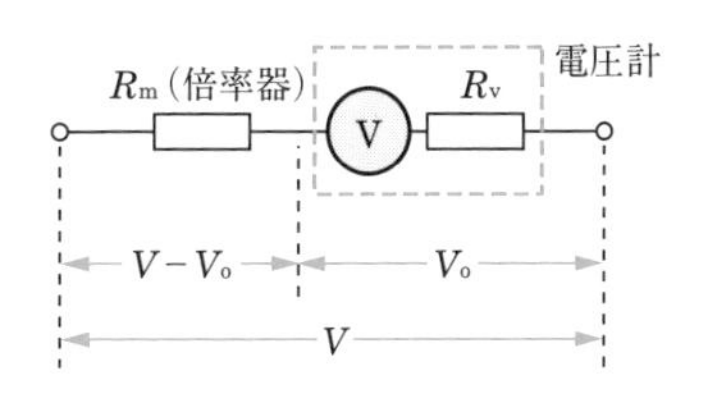

図1・38　倍率器

練習問題

【1】図1に示すように、最大指示電流が40ミリアンペア、内部抵抗rが3オームの電流計Aに、（ア）オームの抵抗Rを並列に接続すると、最大240ミリアンペアの電流Iを測定できる。
〔① 0.6　② 0.8　③ 1.2〕

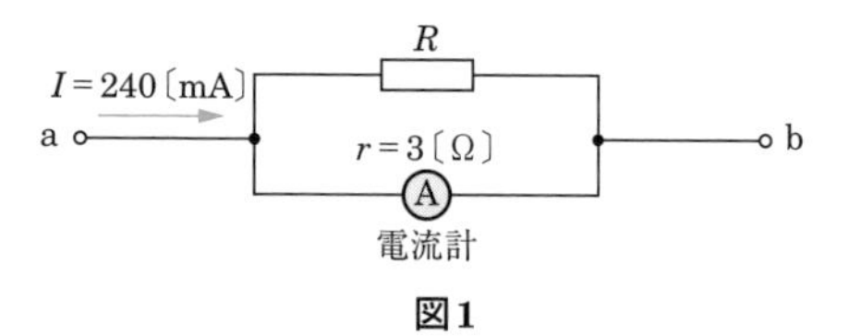

図1

【2】図2に示すように、最大指示電圧が10ボルト、内部抵抗rが10キロオームの電圧計Vに、（イ）キロオームの抵抗Rを直列に接続すると、最大30ボルトの電圧を測定できる。
〔① 20　② 40　③ 50〕

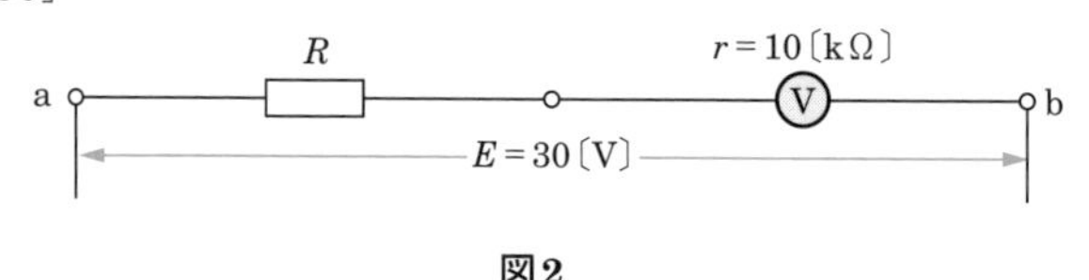

図2

解説　【1】最大電流値240〔mA〕の電流Iを測定するには、電流計に40〔mA〕（0.04〔A〕）、抵抗Rに200〔mA〕（0.2〔A〕）の電流が流れるようにすればよい。そこで題意にあわせて回路図を変形すると、図3のようになる。電流計の両端をa、bとして、まず、電流計rに加わる電圧Eを求める。

$E = I_2 r$であるから、それぞれの値を代入すると、

$$E = 0.04 \times 3 = 0.12〔V〕$$

次に、Rの抵抗値を求めると、a－b間の電圧Eが0.12〔V〕、電流I_1が200〔mA〕（0.2〔A〕）なので、$R = \dfrac{E}{I_1}$より、

$$R = \frac{0.12}{0.2} = 0.6〔Ω〕$$

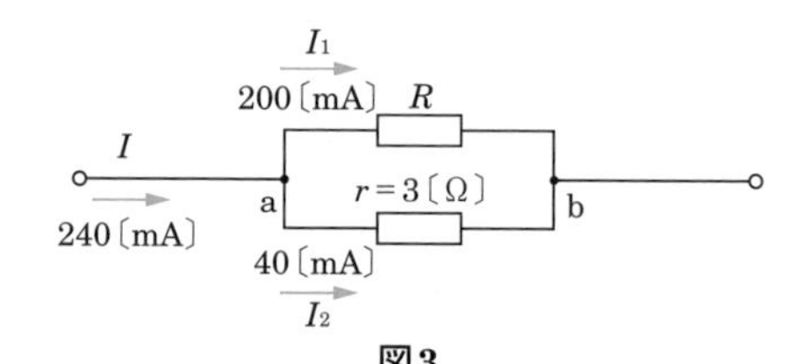

図3

【2】設問の図2において、電圧計の両端の電圧をV_Vとすれば、

$$IR + Ir = E \qquad Ir = V_V$$

が成り立ち、上式より次のように表される。

$$\frac{IR}{Ir} + \frac{Ir}{Ir} = \frac{E}{Ir} \qquad \therefore \quad \frac{E}{V_V} = 1 + \frac{R}{r}$$

この式に設問の数値を代入してRを求めると、次のようになる。

$$\frac{30}{10} = 1 + \frac{R}{10 \times 10^3}$$

$$3 - 1 = \frac{R}{10 \times 10^3} \qquad 2 = \frac{R}{10 \times 10^3} \qquad R = 2 \times 10 \times 10^3$$

$$\therefore \quad R = 20 \times 10^3〔Ω〕 = 20〔kΩ〕$$

答（ア）①（イ）①

7. 交流回路

直流と交流

電圧、電流の大きさと正・負の向きが時間の経過に対して一定で変わらないことを直流(DC：Direct Current)という。代表的な直流電源には、乾電池や太陽電池などがある。これに対し、大きさと方向が時間の経過とともに変化することを交流(AC：Alternating Current)という。電力会社から一般家庭に供給されている商用電源は、ほとんどが交流である。なお、向きは変わらないが大きさが変わることを脈流と呼ぶ場合もある。

交流の波形がある状態から出発して、完全に元の状態に戻るまでの変化を周波またはサイクルという。また、1秒間に周波が何回繰り返されるかを示す値を周波数といい、通常、記号fで表し、単位にヘルツ(Hz)を用いる。

交流が1回の周波に要する時間を周期といい、一般的に秒(s)を単位として表す。周期をTとすれば、Tと周波数fは逆数の関係になっており、次式が成り立つ。

$$T = \frac{1}{f}\,\text{〔s〕} \qquad f = \frac{1}{T}\,\text{〔Hz〕}$$

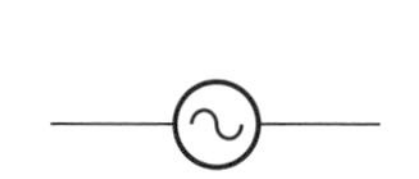

図1・39　交流電源の図記号

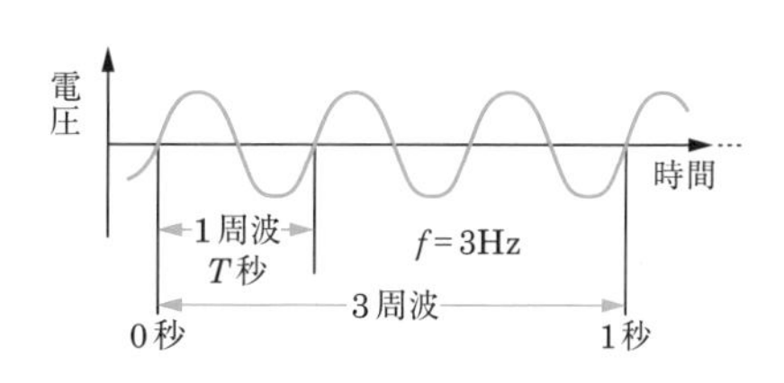

図1・40　交流の波形

正弦波交流

次頁の図1・41のように、永久磁石のN極とS極の間でコイルを回転させると、コイルが磁束を切ることになるので、コイルの導体には誘導起電力e〔V〕が発生する。コイルが回転する速度を一定としたとき、横軸をその瞬間の時刻、縦軸を誘導起電力として変化を記録し、グラフを作成すると、一定の規則性を持つ整った波状の曲線が描かれる。このような電気の波は、三角関数の正弦(sin)で表すことができるため、正弦波、正弦波交流、あるいはサインカーブなどといわれる。

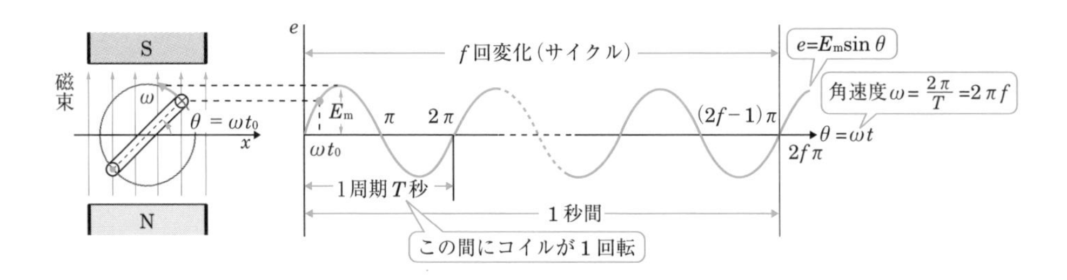

図1・41　正弦波交流

最大値と実効値

正弦波交流の電圧を式で表すと、

$$e = E_m \sin(\omega t + \phi)\,〔V〕$$

となる。ω〔rad/s〕は角周波数といわれ、周波数f〔Hz〕を用いて$\omega = 2\pi f$のように表される。また、ϕ〔rad〕を位相といい、電気的な角度のずれを表す。radは「ラジアン」と読み、半径1の扇形の中心角の大きさをその角度に対応する弧の長さで表す弧度法の単位である。中心角が度数法で360°の場合は円であり、これを弧度法で表すと、円の直径（半径1の2倍）に円周率πをかけた2π〔rad〕となる。

eの値は$-E_m$〔V〕から$+E_m$〔V〕まで変化するが、変化する過程での各瞬間の値を瞬時値といい、E_mを交流の最大値という。また、瞬時値の2乗を平均し、平方根をとったものを交流の実効値という。実効値は、交流が電力として仕事をするとき、これと同じ仕事をする直流の大きさに相当するものである。

通常、交流の電圧や電流を表す場合は、実効値が用いられる。一般的に電圧では瞬時値をe〔V〕で表し、実効値をE〔V〕で表す。また、電流では瞬時値をi〔A〕で表し、実効値をI〔A〕で表す。電圧の実効値Eと最大値E_m、電流の実効値Iと最大値I_mの間には、それぞれ次の関係がある。

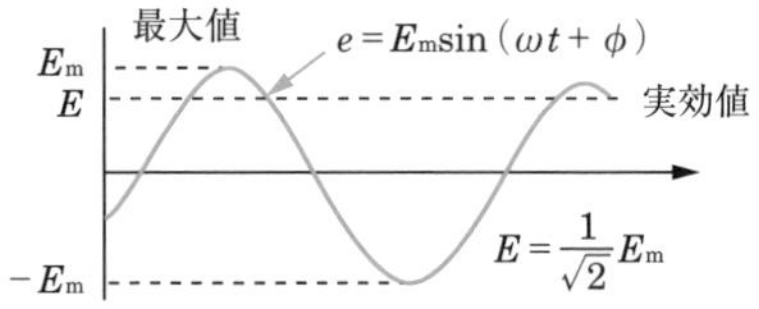

図1・42　最大値と実効値

$$E = \frac{1}{\sqrt{2}}E_m \fallingdotseq \frac{1}{1.414}E_m \fallingdotseq 0.707E_m\,〔V〕$$

$$I = \frac{1}{\sqrt{2}}I_m \fallingdotseq \frac{1}{1.414}I_m \fallingdotseq 0.707I_m\,〔A〕$$

ひずみ波

利用する電気は正確な正弦波であるのが理想であるが、さまざまな周波数や位相を持つ波が混入し、実際に得られる交流波形は意図した通りにはならない場合が多い。交流において正弦波でない波形を、非正弦波またはひずみ波という。

ひずみ波は、数学的には周波数の異なるいくつもの正弦波(周波数成分)に分解することができる。そのうち、周波数の最も低いものを基本波という。このひずみ波を分解してみると、基本波と、基本波の2倍、3倍、…、n倍というような周波数を含んだものになる。これらn倍の周波数成分を高調波という。

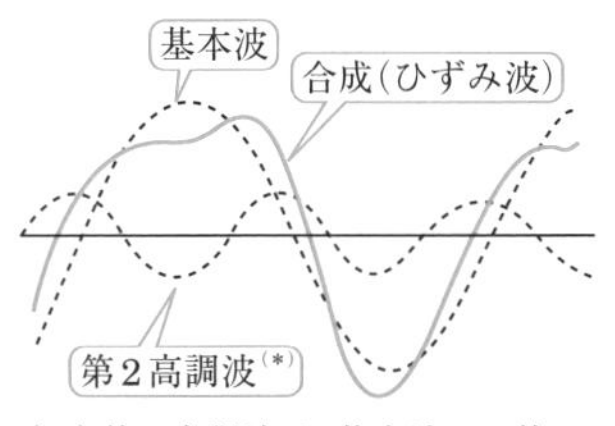

(*)第2高調波は、基本波の2倍の周波数の高調波である。

図1・43 ひずみ波

インピーダンス

直流回路においては、電流を妨げる働きをするものは抵抗のみであったが、交流回路においては抵抗の他に、コイル(インダクタンス)やコンデンサがある。コイルやコンデンサにおける交流電流の流れにくさをリアクタンスという。また、抵抗とリアクタンスの組合せにより電流を妨げる働きをインピーダンスといい、量記号Zで表し、単位はオーム(Ω)を用いる。

抵抗にコイルやコンデンサを組み合わせた回路では、電圧の位相と電流の位相に違い(位相差)が生じるため、インピーダンスは抵抗とリアクタンスの単純な足し算とはならない。それぞれの電圧、電流の位相を表現する方法として、ベクトル(大きさと向きを矢線で表したもの)がよく用いられ、これに直角三角形の性質を適用して値を求める。

●抵抗

抵抗は、交流でも直流の場合と同様の働きをし、周波数に関係なく一定の値を示す。また、抵抗を流れる交流電流と抵抗の両端にかかる交流電圧の間には位相差がなく、電流と電圧のベクトルは同じ向きになる。

抵抗に流れる交流電流の位相と、その抵抗に加わる交流電圧の位相は同じである。

●誘導性リアクタンス

コイル(インダクタンス)により生じるリアクタンスを誘導性リアクタンスといい、その大きさX_L〔Ω〕は次式で表される。

$$X_L = \omega L \text{〔}\Omega\text{〕}$$

ここで、ω〔rad/s〕は角周波数($\omega = 2\pi f$)なので、誘導性リアクタンスは周波数f〔Hz〕に比例し、周波数が高くなるほど大きくなる。すなわち、コイルでは交流電流は高周波のとき流れにくく、低周波のとき流れやすい。特に直流($\omega = 0$)では、リアクタンスは$X_L = 0$〔Ω〕となる。

コイルに流れる交流電流と、そのコイルに加わる交流電圧との関係は、次のとおり。

重要

コイルに加わる交流電圧の位相は、交流電流の位相に対して$\frac{\pi}{2}$〔rad〕(90°)進む。これを言い換えると、コイルに流れる交流電流の位相は、交流電圧の位相に対して90°遅れる。

●容量性リアクタンス

コンデンサにより生じるリアクタンスを**容量性リアクタンス**といい、その大きさX_C〔Ω〕は次式で表される。

$$X_C = \frac{1}{\omega C} \text{〔}\Omega\text{〕}$$

容量性リアクタンスは、誘導性リアクタンスとは反対に周波数fに反比例し、周波数が低くなるほど大きくなる。すなわち、コンデンサでは交流電流は高周波のとき流れやすく、低周波のとき流れにくい。特に直流($\omega = 0$)では、リアクタンスは$X_C = \infty$(無限大)となり電流は流れない。

コンデンサに流れる交流電流と、そのコンデンサに加わる交流電圧との関係は次のとおり。

コンデンサに加わる交流電圧の位相は、交流電流の位相に対して$\frac{\pi}{2}$ラジアン(90°)遅れる。これを言い換えると、コンデンサに流れる交流電流の位相は、交流電圧の位相に対して90°進む。

表1・2 電圧と電流の位相差

抵 抗	コイル(インダクタンス)	コンデンサ
i → e R $i = \dfrac{e}{R}$	i → $X_L = \omega L$ e L $i = \dfrac{e}{X_L} = \dfrac{e}{\omega L}$	i → $X_C = \dfrac{1}{\omega C}$ e C $i = \dfrac{e}{X_C} = e\omega C$
e i t 同相	e i t $\dfrac{\pi}{2}$	e i t $\dfrac{\pi}{2}$
$\dot{E}$ $\dot{I}$	$\dot{E}$ $\dot{I}$ $\dfrac{\pi}{2}$	$\dot{I}$ $\dfrac{\pi}{2}$ $\dot{E}$
電圧と電流は同相	電流は電圧より$\dfrac{\pi}{2}$遅れる	電流は電圧より$\dfrac{\pi}{2}$進む

交流回路のオームの法則

交流回路において、交流電流I〔A〕、交流電圧E〔V〕、インピーダンスZ〔Ω〕の間には、直流回路の場合と同様にオームの法則が成り立つ。

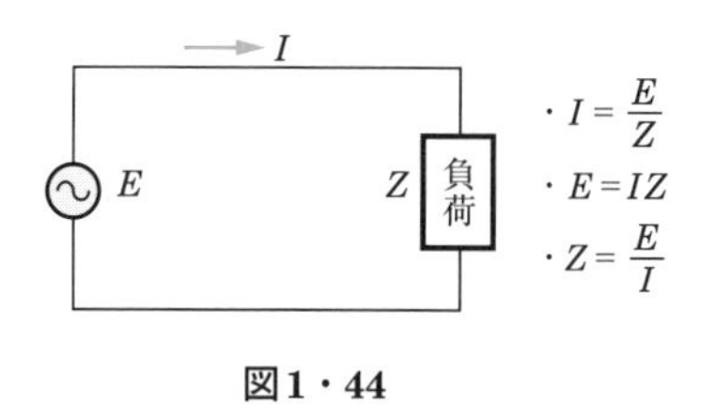

図1・44

$$I = \frac{E}{Z}〔A〕 \quad E = IZ〔V〕 \quad Z = \frac{E}{I}〔Ω〕$$

交流回路の電力

交流回路においては、電流・電圧がともに刻々と変化していくので、その積として与えられる瞬時の電力値も同様に刻々と変化する。そこで、交流回路での電力は、変化する瞬時電力の平均値で表すことにしている。

交流回路の中で電力が消費されるのは抵抗のみである。コイルは電流が増加するときには電源からの電力を磁界のエネルギーとして蓄え、電流が減少するときには蓄えていた電力を放出して電源に戻す。また、コンデンサは、電圧が増加するときには電源からの電力を電界のエネルギーとして蓄え、電圧が減少するときには蓄えていた電力を放出して電源に戻す。このように、コイルとコンデンサでは、電力は電源との間で受け渡しが行われるだけで、消費はされない。

交流回路において抵抗が消費する電力を**有効電力P〔W〕**といい、次式で表される。

$P = EI\cos\theta$〔W〕

ここで、E〔V〕は交流電圧の実効値、I〔A〕は交流電流の実効値であり、θ〔rad〕はEとIの位相差である。

また、単純なEとIの積$S = EI$を**皮相電力**といい、単位に**ボルトアンペア（VA）**を用いる。この皮相電力のうちの有効電力の割合を示すのが**力率**$\cos\theta$で、θの大きさに応じて0以上1以下の値をとる。皮相電力と有効電力は、それぞれ次のように表される。

・皮相電力〔VA〕＝電圧の実効値×電流の実効値
・有効電力〔W〕＝電圧の実効値×電流の実効値×力率

皮相電力と有効電力の関係をベクトルで表すと、図1・46のようになる。有効電力を水平方向とし、皮相電力と有効電力のベクトルの起点を合わせれば、有効電力のベクトルの終点は、皮相電力のベクトルの終点から垂線を下した位置になる。

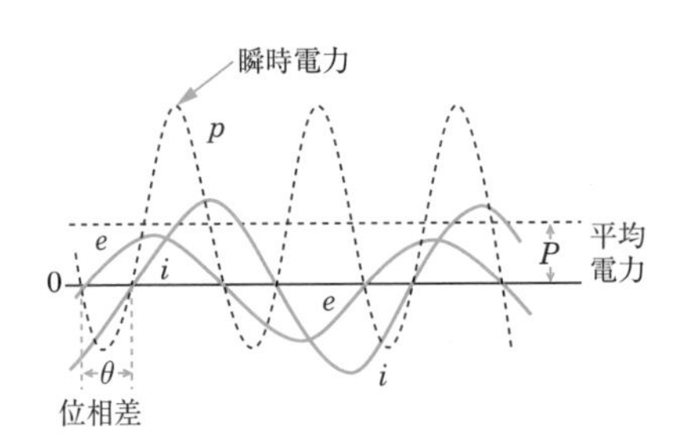

図1・45　交流回路の電力

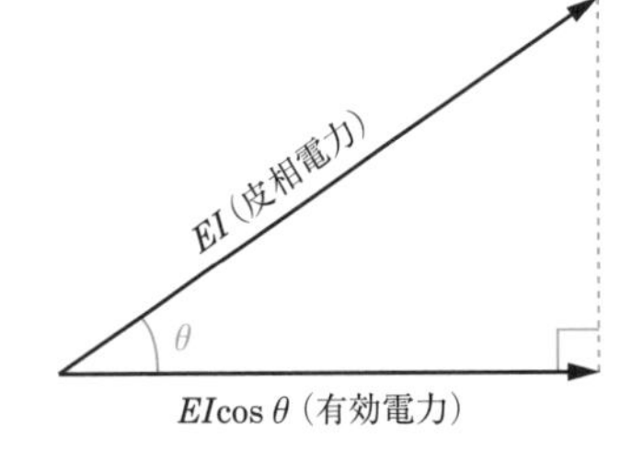

図1・46　電力ベクトル図

練習問題

【1】抵抗とコイルの直列回路の両端に交流電圧を加えたとき、流れる電流の位相は、電圧の位相に対して、（ア）。
［①遅れる　②進む　③同相である］

【2】交流回路でのエネルギーの消費電力は、皮相電力に対して（イ）電力と呼ばれる。
［①絶　対　②相　対　③有　効］

答（ア）①（イ）③

8. 交流直列回路の計算

RL直列回路

図1・47に示すように、R〔Ω〕の抵抗とインダクタンスがL〔H〕のコイルを直列に接続したRL直列回路に実効値V〔V〕の交流電圧を加えたとき、回路に流れる交流電流をI〔A〕とする。この場合、抵抗の両端の電圧をV_R〔V〕、コイルの両端の電圧をV_L〔V〕とすれば、V_Rの位相はIと同相であり、V_Lの位相はIより$\frac{\pi}{2}$〔rad〕進む。したがって、V_RとV_L、およびこれらの全体の電圧V〔V〕のベクトル関係は、図1・48のように表される。

また、コイルの誘導性リアクタンスをX_L〔Ω〕とすると、V_RとV_Lの大きさは次式で表される。

$$V_R = IR \text{〔V〕} \qquad V_L = IX_L \text{〔V〕}$$

ここで、Vは、なす角が直角であるV_RとV_Lの合成ベクトルとなっていることから、ピタゴラスの三平方の定理より

$$V = \sqrt{V_R^2 + V_L^2} = \sqrt{(IR)^2 + (IX_L)^2} = \sqrt{I^2R^2 + I^2X_L^2} \text{〔V〕}$$

であり、$V = IZ$より、

$$I^2Z^2 = I^2R^2 + I^2X_L^2 \rightarrow Z^2 = R^2 + X_L^2$$

となる。したがって、RとX_Lの合成インピーダンスZ〔Ω〕は、次式で表される。

$$\boldsymbol{Z = \sqrt{R^2 + X_L^2} = \sqrt{R^2 + (\omega L)^2}} \text{〔Ω〕}$$

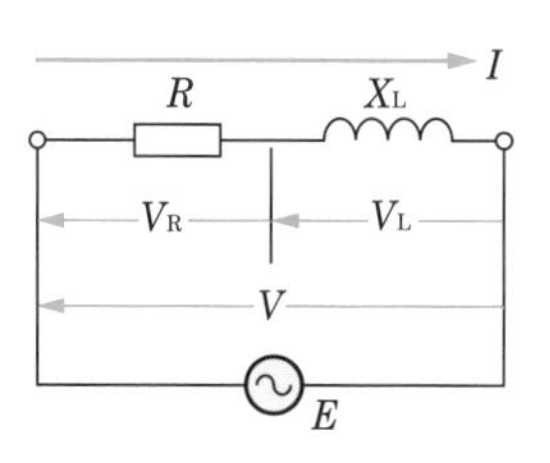

図1・47　*RL*直列回路

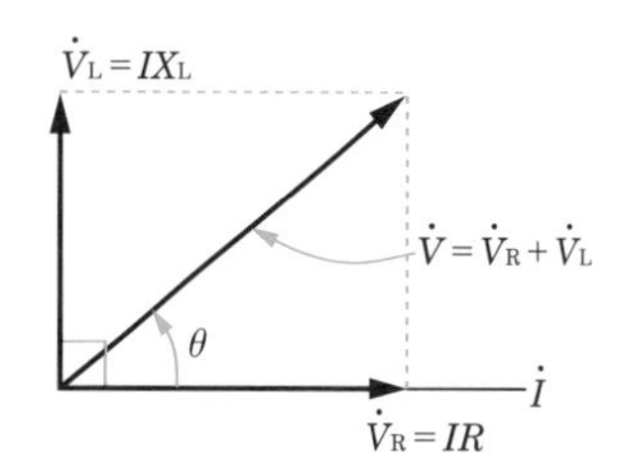

図1・48　電圧ベクトル図

【参考：根号(ルート)について】

交流回路の計算では、$\sqrt{\ }$記号(これを根号またはルートという)が登場する。計算問題を解くにあたって、$\sqrt{X^2}=X$という基本的事項(*)を押さえておく必要がある。たとえば、$\sqrt{100}$について考えてみよう。$\sqrt{\ }$の中の数字、すなわち100は10の2乗であるから、$\sqrt{100}=\sqrt{10^2}=10$となる。同様に、$\sqrt{9^2+12^2}$についても計算してみると、$\sqrt{9^2+12^2}=\sqrt{(3\times3)^2+(3\times4)^2}=\sqrt{3^2\times3^2+3^2\times4^2}=\sqrt{3^2\times(3^2+4^2)}$ $=3\sqrt{3^2+4^2}=3\sqrt{9+16}=3\sqrt{25}=3\times5=15$となる。

(*)ある数Xを2乗するとaになる(つまり$X^2=a$になる)場合、Xをaの平方根という。

RC直列回路

図1・49のようなR〔Ω〕の抵抗と静電容量がC〔F〕のコンデンサを直列に接続したRC直列回路は、考え方はRL直列回路と同じであるが、コンデンサの両端の電圧V_C〔V〕の位相は、コイルの両端の電圧V_Lの場合と反対で電流I〔A〕に対して$\frac{\pi}{2}$〔rad〕遅れる。V_R〔V〕とV_C〔V〕、およびこれらの全体の電圧V〔V〕のベクトル関係は、図1・50のように表される。

したがって、RとX_Cの合成インピーダンスZ〔Ω〕は、次式で表される。

$$\boldsymbol{Z=\sqrt{R^2+X_C{}^2}=\sqrt{R^2+\left(\frac{1}{\omega C}\right)^2}}\ 〔\Omega〕$$

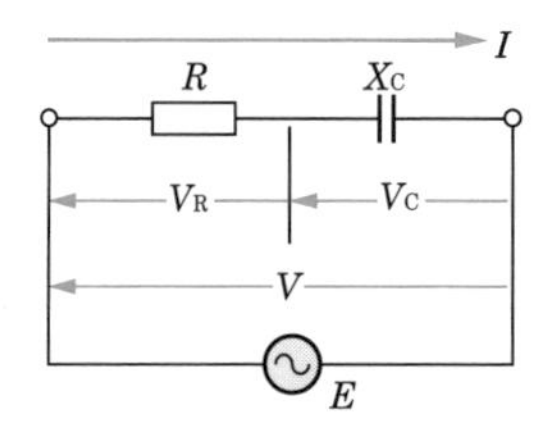

図1・49　*RC*直列回路

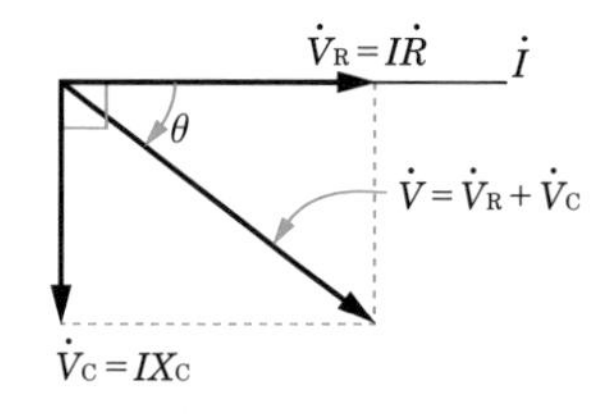

図1・50　電圧ベクトル図

RLC直列回路

図1・51のようなRLC直列回路の場合、R〔Ω〕の抵抗、L〔H〕のコイル、C〔F〕のコンデンサのそれぞれに加わる電圧V_R〔V〕、V_L〔V〕、V_C〔V〕と全体の電圧V〔V〕のベクトル関係は、図1・52のように表される。

したがって、R、X_L、X_Cの合成インピーダンスZ〔Ω〕は、次式で表される。

重要

$$\boldsymbol{Z=\sqrt{R^2+(X_L-X_C)^2}=\sqrt{R^2+\left(\omega L-\frac{1}{\omega C}\right)^2}}\ 〔\Omega〕$$

ここで、V〔V〕とI〔A〕の関係をみると、X_LがX_Cより大きいときVはIに対して位相が進み、反対にX_LがX_Cより小さいときVはIに対して位相が遅れることになる。

また、X_LがX_Cと同じときは合成インピーダンスZが最小$(Z=\sqrt{R^2+0}=R)$となり、流れる電流が最大となる。この状態を直列回路の**共振**という。

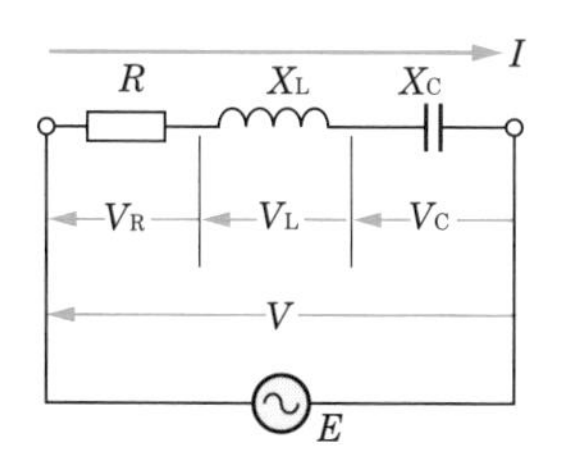

図1・51　*RLC*直列回路

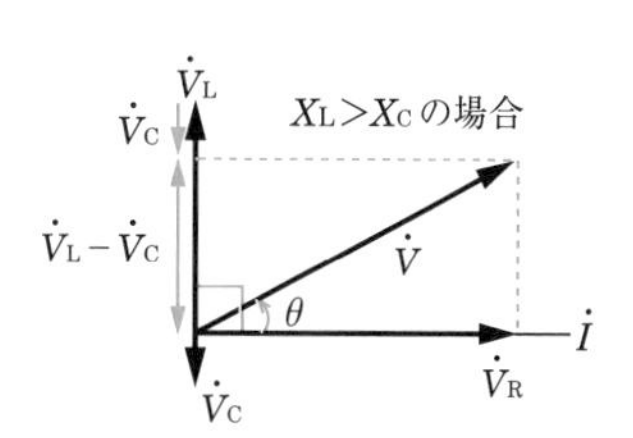

図1・52　電圧ベクトル図

練習問題

【1】図1に示す回路において、交流電流が4アンペア流れているとき、この回路の端子a－b間に現れる電圧は、（ア）ボルトである。
〔① 13　② 26　③52〕

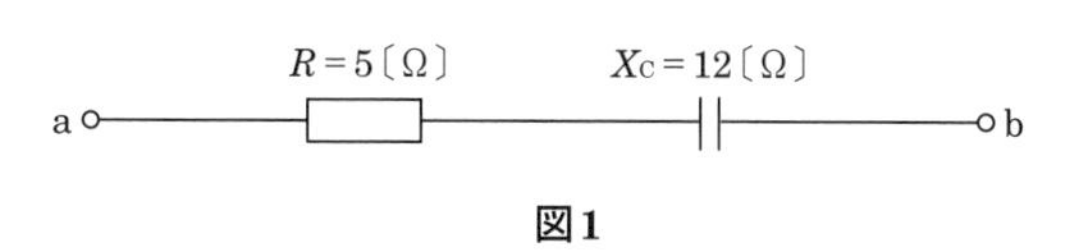

図1

解説　【1】設問の図1の回路の抵抗Rと容量性リアクタンスX_Cの直列回路の合成インピーダンスZの大きさは、

$$Z=\sqrt{R^2+X_C{}^2}=\sqrt{5^2+12^2}=\sqrt{25+144}=\sqrt{169}=13〔\Omega〕$$

したがって、端子a－b間に現れる電圧V_{ab}は、

$$V_{ab}=4\times 13=52〔V〕$$

ここで、直角三角形の辺の比のうち代表的なものを図2に示す。交流回路の計算問題では、(a)や(b)を利用すれば、簡単に$\sqrt{\ }$をはずすことができるようになっている場合が多い。

たとえば(a)を使って$\sqrt{3^2+4^2}=\sqrt{5^2}=5$のような変形がすぐにできるので、覚えておくと便利である。

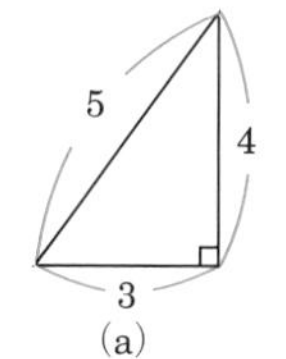

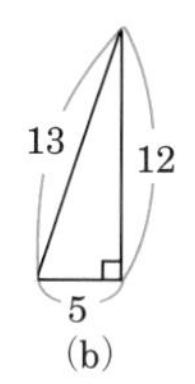

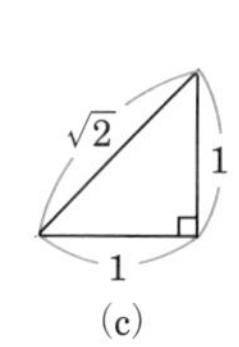

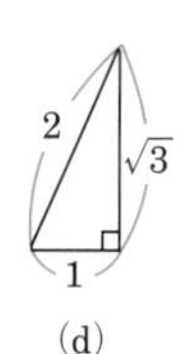

図2

答（ア）③

9. 交流並列回路の計算

RL並列回路

図1･53に示すように、R〔Ω〕の抵抗と自己インダクタンスがL〔H〕のコイルを並列に接続したRL並列回路に実効値V〔V〕の交流電圧を加えたとき、回路に流れる交流電流をI〔A〕とする。この場合、抵抗に流れる電流をI_R〔A〕、コイルに流れる電流をI_L〔A〕とすると、I_Rの位相はVと同相になり、I_Lの位相はVより$\frac{\pi}{2}$〔rad〕遅れる。したがって、I_RとI_L、およびこれらの全体の電流Iのベクトル関係は、図1･54のように表される。

また、コイルの誘導性リアクタンスをX_L〔Ω〕とすると、I_RとI_Lの大きさは次式で表される。

$$I_R=\frac{V}{R}\text{〔A〕}\qquad I_L=\frac{V}{X_L}\text{〔A〕}$$

ここで、IはI_RとI_Lの合成ベクトルになっていることから、

$$I=\sqrt{I_R^2+I_L^2}=\sqrt{\left(\frac{V}{R}\right)^2+\left(\frac{V}{X_L}\right)^2}=V\sqrt{\left(\frac{1}{R}\right)^2+\left(\frac{1}{X_L}\right)^2}$$

となる。ここで、$I=\frac{V}{Z}$であるから、合成インピーダンスZ〔Ω〕は次式で表される。

$$\frac{1}{Z}=\frac{I}{V}=\sqrt{\left(\frac{1}{R}\right)^2+\left(\frac{1}{X_L}\right)^2}$$

$$\boldsymbol{Z}=\frac{1}{\sqrt{\left(\frac{1}{R}\right)^2+\left(\frac{1}{X_L}\right)^2}}=\frac{1}{\sqrt{\left(\frac{1}{R}\right)^2+\left(\frac{1}{\omega L}\right)^2}}\text{〔Ω〕}$$

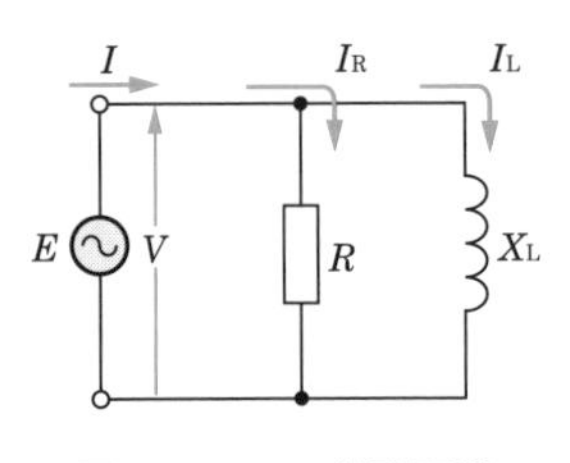

図1・53　RL並列回路

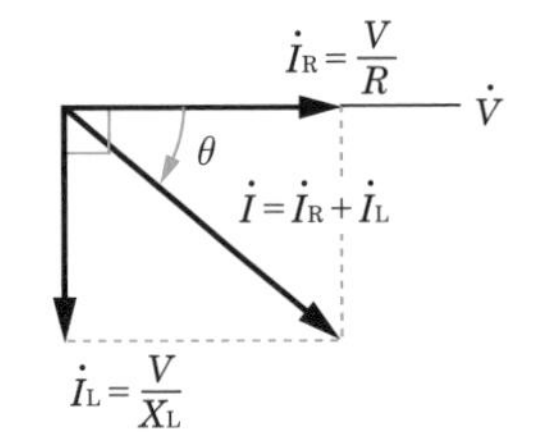

図1・54　電流ベクトル図

RC並列回路

図1・55のようなR〔Ω〕の抵抗と静電容量がC〔F〕のコンデンサを並列に接続し

たRC並列回路は、考え方はRL並列回路と同じであるが、コンデンサに流れる電流I_C〔A〕の位相は、コイルを流れる電流I_Lの場合と反対で電流Iに対して$\frac{\pi}{2}$〔rad〕進む。したがって、I_RとI_C、およびこれらの合成電流Iのベクトル関係は、図1・56のようになり、合成インピーダンスZ〔Ω〕は次式で表される。

$$\frac{1}{Z}=\sqrt{\left(\frac{1}{R}\right)^2+\left(\frac{1}{X_C}\right)^2}$$

重要

$$\boldsymbol{Z}=\frac{1}{\sqrt{\left(\frac{1}{R}\right)^2+\left(\frac{1}{X_C}\right)^2}}=\frac{1}{\sqrt{\left(\frac{1}{R}\right)^2+(\omega C)^2}}\text{〔Ω〕}$$

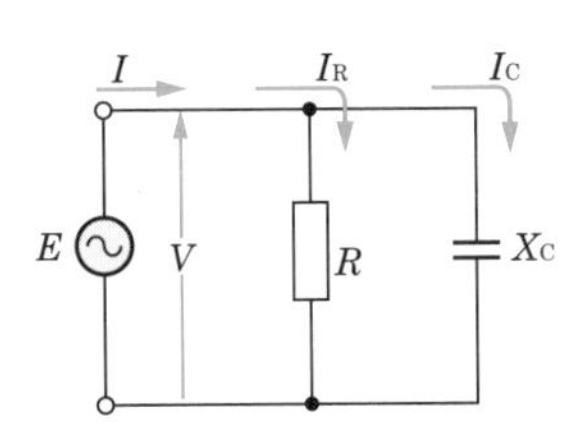

図1・55　***RC*並列回路**

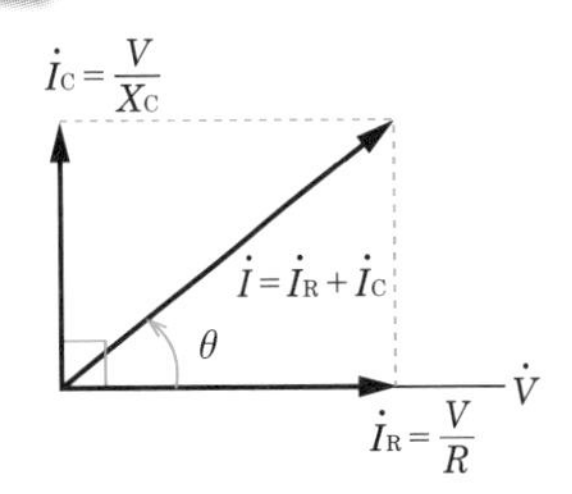

図1・56　電流ベクトル図

練習問題

【1】図1に示す回路において、端子a－b間の合成インピーダンスは、（ア）オームである。
〔① 3.0　② 5.1　③ 7.2〕

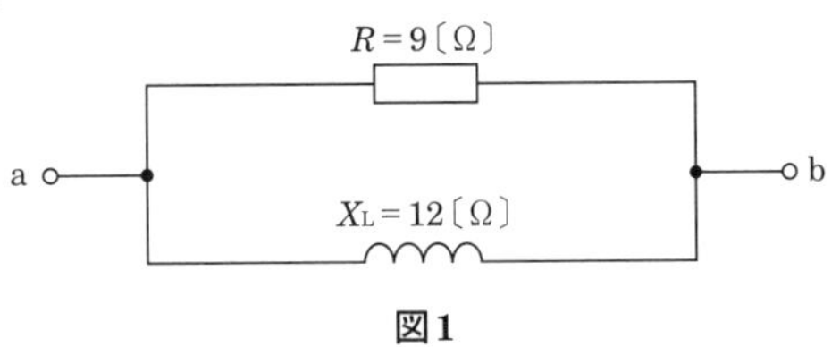

図1

解説　【1】設問の図1に示す回路は、抵抗Rと誘導性リアクタンスX_Lの並列接続であるから、その合成インピーダンスZは次のようになる。

$$\frac{1}{Z}=\sqrt{\left(\frac{1}{R}\right)^2+\left(\frac{1}{X_L}\right)^2}$$

$$=\sqrt{\left(\frac{1}{9}\right)^2+\left(\frac{1}{12}\right)^2}=\sqrt{\left(\frac{1}{3\times3}\right)^2+\left(\frac{1}{3\times4}\right)^2}=\sqrt{\left(\frac{1}{3}\right)^2\times\left\{\left(\frac{1}{3}\right)^2+\left(\frac{1}{4}\right)^2\right\}}$$

$$=\frac{1}{3}\sqrt{\frac{1}{9}+\frac{1}{16}}=\frac{1}{3}\sqrt{\frac{25}{144}}=\frac{1}{3}\times\frac{5}{12}=\frac{5}{36}$$

$$\therefore\quad Z=\frac{36}{5}=7.2\text{〔Ω〕}$$

答（ア）③

実戦演習問題 1-1

次の各文章の［　　］内に、それぞれの[　　]の解答群の中から最も適したものを選び、その番号を記せ。

1 図1－aに示す回路において、抵抗R_2に4アンペアの電流が流れているとき、この回路に接続されている電池Eの電圧は、［（ア）］ボルトである。ただし、電池の内部抵抗は無視するものとする。

[① 24　② 36　③ 42]

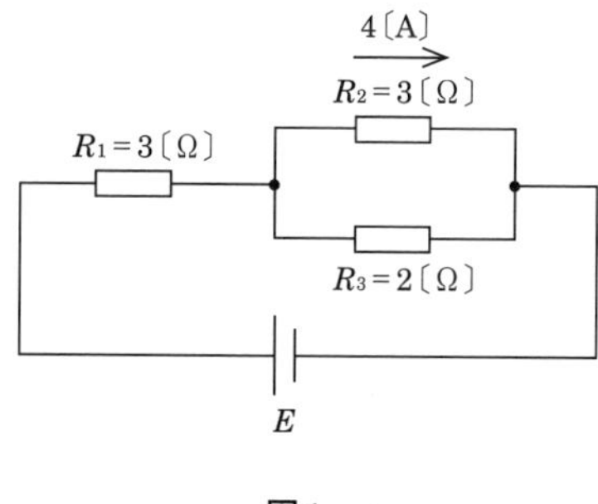

図1－a

2 図1－bに示す回路において、端子a－b間に68ボルトの交流電圧を加えたとき、この回路に流れる電流は、［（イ）］アンペアである。

[① 2　② 4　③ 17]

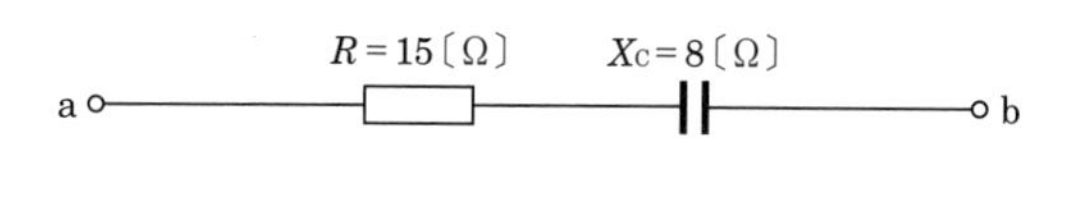

図1－b

3 電荷を帯びていない導体球に帯電体を接触させないように近づけたとき、両者の間には［（ウ）］。

[① 力は働かない　② 引き合う力が働く　③ 反発し合う力が働く]

4 磁気回路において、磁束をΦ、起磁力をF、磁気抵抗をRとすると、これらの間には、Φ = ［（エ）］の関係がある。

[① $\dfrac{F}{R}$　② $\dfrac{R}{F}$　③ RF]

実戦演習問題 1-2

次の各文章の［　　］内に、それぞれの[　　]の解答群の中から最も適したものを選び、その番号を記せ。

1 図2－aに示す回路において、端子a－b間の合成抵抗は、［(ア)］オームである。

[① 8　② 9　③ 10]

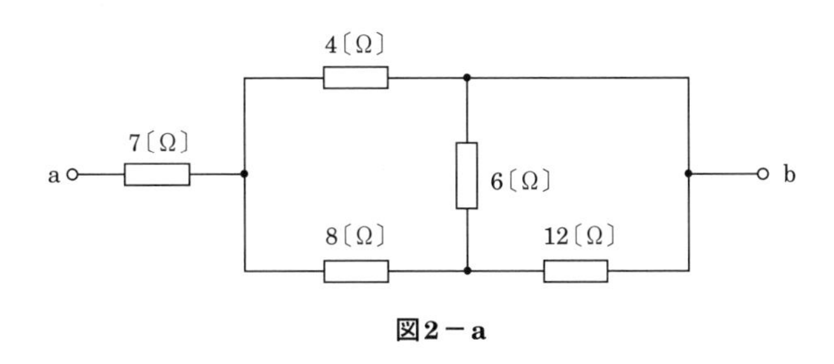

図2－a

2 図2－bに示す回路において、回路に流れる交流電流が5アンペアであるとき、端子a－b間の交流電圧は、［(イ)］ボルトである。

[① 20　② 25　③ 50]

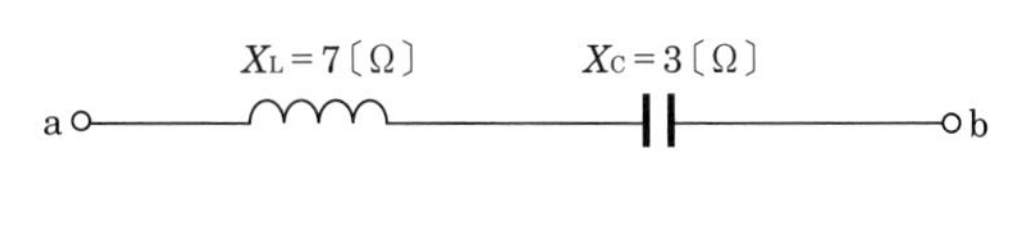

図2－b

3 磁界中に置かれた導体に電流が流れると、電磁力が生ずる。フレミングの左手の法則では、左手の親指、人差し指及び中指をそれぞれ直角にし、［(ウ)］の方向とすると、親指は電磁力の方向となる。

[① 人差し指を磁界、中指を電流　② 人差し指を電流、中指を起電力
③ 人差し指を電流、中指を磁界　④ 人差し指を磁界、中指を起電力]

4 導線の単位長さ当たりの電気抵抗は、その導線の断面積を3倍にしたとき、［(エ)］倍になる。

[① $\frac{1}{9}$　② $\frac{1}{3}$　③ $\sqrt{3}$]

第2章

電子回路

1. 半導体の性質、種類

半導体

物質には、金属や電解液のように電気を通しやすい物質と、ゴムやガラスのように電気をほとんど通さない物質がある。電気を通しやすい物質を**導体**、通しにくい物質を**絶縁体**という。ゲルマニウム(Ge)やシリコン(Si)は**半導体**と呼ばれる物質で、抵抗率でみると導体と絶縁体の中間に位置する。半導体は、ダイオードをはじめとする各種電子部品の材料として用いられている。

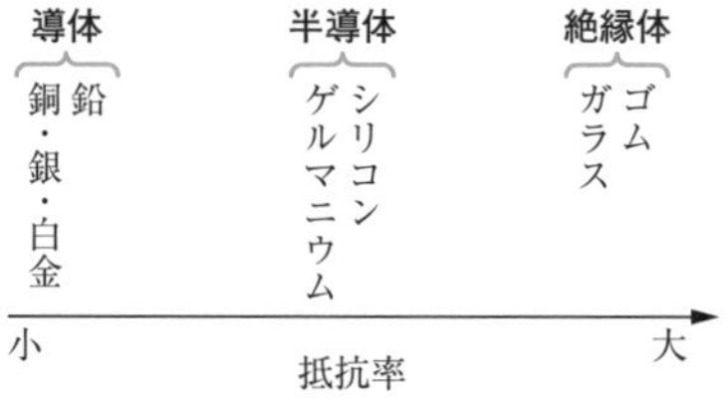

導体：鉛、銅・銀・白金
半導体：シリコン、ゲルマニウム
絶縁体：ゴム、ガラス
小 → 大
抵抗率

図2・1　物質の抵抗率

半導体の性質

●負の温度係数

金属は一般に、温度が上昇すると抵抗値も増加する(正の温度係数)。これに対し半導体は、**温度が上昇すると抵抗値が減少する**(負の温度係数)。この性質を利用したものに**サーミスタ**がある。サーミスタはわずかな温度変化で抵抗値が著しく変化する(温度係数の絶対値が大きい)ため、温度センサや電子回路の温度補償として使われている。

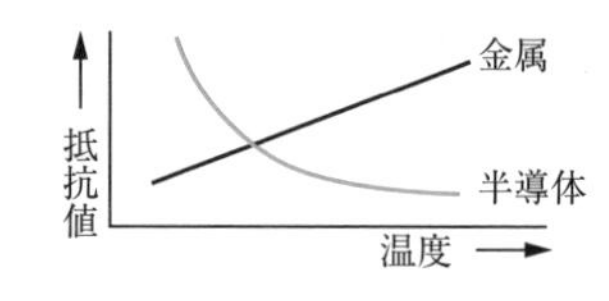

図2・2　温度と抵抗値

半導体は、温度が上昇すると抵抗値が減少する「負の温度係数」を持つ。

●整流効果

異種の半導体を接合すると、電圧をかける方向によって電流が流れたり流れなかったりする。これを整流効果といい、交流を直流に変換する整流器に利用されている。

●光電効果

半導体には、光の変化に反応して抵抗値が変化する性質がある。これを応用したものに、光伝送の素子として使用される発光ダイオードやホトダイオード、CdS（硫化カドミウム）セルなどがある。

●熱電効果

異種の半導体を接合し、その接合面の温度を変化させると、電流が発生する。

価電子と共有結合

原子は、中心部の原子核と、原子核を周回する電子から形成されている。電子は原子核のまわりをさまざまな軌道で周回しているが、このうち最も外側の軌道を周回する電子を価電子（か）といい、この価電子が原子間の結合に関与している。

真性半導体は、4個の価電子を持った原子（これを4価の原子という）、たとえばゲルマニウム（Ge）やシリコン（Si）などの単結晶である。真性半導体では、隣接する4つの原子が互いに1個ずつ電子を出し合って共有する、いわゆる共有結合をしているが、この状態では、自由に動き回る自由電子がないため絶縁体となる。

ここで、真性半導体の温度を上げると原子が振動し、一部の電子が共有結合から離れて動き回るようになる。このため、真性半導体は低い温度では絶縁体であるが、温度が高くなると電流が流れるようになる。

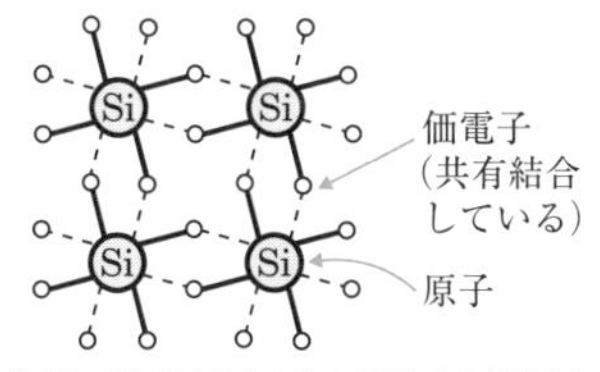

最も外側の軌道を周回する電子を価電子といい、
隣接する原子どうしで共有結合されている。

図2・3　価電子と共有結合

半導体の種類

●n形半導体

4価の原子の純粋な結晶である真性半導体に、不純物原子として5価の原子、たとえばリン（P）をわずかに加えると、不純物原子は4価の原子の中で共有結合を行うようになる。しかし、不純物原子は5個の価電子を有するので4価の原子と共有結合すると価電子が1つ余る。この余った価電子が自由に動き回る自由電子となり、電気伝導の担い手（キャリア）となる。

このように不純物の混入により自由電子が多数存在する半導体を、n（negative）形半導体という。

●p形半導体

真性半導体中に不純物原子として3価の原子、たとえばインジウム(In)をわずかに加えると、共有結合するために価電子が1つ不足し**正孔**(ホール)が生じる。正孔は電子がない穴であるため、電気的には正電荷を持つ粒とみなすことができ、正孔も自由電子と同様に電気伝導の担い手(キャリア)となる。このように不純物の混入により正孔が多数存在する半導体を、**p(positive)形半導体**という。

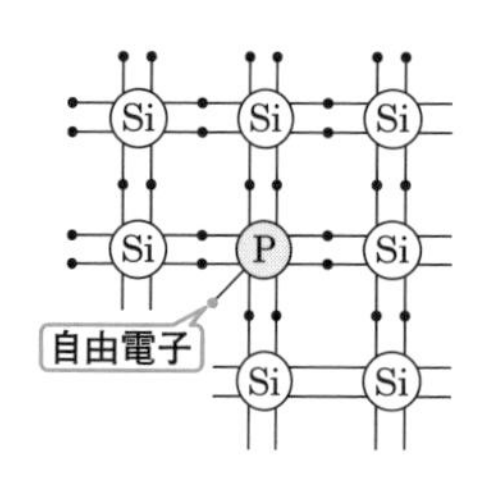

図2・4　n形半導体

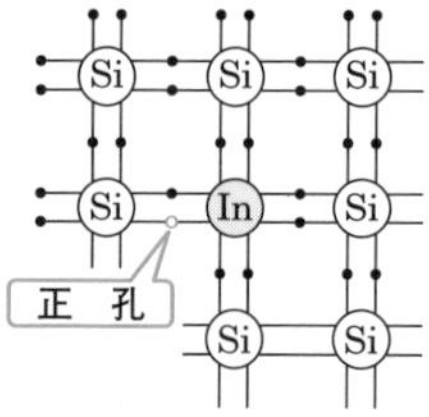

図2・5　p形半導体

多数キャリアと少数キャリア

電荷を持っていて、それが移動することにより電流を流す働きをするものを**キャリア**という。半導体中にもともと多数存在しているキャリアを**多数キャリア**といい、わずかながら存在するキャリアを**少数キャリア**という。

n形半導体の多数キャリアは自由電子、少数キャリアは正孔である。一方、p形半導体の多数キャリアは正孔、少数キャリアは自由電子である。

n形半導体の不純物を、「価電子の提供者」という意味で**ドナー**(donor)といい、真性半導体にこれを加えると自由電子が生じる。また、p形半導体の不純物を、「価電子を受け取る者」という意味で**アクセプタ**(acceptor)といい、真性半導体にこれを加えると正孔が生じる。

表2・1　半導体のキャリア

	n形半導体	p形半導体
多数キャリア(電気伝導の担い手)	自由電子	正　孔
少数キャリア	正　孔	自由電子

練習問題

【1】真性半導体に不純物が加わると、結晶中において［（ア）］結合を行う電子に過不足が生じてキャリアが生成されることにより、導電率が増大する。
[①拡　散　②共　有　③静　電]

答（ア）②

2. ダイオード

pn接合の整流作用

p形の半導体結晶とn形の半導体結晶を接合させることを**pn接合**といい、pn接合によってできた半導体を**pn接合半導体**という。

このpn接合半導体の両端に電極を取り付け、電極間に電圧を加えたとき、電圧の極性によって電流が流れる場合と流れない場合がある。このような性質を**整流作用**という。電極間に加える電圧の極性には、順方向と逆方向がある。

●順方向電圧

p形半導体側がプラス、n形半導体側がマイナスになるように電圧を印加した場合、n形半導体内にある自由電子はp形半導体に接続されたプラス電極に、また、p形半導体内にある正孔はn形半導体に接続されたマイナス電極に引き寄せられ、互いに接合面を越えて相手領域に入り、混ざり合う方向に移動する。

この結果、自由電子や正孔の存在しない領域(**空乏層**)の幅は狭くなり、全体としてはプラス電極からマイナス電極に向かう電流が流れる。この方向の電圧を**順方向電圧**という。

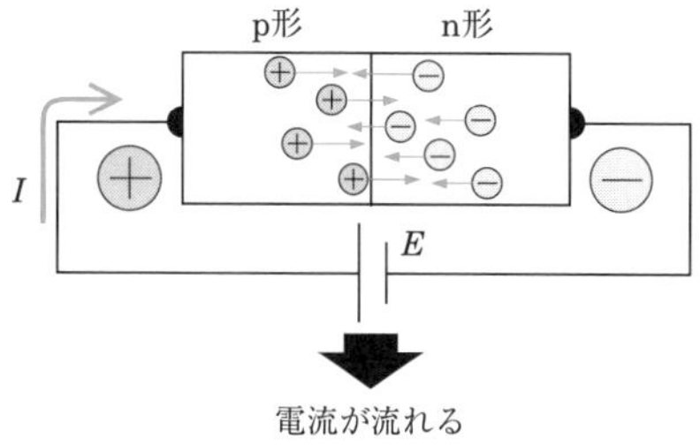

p形 n形 I E 電流が流れる

図2・6　順方向電圧

●逆方向電圧

p形半導体側がマイナス、n形半導体側がプラスになるように電圧を印加した場合、p形半導体内にある正孔はp形半導体に接続されたマイナス電極に引き寄せられ、また、n形半導体内にある自由電子はn形半導体に接続されたプラス電極に引き寄せられる。

この結果、空乏層の幅が広がり、電流が流れない状態になる。この方向の電圧を**逆方向電圧**という。

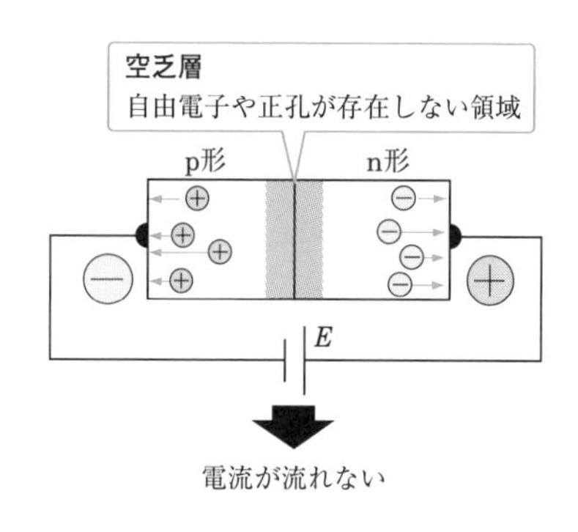

図2・7　逆方向電圧

半導体のpn接合に逆方向電圧を加えると、p形領域の多数キャリアである正孔はマイナス電極に引き寄せられ、空乏層が広がる。

pn接合ダイオード

1組のpn接合に電極を接続した素子で整流特性を持つものを、**pn接合ダイオード**という。**ダイオード**とは、2つの電極を持つ電子デバイスをいうが、今日、単にダイオードといえば、このpn接合ダイオードのことを指している。pn接合ダイオードでは、p形半導体に接続された電極を**アノード**(A)といい、n形半導体に接続された電極を**カソード**(K)という。電流は順方向の電圧(順方向バイアス電圧)をかけたときのみアノードからカソードに向かって流れ、逆方向の電圧(逆方向バイアス電圧)をかけたときは電流は流れない。すなわち、pn接合ダイオードは、順方向電圧に対しては抵抗値が低く、逆方向電圧に対しては抵抗値が高くなる。

このような整流作用を利用して、pn接合ダイオードは、**電源整流回路**(交流－直流変換)などに用いられている。また、電流が流れる方向をスイッチのオン(導通)、流れない方向をスイッチのオフ(遮断(しゃだん))とした**スイッチング素子**としても利用される。

pn接合ダイオードの半導体材料には、**シリコン**(Si)や**ゲルマニウム**(Ge)などがあるが、一般にはシリコンが用いられている。シリコンダイオードは他のpn接合ダイオードと比較して耐熱性に優れているなどの特徴を有している。

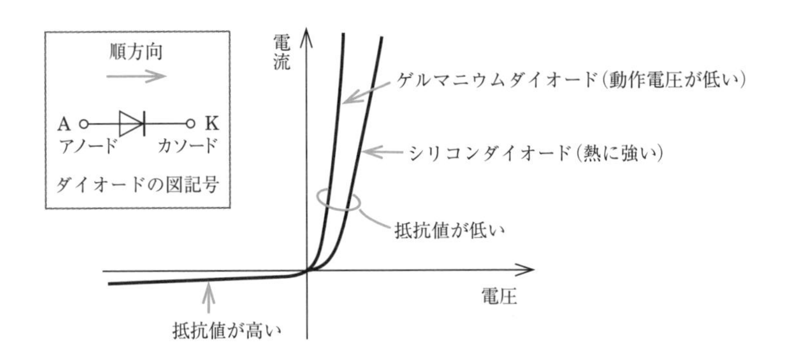

図2・8　シリコンダイオードとゲルマニウムダイオードの比較

ダイオードの応用

●定電圧ダイオード

定電圧ダイオードは**ツェナーダイオード**ともいわれ、広い電流範囲でダイオードにかかる電圧を一定に保持する半導体素子である。加える逆方向電圧がある大きさ以上になると電流が急激に増加するが、その後、端子電圧は一定に保たれる。この現象を**降伏現象**といい、電流が急激に増加する境界となる電圧(図2・9中の

V_Z)を降伏電圧という。

定電圧ダイオードは、この降伏現象により、定電圧回路に使用されている。

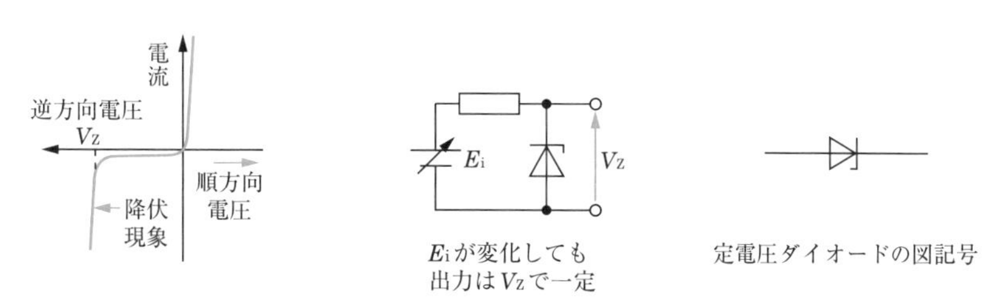

図2・9　定電圧ダイオードの降伏現象、図記号

定電圧ダイオード(ツェナーダイオード)は、逆方向電圧が一定値を超えると急激に電流が増大する降伏現象を示す素子である。

●バリスタ

バリスタは、図2・10に示すように電圧－電流特性が原点に対して対称となっており、原点付近の低い電圧では高抵抗で、電圧がある値以上になると急激に抵抗値が下がり、電流が流れ出す性質を持っている。この特性を利用して、電話機回路中の電気的衝撃音(クリック)防止回路や、送話レベル、受話レベルの自動調整回路などに使用されている。

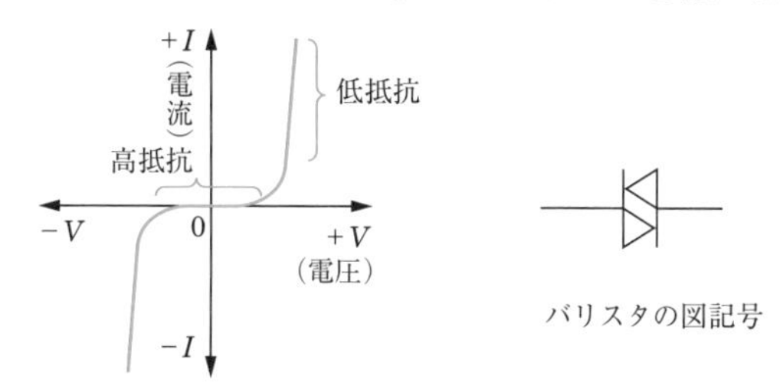

図2・10　バリスタの電圧－電流特性、図記号

バリスタは、加えられた電圧が一定値を超えると急激に抵抗値が低下する非直線性の特性を持つ。

●可変容量ダイオード

可変容量ダイオードは、コンデンサの働きをするダイオードで、pn接合に加える逆方向電圧を制御することにより、静電容量を変化させることができる。

空乏層の幅は、pn接合に加える逆方向電圧により変化し、逆方向電圧が大きくなると広くなる。可変容量ダイオードが空乏層を利用すると、逆方向電圧によって静電容量を変化させるコンデンサになる。

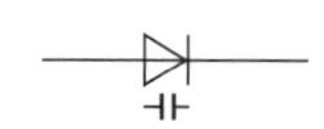

図2・11　可変容量ダイオードの図記号

●発光ダイオード

発光ダイオード（**LED**：Light Emitting Diode）は、電気信号を光信号に変換する**発光素子**である。p形半導体とn形半導体の間に極めて薄い活性層を挟み、境界をヘテロ接合（組成が異なる2種類の半導体間で接合）した構造となっており、pn接合に**順方向の電圧**を加えたとき光を発する。

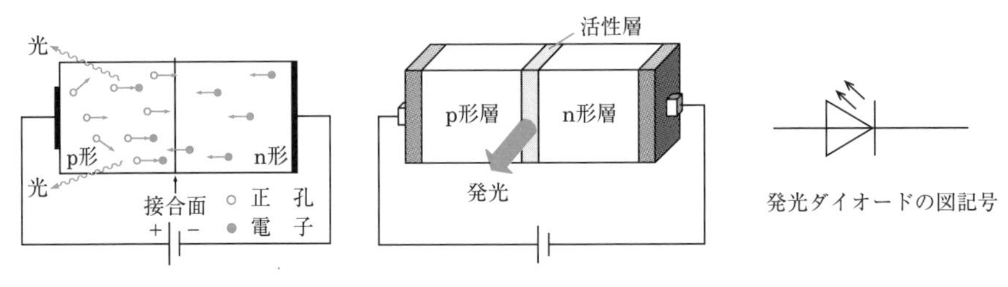

図2・12　発光の原理

図2・13　発光ダイオードの構造、図記号

発光ダイオード（LED）は、pn接合ダイオードに順方向の電圧を加えて発光させる半導体光素子である。

●半導体レーザダイオード

半導体レーザダイオード（**LD**：Laser Diode）は、発光ダイオードと同じく、電気信号を光信号に変換する**発光素子**である。p形半導体とn形半導体の間に極めて薄い活性層を挟み、光の波長の整数倍の長さに切断した両面を反射鏡とした構造になっている。活性層の間に閉じ込めた光を誘導放射により増幅し共鳴させることでレーザ発振を起こさせて、そのレーザ光の一部を放出する。

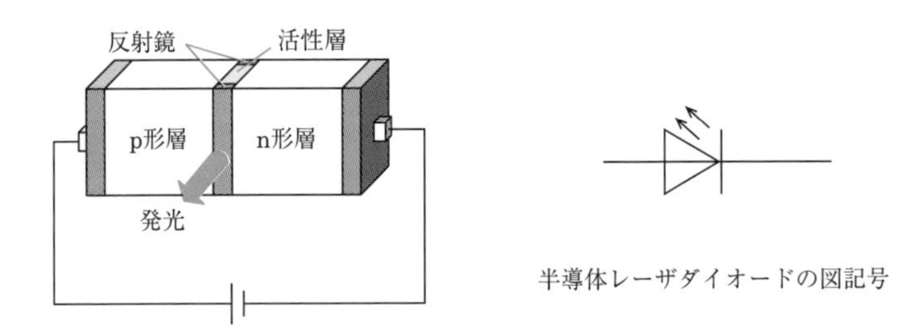

図2・14　半導体レーザダイオードの構造、図記号

●ホトダイオード

ホトダイオード（**PD**：Photo Diode）は、光信号を電気信号に変換する**受光素子**であり、**逆方向電圧**を加えたpn接合に光を照射すると、逆方向電流が増加する。受光素子には、この他、ホトトランジスタなどがある。

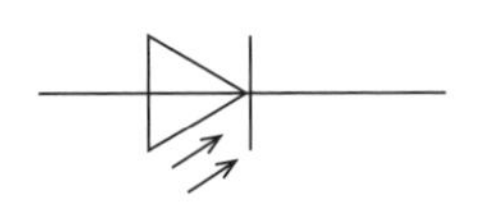

図2・15　ホトダイオードの図記号

3. ダイオード回路

整流回路

整流回路は、交流信号を直流信号に変換する回路である。ダイオードを用いた整流回路には、図2・16の**半波整流回路**と図2・17の**全波整流回路**がある。

半波整流回路は、入力波形のうち、正または負のいずれか片方の側をカットする。これに対し全波整流回路は、負側の波形を反転させることにより入力波形すべてを正の波形にして出力するものである。

なお、図2・17のようにダイオードを4個使用した全波整流回路を、**ブリッジ整流回路**という。

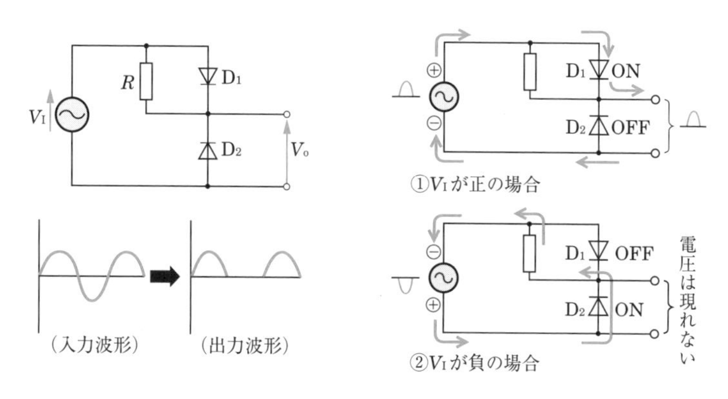

図2・16　半波整流回路

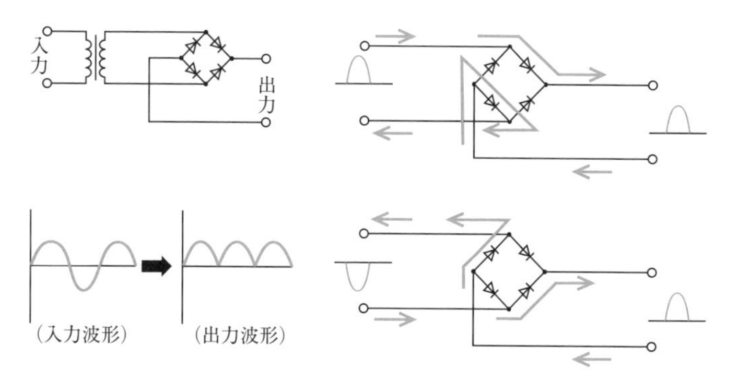

図2・17　全波整流回路

波形整形回路

波形整形回路は、入力波形の一部を切り取り、残った部分を出力する回路であり、波形操作の違いによりクリッパやスライサなどの種類がある。

任意の入力波形に対して、ある特定の基準電圧以上または以下の部分を取り出したり、取り除いたりする波形整形回路を総称してクリッパという。クリッパには、基準電圧以上を取り出すベースクリッパと、基準電圧以下を取り出すピーククリッパ(リミッタ)がある。

表2・2内の図①の直列形ベースクリッパ回路において、入力電圧をV_I、出力電圧をV_Oとすると、V_Iが基準電圧Eより小さい($V_I<E$)ときは、ダイオードのカソード(K)側の電位が高いのでダイオードはOFF(遮断)となり、V_OにはEの電圧のみが出力される(図②)。反対にV_Iが基準電圧Eより大きい($V_I>E$)ときは、アノード(A)側の電位が高いのでダイオードはON(導通)となり、V_OにはV_Iの電圧が出力される(図②)。

また、表2・2内の図③の並列形ピーククリッパ回路において、入力電圧をV_I、出力電圧をV_Oとする。V_Iが基準電圧Eより小さい($V_I<E$)とき、電位はアノード(A)側よりもカソード(K)側の方が高いのでダイオードはOFF(遮断)となり、入力波形はそのまま出力される(図④)。反対にV_Iが基準電圧Eより大きい($V_I>E$)ときは、

重要　**表2・2　クリッパ**

	回路構成		出力波形（正弦波交流が入力の場合）
	並列形	直列形	
ベースクリッパ	V_I V_O E	A K V_I V_O E 図①	V_o V E 0 t $-V$ V_I 図②
ベースクリッパ	V_I V_O E	V_I V_O E	V_o V 0 t $-E$ $-V$
ピーククリッパ	A K V_I V_O E 図③	V_I V_O E	V_o V E 0 t $-V$ 図④
ピーククリッパ	V_I V_O E	V_I V_O E	V_o V 0 t $-E$ $-V$

カソード(K)側の電位はEと同じなのでアノード(A)側の方が電位が高くなり、ダイオードはON(導通)となる。このとき出力端子Voには、入力波形に関係なく電圧Eが出力される(図④)。

さて、波形整形回路の1つにスライサがある。これは、入力信号波形から、上の基準電圧以上と下の基準電圧以下を切り取り、中央部(上下の基準電圧の振幅レベルに入る部分)の信号波形だけを取り出す回路である。

論理回路

論理回路は、ダイオードのスイッチング作用を利用して、AND回路やOR回路として動作させるものである。図2・18はOR回路として動作するものであり、2つの入力端子のV_1またはV_2のどちらか、あるいは両方に電圧が加えられるとダイオードを通して抵抗Rに電流が流れ、出力端子に電圧が発生する。

一方、入力端子の両方が0〔V〕であると抵抗には電流が流れないため、出力端子も0〔V〕となり電圧は発生しない。したがって、「電圧あり」を"1"、「電圧なし」を"0"とすると、この回路は論理回路のOR回路に相当することになる。

一方、図2・19の回路では、両方の入力端子に電圧が加えられたときのみ出力端子に電圧が発生するので、これはAND回路として動作する。

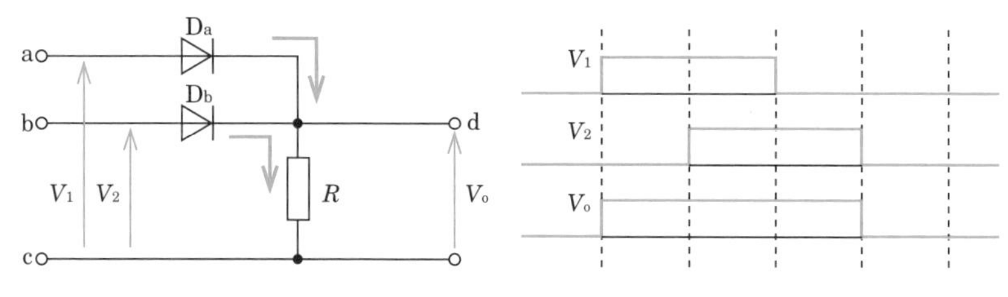

図2・18　論理回路(OR回路)

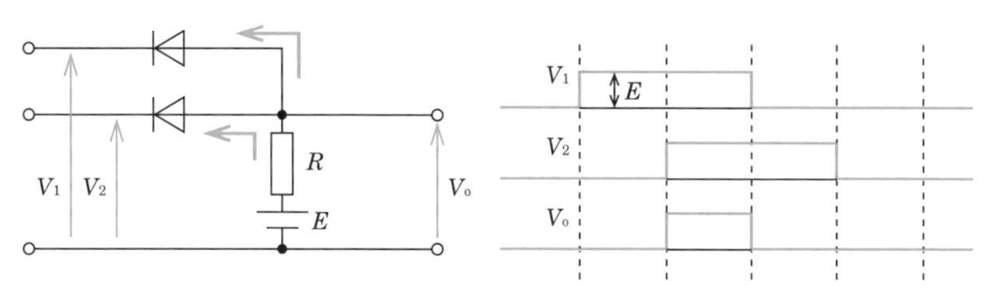

図2・19　論理回路(AND回路)

4. トランジスタの構造と原理

トランジスタの構造

トランジスタの構造は、p形とn形の半導体を交互に三層に接合したもので、接合の違いにより、**pnp形**と**npn形**の2種類がある。いずれも電極は3つあり、中間層の電極を**ベース**(B：Base)、他の電極をそれぞれ**コレクタ**(C：Collector)、**エミッタ**(E：Emitter)と呼ぶ。

表2・3　トランジスタの構造と図記号

pnp形		npn形	
構　造	図記号	構　造	図記号
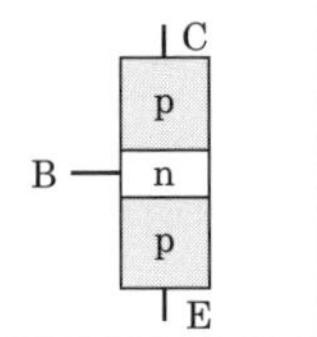 C / p / B — n / p / E	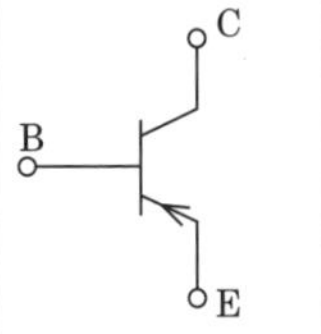 C / B / E	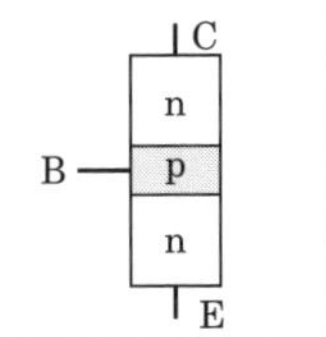 C / n / B — p / n / E	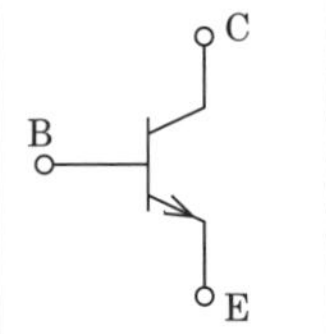 C / B / E

（トランジスタの図記号では、エミッタの矢印の方向でpnp形かnpn形かを区別する。矢印の方向は電流が流れる方向を示し、矢印が内側を向いている場合はpnp形、矢印が外側を向いている場合はnpn形となる。）

トランジスタの動作原理

トランジスタの動作原理について、npn形を例にとって説明する。

①まず、エミッタ－ベース間にベース電極(p形半導体)がプラス、エミッタ電極(n形半導体)がマイナスになるように電圧を加える。これはpn接合に対して順方向電圧を加えている状態なので、エミッタ電流I_Eが流れる。このときI_Eを運ぶ多数キャリアは、エミッタからベースに注入される自由電子である。

②次に、コレクタ電極(n形半導体)がプラス、ベース電極(p形半導体)がマイナスになるように電圧を加える。これはpn接合に逆方向電圧を加えた状態になるので、コレクタ－ベース接合面の空乏層が大きくなり電流は流れない。

③さらに、npn形トランジスタのエミッタ－ベース間に**順方向電圧**を、コレクタ－ベース間に**逆方向電圧**を同時に加える。

エミッタからベースに注入された自由電子は、ベース領域を拡散していく。そして、この自由電子の一部は、ベース領域中の正孔と結合して消滅する。ここで、トランジスタのベース層は極めて薄く作られているので、大部分の自由電子がベース領域を通過してコレクタ領域に到達する。さらに、自由電子はコレクタ－ベース間の空乏層が作る高い電界に引き込まれてコレクタ電極に到達し、コレクタ電流I_Cとなる。このとき、ベース領域中で結合して消滅する自由電子の量は全体の1%以下で、99%以上の自由電子はコレクタに到達する。

pnp形のトランジスタも同様の原理であり、自由電子と正孔を置き換えて考えればよい。

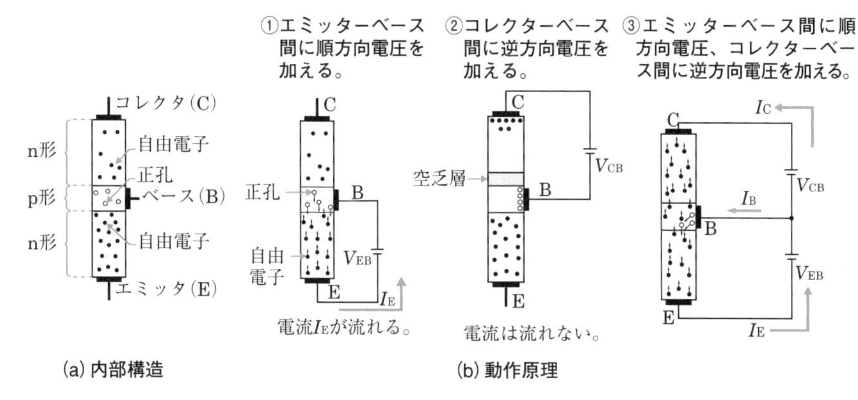

図2・20　トランジスタの内部構造および動作原理(npn形トランジスタの場合)

電流の関係

エミッタを流れる電流をI_E、ベースを流れる電流をI_B、コレクタを流れる電流をI_Cとすると、これらの間には次の関係がある。

$$I_E = I_B + I_C$$

一般に、ベース電流は数十〔μA〕～数百〔μA〕程度であるが、コレクタ電流は数〔mA〕～数十〔mA〕と大きな値になる。これは、すなわち小さなベース電流で大きなコレクタ電流を制御していることになる。ベース電流を入力、コレクタ電流を出力とした場合、トランジスタは電流増幅を行うことができる。

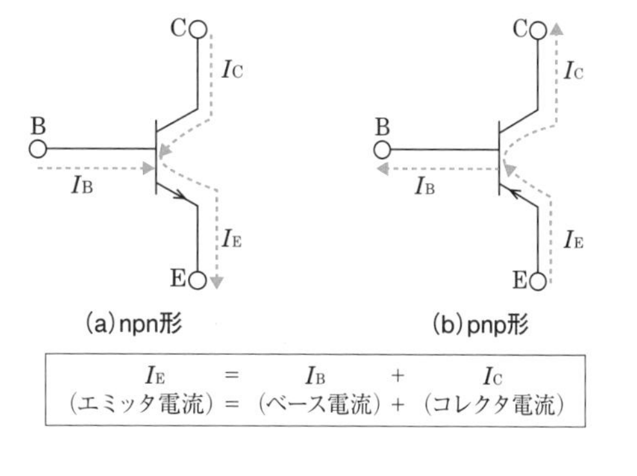

図2・21　電流の関係

例題

ベース電流I_Bが20〔μA〕、エミッタ電流I_Eが2.40〔mA〕流れているときの、コレクタ電流I_Cの値を求める。

トランジスタにおけるエミッタ電流I_E、ベース電流I_B、コレクタ電流I_Cの関係式($I_E = I_B + I_C$)に、$I_E = 2.40$〔mA〕、$I_B = 20$〔μA〕$= 0.02$〔mA〕を代入してI_Cを求めると、

$I_C = I_E - I_B = 2.40 - 0.02 = 2.38$〔mA〕　　（参考：1〔mA〕= 1,000〔μA〕）

トランジスタの接地方式

一般に、電子回路は入力側が2端子、出力側が2端子の計4端子で扱われる。トランジスタの電極は3つあるので、4端子回路とするためには、このうちの電極の1つを入出力共通の端子とする必要がある。この共通端子の選び方により、次の3種類の接地方式に大別される。

●ベース接地

3つの接地方式の中で**電圧増幅度(電圧利得)が最も大きい**。入力インピーダンスが低く、出力インピーダンスが高いので、多段接続をする際にはインピーダンス整合が必要となる。高周波において良好な特性を得られるので、高周波増幅回路として使用される。

●エミッタ接地

3つの接地方式の中で**電力増幅度(電力利得)が最も大きい**。このため、増幅回路に多く使用されている。

●コレクタ接地

一般に、エミッタホロワといい、**電力増幅度が最も小さい**。ベース接地とは逆に入力インピーダンスが高く出力インピーダンスが低いので、高インピーダンスから低インピーダンスへのインピーダンス変換に使用される。

表2・4　トランジスタの接地方式

		ベース接地	エミッタ接地	コレクタ接地
回路図	npn	入力　出力　R_L	入力　出力　R_L	入力　出力　R_L
	pnp	入力　出力　R_L	入力　出力　R_L	入力　出力　R_L
入力インピーダンス		低	中	高
出力インピーダンス		高	中	低
電流増幅度(電流利得)		小(<1)	大	大
電圧増幅度(電圧利得)		大*	中	小(ほぼ1)
電力増幅度(電力利得)		中	大	小
入力と出力の電圧位相		同　相	逆　相	同　相
高周波特性		非常に良い	悪　い	良　い
用　　途		高周波増幅回路	増幅回路	インピーダンス変換

〔注〕*は負荷抵抗が大きい場合。

練習問題

【1】トランジスタ回路を動作させるとき、エミッタとベース間のpn接合には（ア）電圧を加える。

［① 逆方向　② 順方向　③ 遮　断］

【2】トランジスタに電圧を加えて、ベース電流が30マイクロアンペア、コレクタ電流が2.77ミリアンペア流れているとき、エミッタ電流は、（イ）ミリアンペアとなる。

［① 2.47　② 2.74　③ 2.80］

【3】トランジスタ回路の三つの接地方式のうち、入出力電流がほぼ等しくなる回路は、（ウ）接地方式である。

［① ベース　② エミッタ　③ コレクタ］

解説　【2】トランジスタにおけるエミッタ電流I_E、ベース電流I_B、コレクタ電流I_Cの関係は次のようになる。

$$I_E = I_B + I_C$$

上式に$I_B = 30$〔μA〕$= 0.03$〔mA〕、$I_C = 2.77$〔mA〕を代入してI_Eを求めると、

$$I_E = 0.03 + 2.77 = 2.80\text{〔mA〕}$$　（参考：1〔mA〕= 1,000〔μA〕）

答（ア）②（イ）③（ウ）①

5. トランジスタ回路

増幅回路

トランジスタの**増幅回路**（ぞうふく）は、一般に図2・22のような構成で用いられ、入力側の小さなベース電流i_Bにより出力側で大きなコレクタ電流i_Cを得る。

入力信号e_iを入力するとき、e_iは交流信号なので、電圧が正のときはベース－エミッタ間が順方向電圧となるが、電圧が負のときは逆方向電圧となりトランジスタが動作しなくなる。そこで、常にベース電圧が正となるように、入力信号e_iに一定の直流電圧(ベースバイアス電圧V_{BB})を加える必要がある。

増幅されたコレクタ電流I_Cを出力電圧信号として取り出すために、負荷抵抗R_Lを接続し、R_Lの両端の電圧降下を利用してe_oを出力として取り出す。入力信号が大きいときはコレクタ電流も大きく、R_Lでの電圧降下も大きくなるため、出力電圧e_oは小さくなる。したがって、出力電圧の波形は、入力信号と位相が180度反転すなわち逆相となっている。

図中のコンデンサCを結合コンデンサといい、直流信号成分を阻止し、交流信号成分のみを取り出している。また、入力信号に対する出力信号の変化の度合いを**増幅度**といい、増幅回路において、**電流増幅度**、**電圧増幅度**、および**電力増幅度**が次のように定義されている。

・電流増幅度$=\dfrac{出力電流}{入力電流}$　・電圧増幅度$=\dfrac{出力電圧}{入力電圧}$　・電力増幅度$=\dfrac{出力電力}{入力電力}$

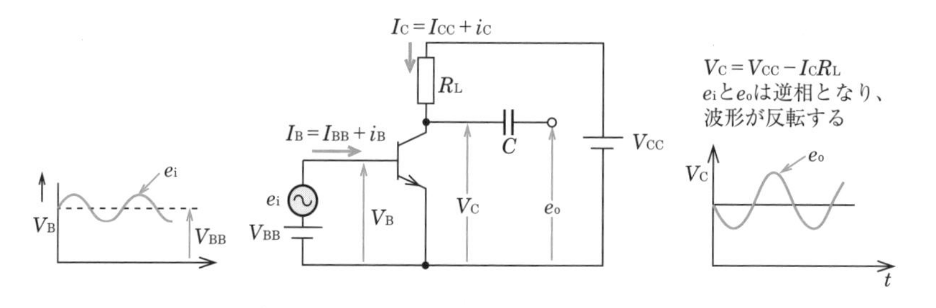

図2・22　増幅回路

バイアス回路

図2・22の増幅回路ではベース入力に対してバイアス電圧が必要となるが、実際の回路では、これを共通の電源から供給するよう構成されている。図2・23の回路はその一例であり、ベースの入力信号に対するバイアス電圧を、V_{CC}電源を利用し

てR_1とR_2で分圧して供給している。これによりA点のバイアス電圧は、

$$\text{A点の電圧} = \frac{R_1}{R_1 + R_2} V_{CC}$$

となり、これに入力信号が加わることとなる。

なお、R_4はトランジスタ回路の動作点を安定化させるもので、I_Cを増加しようとするとR_4によりエミッタ電圧V_Eが上がり、その結果V_{BE}が小さくなってI_Cの増加が抑えられるように働く。また、C_3は、交流信号においてエミッタ端子がR_4を介さず直接接地されるようにするためのものである。

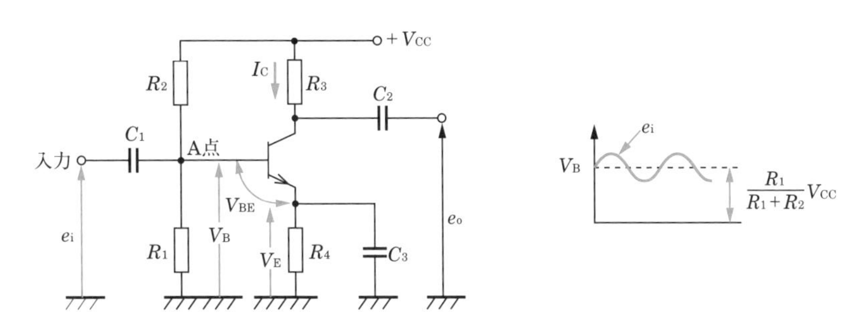

図2・23　バイアス回路(npn形)

図2・23はnpn形トランジスタを用いた回路であるが、pnp形トランジスタを用いた場合の回路は、図2・24のように電圧の加え方が反対になる。

図2・24の回路において、たとえばR_2が切断されるとベース電圧V_Bが上昇し、ベース－エミッタ間の電圧V_{BE}が小さくなるのでコレクタ電流I_Cが小さくなり、その結果、コレクタ電圧V_Cが低下する。また、R_3またはR_4が切断するとコレクタ電流I_Cおよびエミッタ電流I_Eが流れなくなるため、エミッタ電圧V_Eは上昇し、コレクタ電圧V_Cは低下する。

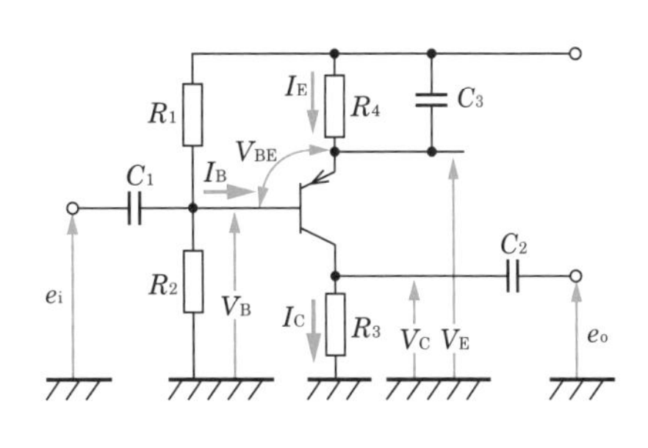

図2・24　バイアス回路(pnp形)

バイアス回路は、トランジスタの動作点の設定を行うために必要な直流電流を供給する回路である。

トランジスタのスイッチング動作

次頁に示す図2・25のようなエミッタ接地のトランジスタ回路において、ベース電流を大きくしていくと、コレクタ電流I_Cも増加するが、ベース電流をいくら増加

させてもI_Cは$\dfrac{V_{CC}}{R_L}$以上には大きくならない。この状態を**飽和状態**という。飽和状態のときは、コレクタ－エミッタ間の電圧は、ほぼ0〔V〕になる。

図2・25(a)の回路において、ベースへの入力電圧が0〔V〕のときはI_Cが流れないため、コレクタ－エミッタ間は切断状態と等価になる。一方、図2・25(b)のように、ベースに十分大きい電圧の信号を入力すると、トランジスタは飽和状態に入り、コレクタ－エミッタ間の出力電圧はほぼ0〔V〕となる。すなわち、コレクタ－エミッタ間が短絡された状態と等価になる。

これは、ベースの入力信号の「ある」「なし」により、トランジスタのコレクタ－エミッタ間をON、OFFさせることと同じ作用となる。

トランジスタが飽和状態に入ったとき、スイッチング作用がONとして動作する。

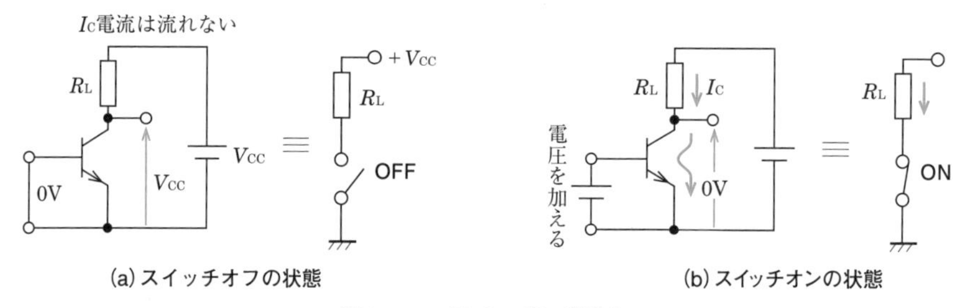

(a) スイッチオフの状態　(b) スイッチオンの状態

図2・25　スイッチング動作

帰還回路

増幅された信号の一部を入力側に戻すことを**帰還**(フィードバック)という。このとき、戻された信号の極性が入力信号と同位相であれば、これを**正帰還**といい、逆位相であれば**負帰還**という。

図2・26(a)のように、10倍の増幅器Aに$\dfrac{1}{20}$の正帰還回路を接続して入力へ1を加えると出力が20となり、見かけ上は20倍の増幅度となって、もとの増幅度Aより大きくなる。この見かけの増幅度を**正帰還後の増幅度**という。

一方、図2・26(b)のように、10倍の増幅器Aに$\dfrac{1}{20}$の負帰還回路を接続して入力へ3を加えると出力は20となり、見かけの増幅度は$\dfrac{20}{3}$となって、もとの増幅度Aより小さくなる。この見かけの増幅度を**負帰還後の増幅度**という。

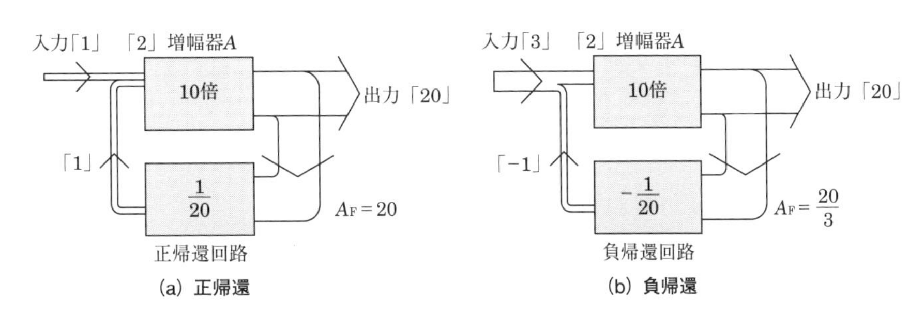

(a) 正帰還　(b) 負帰還

図2・26　帰還回路

トランジスタの静特性

トランジスタの特性を表すものとして、一般に静(せい)特性図が用いられる。静特性とは、トランジスタ単体の電気的特性(電圧−電流特性等)を示したもので、主にエミッタ接地のものが用いられる。トランジスタの静特性には、入力特性、出力特性、電流伝達特性、および電圧帰還特性がある。

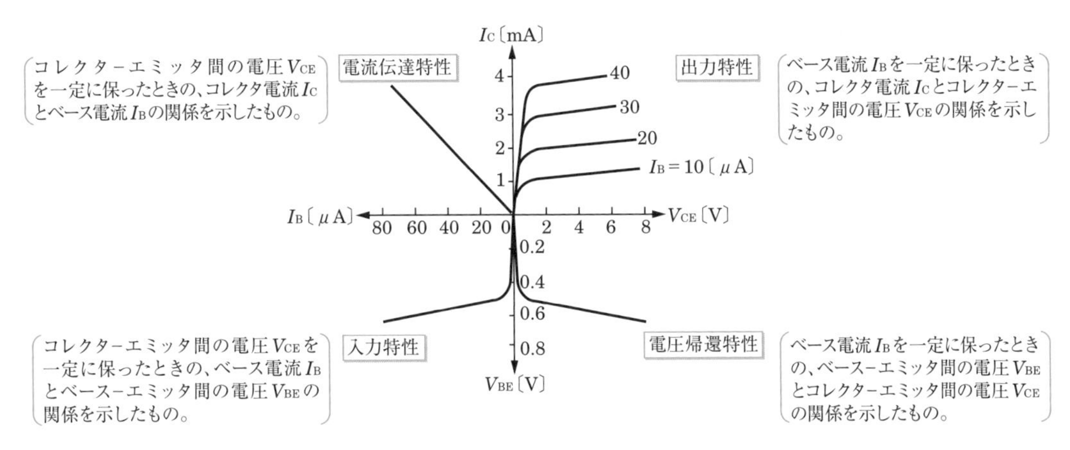

図2・27　トランジスタの静特性図

練習問題

【1】増幅された信号の一部を取り出して入力側に戻すことを帰還といい、戻された信号の極性が入力信号と同位相であれば、これを［（ア）］と呼び、逆位相であれば［（イ）］と呼ぶ。
［① 正帰還　② 負帰還　③ 増幅度］

答（ア）①（イ）②

6. 電界効果トランジスタ(FET)

FETの特徴

一般にトランジスタといえば、**バイポーラ形トランジスタ**のことを指す。これは、自由電子と正孔の2つのキャリアで動作するトランジスタである。

これに対し、**電界効果トランジスタ**(**FET**：Field Effect Transistor)は、動作に寄与するキャリアが1つなので**ユニポーラ形トランジスタ**と呼ばれている。

FETは、ドレイン(D)、ゲート(G)、ソース(S)の3つの電極を持ち、ゲートに加えた電圧で電界を作り、その電界を変化させることで出力電流を制御する。

電界効果トランジスタは、半導体の多数キャリアの流れを電界によって制御する、電圧制御型のトランジスタである。

FETの分類

FETは、構造および制御の違いにより、**接合形とMOS形**に分類される。それぞれ**nチャネル形**と**pチャネル形**があり、電流の通路となる半導体がn形半導体のものをnチャネル形といい、p形半導体のものをpチャネル形という。

表2・5　接合形FET

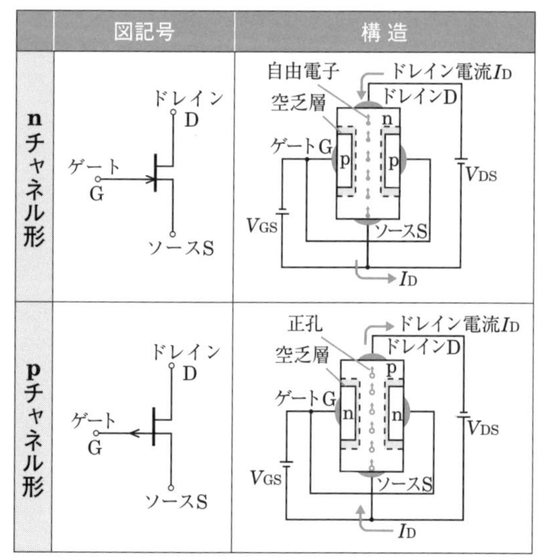

表2・6　MOS形FET

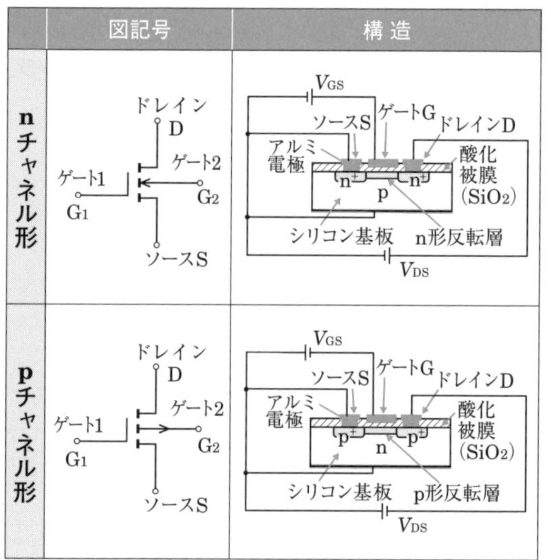

7. 半導体集積回路（IC）

半導体集積回路（IC）の概要

集積回路は一般にIC（Integrated Circuit）と呼ばれ、半導体基板中あるいは表面上に分離不能な状態で、トランジスタ、ダイオード、抵抗およびコンデンサなどの回路素子を複数個接続して、高密度に実装した回路である。

半導体集積回路は、回路に用いられるトランジスタの動作原理から、バイポーラ形とユニポーラ形に大別される。前頁で述べたように、バイポーラ形が自由電子と正孔という2極性のキャリアで動作するのに対し、ユニポーラ形は、動作に寄与するキャリアに自由電子または正孔のどちらか一方のみを使用する。ユニポーラ形は、バイポーラ形に比べて集積度が高く、消費電力が少ないという利点を持つ。ユニポーラ形のICとしては、半導体の表面に酸化膜を付け、その上に金属を配置したMOS（Metal Oxide Semiconductor：金属酸化膜半導体）形ICが多く用いられている。

記憶素子

記憶素子は、情報の一時的な記憶やプログラムの格納を行う素子であり、一般に、メモリと呼ばれている。記憶素子の主な種類を表2・7に示す。

表2・7　記憶素子の主な種類

記憶素子の名称	説　明
RAM（Random Access Memory）	随時読み書き可能なメモリをいう。CPUと連携して各種の演算処理を行う際に必要である。RAMは通常、電源がOFFになるとメモリの内容が消去されてしまうため、一般に、揮発性メモリとも呼ばれている。 RAMは、記憶保持動作が不要なSRAM（Static RAM）と、記憶保持動作が必要なDRAM（Dynamic RAM）に分類される。DRAMは、メモリセルの構造上、電源ON時でも一定時間経過するとデータが消失してしまうため、データの消失前に一定時間ごとに再書き込みを行う必要がある（この再書き込み動作をリフレッシュという）。
ROM（Read Only Memory）	製造時に情報を記録しておき、以後は書き換えができないようにした読み出し専用のメモリをいう。変更の必要がない情報やプログラムを格納しておくのに用いる。RAMとは異なり、電源をOFFにしてもメモリの内容は保持される。PROMやEEPROMと区別するため、マスクROMとも呼ばれる。
PROM（Programmable ROM）	機器に組み込む前にユーザが手元でデータの書き込みを行い、記憶内容の読み出し専用のメモリとして使用するものをいう。データの書き込みが1回だけ可能なワンタイムPROMと、データの書き込みや消去が繰り返し可能なEPROMがある。
EPROM（Erasable PROM）	紫外線の照射によりデータを消去し、再書き込みが可能なPROMをいう。EPROMは、EEPROMと区別するため、一般に、UV－EPROMと呼ばれる。
EEPROM（Electrically EPROM）	データの電気的な書き込みおよび消去が可能なメモリをいう。EEPROMではデータを書き換えるのにすべてのデータをいったん消去しなければならないが、これを改良してブロック単位の書き換えができるようにしたものをフラッシュメモリという。

実戦演習問題

次の各文章の［　　］内に、それぞれの［　　］の解答群の中から最も適したものを選び、その番号を記せ。

1　半導体には電気伝導に寄与するキャリアの違いによりp形とn形があり、このうちn形の半導体における少数キャリアは、（ア）である。
［①正　孔　　②イオン　　③自由電子］

2　ダイオードの順方向抵抗は、一般に、周囲温度が（イ）。
［①上昇すると大きくなる　　②上昇しても変化しない　　③上昇すると小さくなる］

3　図1－aに示すトランジスタ回路において、ベース電流I_Bの変化に伴って、コレクタ電流I_Cが大きく変化する現象は、トランジスタの（ウ）作用といわれる。
［①発　振　　②増　幅　　③整　流］

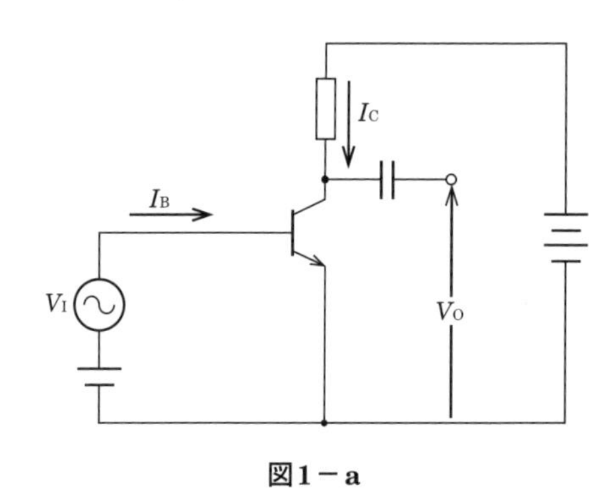

図1－a

4　LEDは、pn接合ダイオードに（エ）を加えて発光させる半導体光素子である。
［①順方向の電圧　　②磁　界　　③逆方向の電圧］

5　トランジスタによる増幅回路を構成する場合のバイアス回路は、トランジスタの動作点の設定を行うために必要な（オ）を供給するために用いられる。
［①入力信号　　②出力信号　　③直流電流　　④交流電流］

実戦演習問題 2-2

次の各文章の［　　］内に、それぞれの[　　]の解答群の中から最も適したものを選び、その番号を記せ。

1 半導体のpn接合に外部から逆方向電圧を加えると、p形領域の多数キャリアである正孔は電源の負極に引かれ、（ア）が広がる。

[① 荷電子帯　② 空乏層　③ n形領域]

2 図2－aに示す波形の入力電圧V_Iを（イ）に示す回路に加えると、出力電圧V_Oは、図2－bに示すような波形となる。ただし、ダイオードは理想的な特性を持ち、｜V｜＞｜E｜とする。

[
①
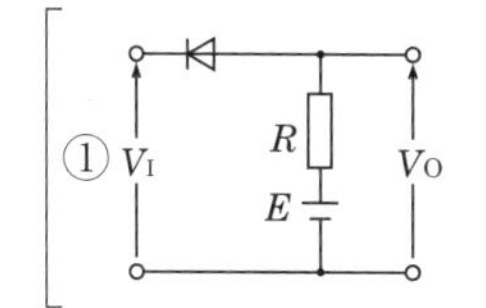

②
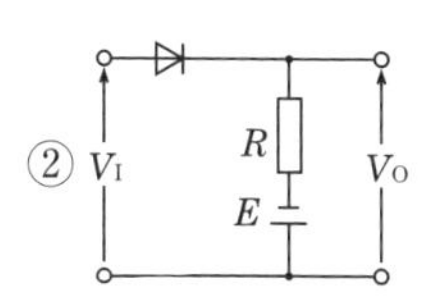

③
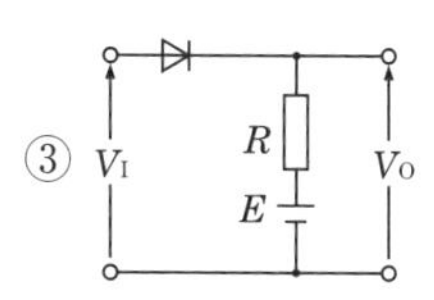

④
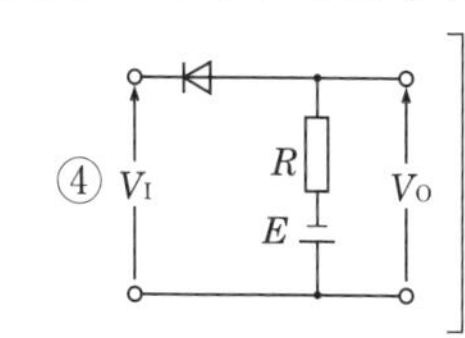

]

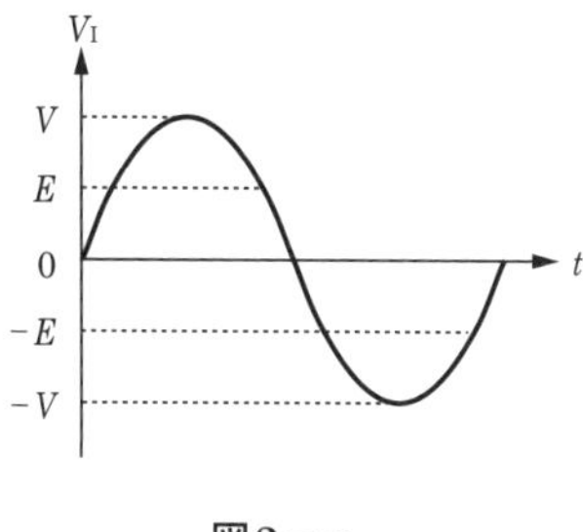

図2－a

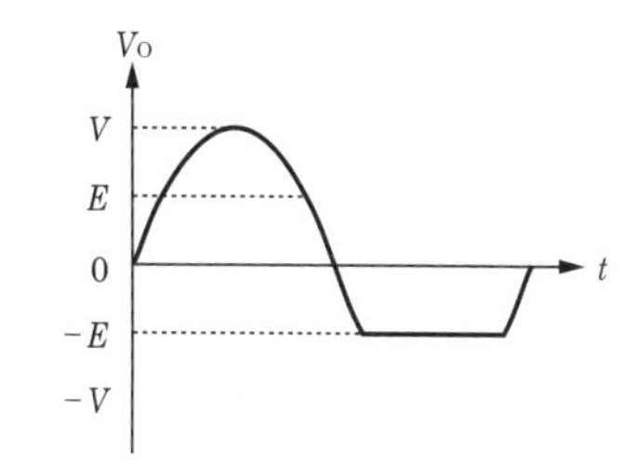

図2－b

3 トランジスタ回路を接地方式により分類したとき、電力増幅度が最も大きく、入力電圧と出力電圧が逆位相となるのは、（ウ）接地方式である。

[① エミッタ　② ベース　③ コレクタ]

4 加えられた電圧がある値を超えると急激に（エ）が低下する非直線性の特性を利用し、サージ電圧から回路を保護するためのバイパス回路などに用いられる半導体素子は、バリスタといわれる。

[① 抵抗値　② 容量値　③ インダクタンス]

5 トランジスタ回路において、ベース電流が30マイクロアンペア、エミッタ電流が2.62ミリアンペアのとき、コレクタ電流は（オ）ミリアンペアである。

[① 2.32　② 2.59　③ 2.65]

第3章
論理回路

1. 10進数と2進数

10進数、2進数

10進数（しんすう）は、基数（きすう）を10とした数値の表現方法であり、一般の日常生活で使用されている。桁が1つ増加するごとに値が10倍になり、“0”から“9”の10種類を用いて数値を表現する。一方、**2進数**は、基数を2とした数値の表現方法であり、コンピュータなどの電子回路で使用されている。桁が1つ増加するごとに値が2倍になり、“0”と“1”の2種類のみですべての数値を表現するので、電子回路のON/OFFと対応させることができる。

10進数と2進数の変換

●10進数から2進数への変換

10進数の数を2進数に変換する場合は、10進数を2で割っていき、その余りを下から順に並べることにより求められる。たとえば、10進数の126を2進数に変換すると、次のようになる。

```
2 )126
2 ) 63 ―― 余り0   ↑
2 ) 31 ―― 余り1   │
2 ) 15 ―― 余り1   │
2 )  7 ―― 余り1   │
2 )  3 ―― 余り1   │
     1 ―― 余り1   │
```

126を2進数で表現すると1111110

図3・1　10進数から2進数への変換例

●2進数から10進数への変換

2進数の数を10進数に変換するには、2進数のそれぞれの桁に、下位から2^0、2^1、2^2、2^3、・・・、2^nを対応させ、これに2進数の各桁の数字(1または0)を掛けて総和を求める。たとえば、8桁の2進数10010001を10進数に変換すると、次のようになる。

```
1    0    0    1    0    0    0    1
↑    ↑    ↑    ↑    ↑    ↑    ↑    ↑
2^7  2^6  2^5  2^4  2^3  2^2  2^1  2^0
の   の   の   の   の   の   の   の
位   位   位   位   位   位   位   位
```

$$= 2^7\times1+2^6\times0+2^5\times0+2^4\times1+2^3\times0+2^2\times0+2^1\times0+2^0\times1$$
$$= 128+0+0+16+0+0+0+1$$
$$= 145$$

図3・2　2進数から10進数への変換例

2進数の加算、乗算

●2進数の加算

10進数では、1と1を足し合わせると2になる(1 + 1 = 2)。しかし、2進数では1と1を足し合わせると桁が上がり、10となる(1 + 1 = 10)。したがって、2進数の加算は、最下位の桁の位置(右端)をそろえて、下位の桁から順に桁上がりを考慮しながら行う必要がある。

たとえば、8桁の2進数10011101と9桁の2進数101100110を足し合わせると、次のようになる。

```
     10011101
 +) 101100110
   1000000011
```

図3・3　2進数の加算例

●2進数の乗算

10進数と同様に、0 × 0 = 0、0 × 1 = 0、1 × 0 = 0、1 × 1 = 1である。たとえば、6桁の2進数100011に5桁の2進数10101を掛けると、次のようになる。

```
         100011
 ×)       10101
         100011
       100011
 +)  100011
     1011011111
```

図3・4　2進数の乗算例

練習問題

【1】表1に示す2進数のX_1、X_2を用いて、計算式(加算)$X_0 = X_1 + X_2$からX_0を求め、2進数で表示すると、 (ア) になる。
[① 1010111　② 1111111　③ 1100001]

表1

2進数
X_1 = 100110
X_2 = 1011001

解説 【1】X_1、X_2の最下位桁(右端)の位置をそろえ、桁上がりに注意しながら次のように計算する。

```
     100110  ←……  X1
 +) 1011001  ←……  X2
    1111111  ……→  X0=X1+X2
```

したがって正解は、1111111である。

答 (ア) ②

2. 論理素子

論理回路と論理素子

コンピュータでは、“1”と“0”の2値で演算処理を行う。この2値の演算を行う回路を**論理回路**といい、基本的な演算を行う論理素子の組合せで構成される。論理素子には、**AND（論理積）**、**OR（論理和）**、**NOT（否定論理）**、**NAND（否定論理積）**、**NOR（否定論理和）**などがある。

論理回路は、論理素子の図記号の組合せで表される。また、論理回路の動作を表にまとめたものを**真理値表**といい、数式で表現したものを**論理式**という。

主な論理素子の図記号と、その真理値表、論理式などを、表3・1に示す。

表3・1　各種論理素子

名称	図記号（MIL規格）	ベン図（詳細は70頁参照）	真理値表	論理式
AND（論理積）	A, B → f	A B	A B f 0 0 0 0 1 0 1 0 0 1 1 1	f＝A・B
OR（論理和）	A, B → f	A B	A B f 0 0 0 0 1 1 1 0 1 1 1 1	f＝A＋B
NOT（否定論理）	A → f	A	A f 0 1 1 0	$f=\overline{A}$
NAND（否定論理積）	A, B → f	A B	A B f 0 0 1 0 1 1 1 0 1 1 1 0	$f=\overline{A \cdot B}$
NOR（否定論理和）	A, B → f	A B	A B f 0 0 1 0 1 0 1 0 0 1 1 0	$f=\overline{A+B}$

論理素子の種類

●AND（論理積）

2個以上の入力端子と1個の出力端子を持ち、すべての入力端子に“1”が入力された場合のみ出力端子に“1”を出力し、入力端子の少なくとも1個に“0”が入力された場合は“0”を出力する。ANDの入力をAおよびB、出力をfとすると、論理式は$f=A\cdot B$で表される。

●OR（論理和）

2個以上の入力端子と1個の出力端子を持ち、入力端子の少なくとも1個に“1”が入力された場合は出力端子に“1”を出力し、すべての入力端子に“0”が入力された場合のみ“0”を出力する。ORの入力をAおよびB、出力をfとすると、論理式は$f=A+B$で表される。

●NOT（否定論理）

1個の入力端子と1個の出力端子を持ち、入力端子に“0”が入力されたとき出力端子に“1”を出力し、入力端子に“1”が入力されたとき出力端子に“0”を出力する。NOTの入力をA、出力をfとすると、論理式は$f=\overline{A}$で表される。

●NAND（否定論理積）

NANDは、ANDの出力をNOTで反転させたものである。したがって、すべての入力端子に“1”が入力された場合は出力端子に“0”を出力し、入力端子の少なくとも1個に“0”が入力された場合は“1”を出力する。NANDの入力をAおよびB、出力をfとすると、論理式は$f=\overline{A\cdot B}$で表される。

NAND ＝ AND NOT

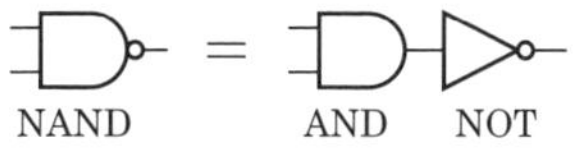

図3・5　NAND

●NOR（否定論理和）

NORは、ORの出力をNOTで反転させたものである。したがって、入力端子の少なくとも1個に“1”が入力された場合は出力端子に“0”を出力し、すべての入力端子に“0”が入力された場合のみ“1”を出力する。NORの入力をAおよびB、出力をfとすると、論理式は$f=\overline{A+B}$で表される。

NOR ＝ OR NOT

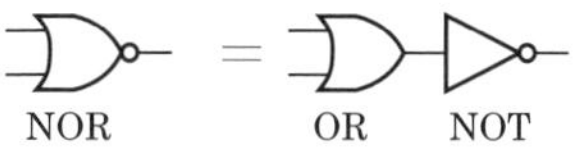

図3・6　NOR

3. ベン図と論理代数の法則

ベン図

論理式を視覚的に表す方法としてベン図が用いられる。ベン図は、A、Bの2つの円またはA、B、Cの3つの円の組合せを用いて塗りつぶした部分の領域で、論理式を示すことができる。具体的なベン図の例を図3・7に示す。

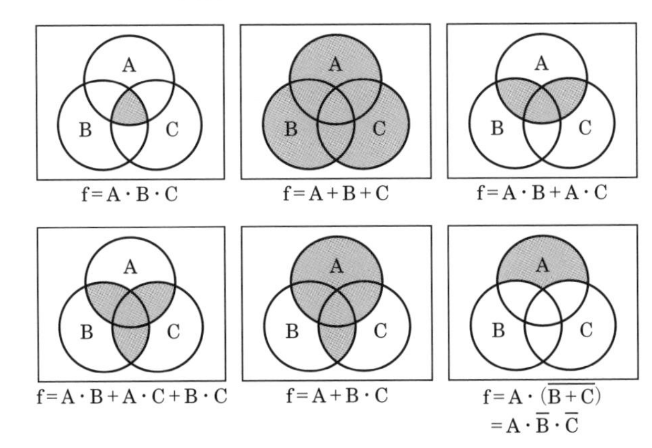

図3・7　ベン図

論理代数(ブール代数)の法則

論理回路の組合せによって構成される回路を表現する場合、その変数や関数の値が“0”または“1”しかとらない代数が必要である。そこで論理代数(ブール代数)がよく用いられている。論理代数を使って論理回路を表す際の基本公式を、以下に示す。

- **交換の法則**：$A+B=B+A$　　$A\cdot B=B\cdot A$
- **結合の法則**：$A+(B+C)=(A+B)+C$　　$A\cdot(B\cdot C)=(A\cdot B)\cdot C$
- **分配の法則**：$A\cdot(B+C)=A\cdot B+A\cdot C$
- **恒等の法則**：$A+1=1$　　$A+0=A$　　$A\cdot 1=A$　　$A\cdot 0=0$
- **同一の法則**：$A+A=A$　　$A\cdot A=A$
- **補元の法則**：$A+\overline{A}=1$　　$A\cdot\overline{A}=0$
- **ド・モルガンの法則**：$\overline{A+B}=\overline{A}\cdot\overline{B}$　　$\overline{A\cdot B}=\overline{A}+\overline{B}$
- **復元の法則**：$\overline{\overline{A}}=A$
- **吸収の法則**：$A+A\cdot B=A$　　$A\cdot(A+B)=A$

論理代数は、ベン図とも密接な関わりを持つ。論理代数をベン図で表記すると表3・2のようになる。

表3・2　論理代数の諸法則

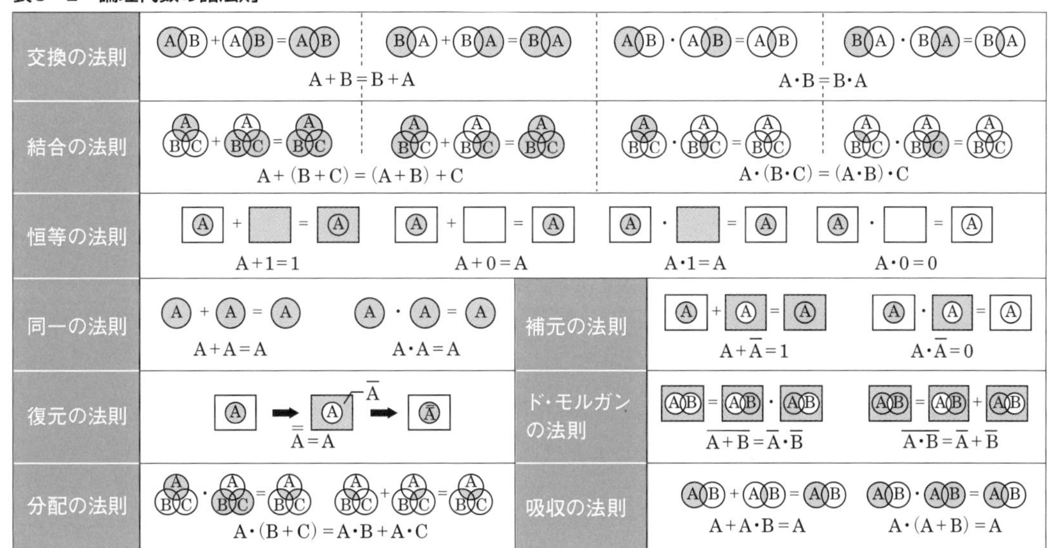

法則	式	式
交換の法則	$A+B=B+A$	$A \cdot B=B \cdot A$
結合の法則	$A+(B+C)=(A+B)+C$	$A \cdot (B \cdot C)=(A \cdot B) \cdot C$
恒等の法則	$A+1=1$　$A+0=A$	$A \cdot 1=A$　$A \cdot 0=0$
同一の法則	$A+A=A$	$A \cdot A=A$
補元の法則	$A+\overline{A}=1$	$A \cdot \overline{A}=0$
復元の法則	$\overline{\overline{A}}=A$	
ド・モルガンの法則	$\overline{A+B}=\overline{A} \cdot \overline{B}$	$\overline{A \cdot B}=\overline{A}+\overline{B}$
分配の法則	$A \cdot (B+C)=A \cdot B+A \cdot C$	
吸収の法則	$A+A \cdot B=A$	$A \cdot (A+B)=A$

練習問題

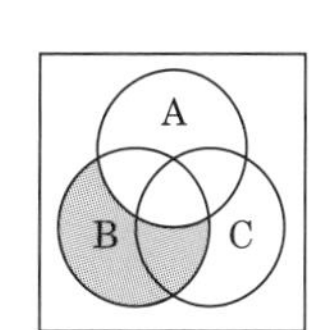

図1

【1】図1に示すベン図において、A、B及びCが、それぞれの円の内部を表すとき、塗りつぶした部分を示す論理式は、（ア）の式で表すことができる。

［①$\overline{A} \cdot B$　②$\overline{A} \cdot B \cdot C$　③$\overline{A}+B+C$］

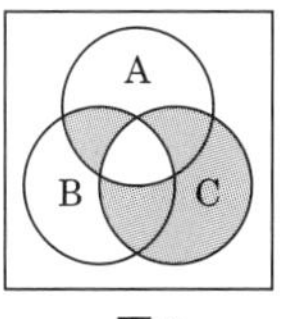

図2

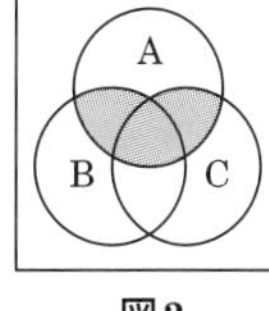

図3

【2】図2及び図3に示すベン図において、A、B及びCが、それぞれの円の内部を表すとき、図2及び図3の塗りつぶした部分を示す論理式の論理積は、（イ）である。

［①$A \cdot B \cdot \overline{C}+A \cdot \overline{B} \cdot C$　②$A \cdot \overline{C}+\overline{A} \cdot C+B$
③$A \cdot B+\overline{A} \cdot C+B \cdot C$］

【3】次の論理関数Xは、ブール代数の公式等を利用して変形し、簡単にすると、（ウ）になる。

$$X=(A+\overline{B}) \cdot (B+\overline{C})+(A+B) \cdot (B+\overline{C})$$

［①1　②$\overline{B}$　③$B+\overline{C}$］

【4】次の論理関数Xは、ブール代数の公式等を利用して変形し、簡単にすると、（エ）になる。

$$X=\overline{A} \cdot (\overline{\overline{B}+\overline{C}}) \cdot C+(\overline{\overline{A}+C}) \cdot \overline{B} \cdot C$$

［①0　②$\overline{A} \cdot B \cdot C$　③$A \cdot \overline{B}+\overline{A} \cdot B \cdot C$］

【1】設問のベン図の塗りつぶした部分は、Cの有無とは無関係であり、A以外の部分($\overline{A}$)とBの論理積すなわち$\overline{A}\cdot B$に相当する。

【2】設問の図2および図3の塗りつぶした部分を示す論理式の論理積をベン図で示す。図2と図3の両方で共通して塗りつぶされている領域を求めればよいので、図4の右辺のようになる。

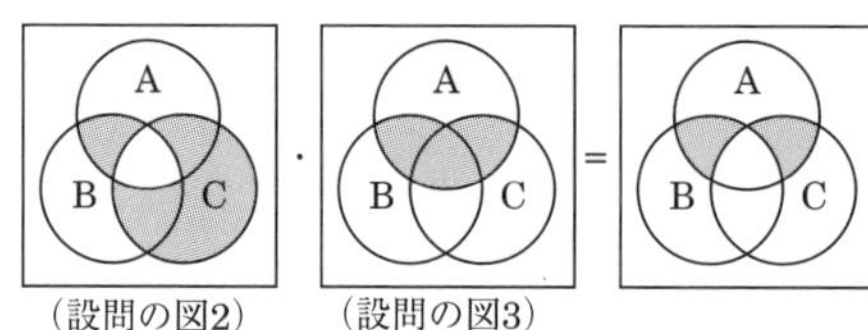

(設問の図2)　(設問の図3)

図4

ここで、図4の右辺のベン図を、図5のようにXとYの2つに分けて考えると、X、Yはそれぞれ、$X=A\cdot B\cdot\overline{C}$、$Y=A\cdot\overline{B}\cdot C$の論理式で示される。

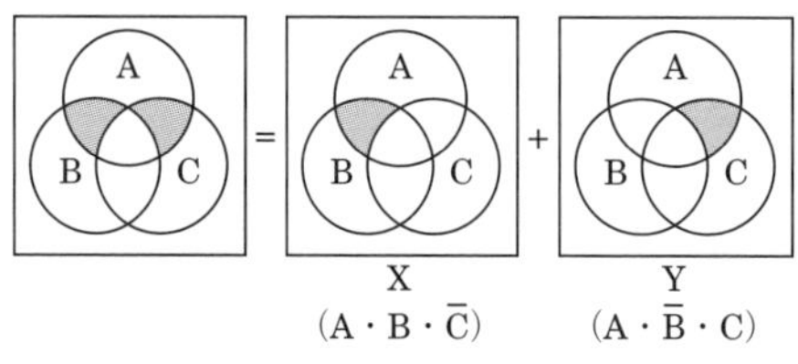

X $(A\cdot B\cdot\overline{C})$　Y $(A\cdot\overline{B}\cdot C)$

図5

したがって、$X+Y=A\cdot B\cdot\overline{C}+A\cdot\overline{B}\cdot C$

【3】設問の論理関数Xをブール代数の公式を用いて変形し、簡単にすると、以下のようになる。

$X=(A+\overline{B})\cdot(B+\overline{C})+(A+B)\cdot(B+\overline{C})$

$=A\cdot B+A\cdot\overline{C}+\overline{B}\cdot B+\overline{B}\cdot\overline{C}+A\cdot B+A\cdot\overline{C}+B\cdot B+B\cdot\overline{C}$　〔分配の法則〕

$=A\cdot B+A\cdot\overline{C}+0+\overline{B}\cdot\overline{C}+B+B\cdot\overline{C}$　〔同一の法則：$A\cdot B+A\cdot B=A\cdot B$、$A\cdot\overline{C}+A\cdot\overline{C}=A\cdot\overline{C}$、$B\cdot B=B$〕
〔補元の法則：$\overline{B}\cdot B=0$〕

$=B\cdot(A+1)+\overline{C}\cdot(A+\overline{B}+B)$　〔交換の法則〕
〔恒等の法則：$0+\overline{B}\cdot\overline{C}=\overline{B}\cdot\overline{C}$〕

$=B\cdot(A+1)+\overline{C}\cdot(A+1)$　〔補元の法則：$\overline{B}+B=1$〕

$=B\cdot 1+\overline{C}\cdot 1$　〔恒等の法則：$A+1=1$〕

$=B+\overline{C}$　〔恒等の法則：$B\cdot 1=B$、$\overline{C}\cdot 1=\overline{C}$〕

【4】設問の論理関数Xをブール代数の公式を用いて変形し、簡単にすると、以下のようになる。

$X=\overline{A}\cdot(\overline{\overline{B}+\overline{C}})\cdot C+(\overline{\overline{A}+C})\cdot\overline{B}\cdot C$

$=\overline{A}\cdot(\overline{\overline{B}}\cdot\overline{\overline{C}})\cdot C+(\overline{\overline{A}}\cdot\overline{C})\cdot\overline{B}\cdot C$　〔ド・モルガンの法則：$(\overline{\overline{B}+\overline{C}})=(\overline{\overline{B}}\cdot\overline{\overline{C}})$、$(\overline{\overline{A}+C})=(\overline{\overline{A}}\cdot\overline{C})$〕

$=\overline{A}\cdot(B\cdot C)\cdot C+(A\cdot\overline{C})\cdot\overline{B}\cdot C$　〔復元の法則：$\overline{\overline{B}}=B$、$\overline{\overline{C}}=C$、$\overline{\overline{A}}=A$〕

$=\overline{A}\cdot B\cdot C+A\cdot 0\cdot\overline{B}$　〔同一の法則：$C\cdot C=C$〕
〔補元の法則：$\overline{C}\cdot C=0$〕

$=\overline{A}\cdot B\cdot C+0$　〔恒等の法則：$A\cdot 0\cdot\overline{B}=0$〕

$=\overline{A}\cdot B\cdot C$　〔恒等の法則：$\overline{A}\cdot B\cdot C+0=\overline{A}\cdot B\cdot C$〕

答 (ア) ① (イ) ① (ウ) ③ (エ) ②

4. 論理回路の出力

論理回路と真理値表

図3・8の論理回路の真理値表は、2つの論理素子(OR、NAND)の動作の組合せとして表3・3のようになる。この真理値表の作り方を簡単に説明すると、まず、図中の点線囲みで示したように入力a、bの値の組合せに対する点d、および出力cの値を求め、次に、これを表3・3の真理値表にまとめる。

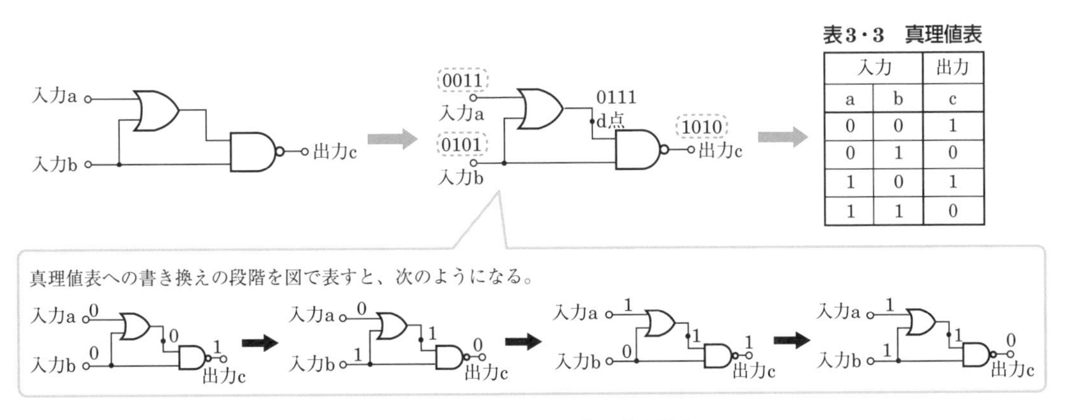

表3・3 真理値表

入力		出力
a	b	c
0	0	1
0	1	0
1	0	1
1	1	0

図3・8 論理回路の動作と真理値表

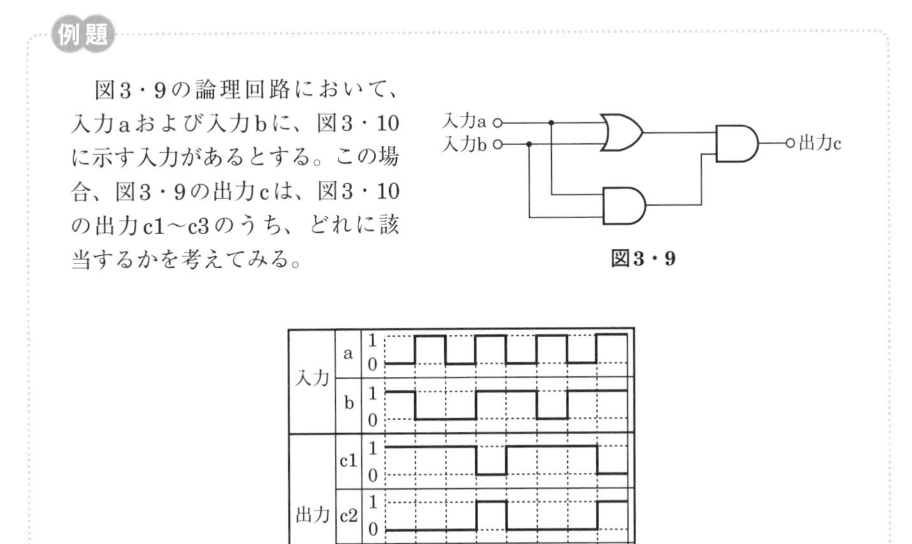

図3・9の論理回路において、入力aおよび入力bに、図3・10に示す入力があるとする。この場合、図3・9の出力cは、図3・10の出力c1～c3のうち、どれに該当するかを考えてみる。

図3・9

図3・10

図3・9の論理回路の入力aおよび入力bに表3・4の真理値表の論理レベルを入力すると、回路中の各論理素子における論理レベルの変化は図3・11のようになり、出力cは0、0、0、1となる。

したがって、入力aの論理レベルと入力bの論理レベルがいずれも1のときのみ出力cの論理レベルが1となることから、表3・5より図3・10中のc2が該当する。

表3・4　図3・9の論理回路の真理値表

入力	a	0	0	1	1
	b	0	1	0	1
出力	c	0	0	0	1

表3・5　図3・10の入力a、bに対する論理回路の出力c

入力	a	0	1	0	1	0	1	0	1
	b	1	0	0	1	1	0	1	1
出力	c	0	0	0	1	0	0	0	1
		ⓧ	ⓨ						

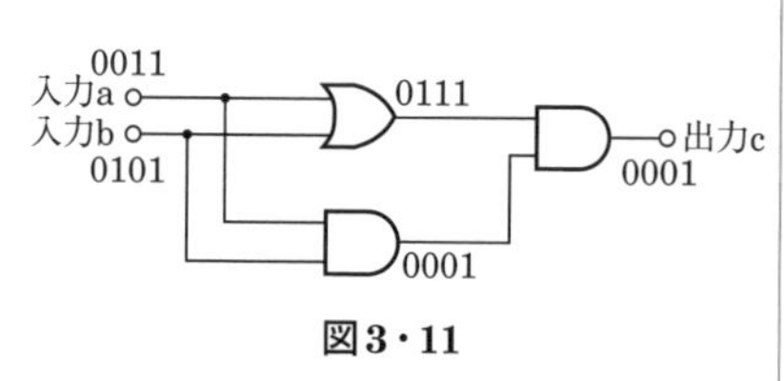

図3・11

［表3・5は、設問の図3・10の入力a、bを順次入力したときの、出力cの論理レベルを示したものである。たとえば、図3・10の一番左側の列、すなわち入力aが0、入力bが1のとき、出力cは0となる（表3・5のⓧ参照）。また、図3・10の左から2番目の列、すなわち入力aが1、入力bが0のとき、出力cは0となる（表3・5のⓨ参照）。このように、図3・10の入力a、bを順次入力して出力cの値を求めると、cは、c2の波形すなわち00010001となる。］

論理式の選択（論理式での表現）

図3・12のような論理回路において、入力aおよび入力bから出力されるcにあてはまる論理式を選択する場合は、各論理素子の出力を順次計算していく。

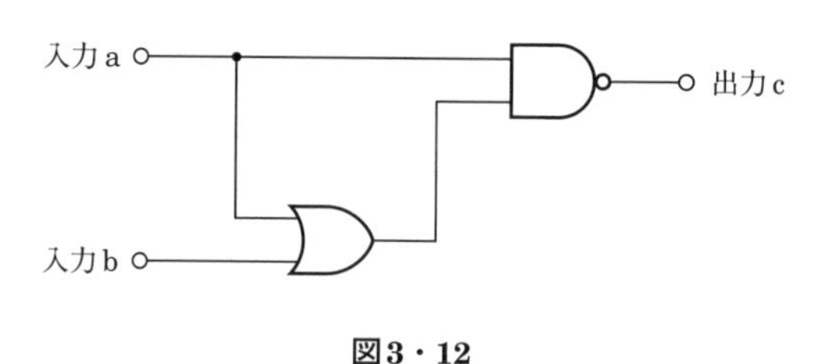

図3・12

たとえば図3・13において、入力aおよび入力bの論理レベルをそれぞれAおよびB、出力cの論理レベルをCとする。点dの出力はA＋Bなので、Cは$\overline{A \cdot (A+B)}$となる。次に、論理代数の法則を利用して簡略化すると、Cは$\overline{A}$となる。

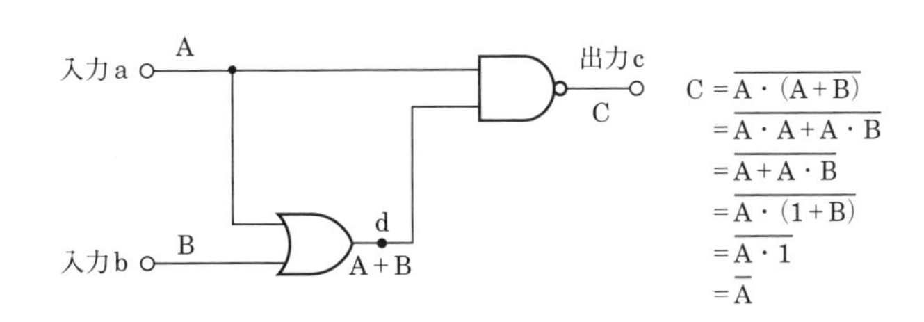

図3・13

回路上の未知の論理素子

回路上の未知の論理素子を求めるには、まず、空欄になっている部分(未知の論理素子M)の入力と出力の関係が真理値表でどのようになるかを調べる。次に、その真理値表の動作に該当する論理素子を選択する。

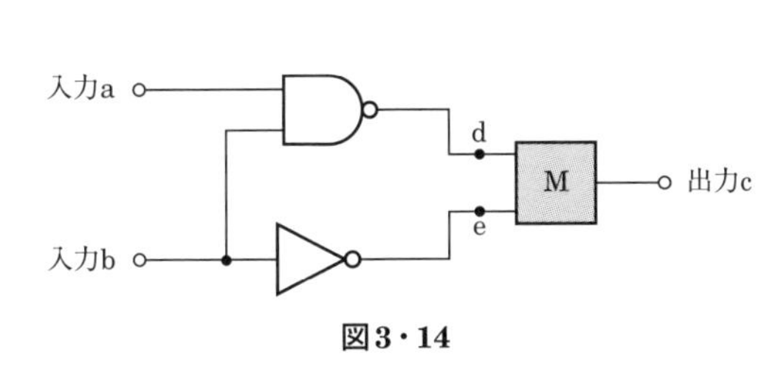

図3・14

表3・6

入力		出力
a	b	c
0	0	1
0	1	0
1	0	1
1	1	0

たとえば、図3・14の回路において未知の論理素子Mを求めるには、まず、入力a、bに対して、Mの入力d、eと出力cの関係を調べる。点dは入力a、bのNANDの出力であるから、1、1、1、0となる。一方、点eは入力bのNOTの出力であるから、1、0、1、0となる。ここでMの入力と出力の関係から、Mに該当する論理素子を表3・8より選ぶと、ANDとなる。

表3・7

入力		Mの入力		出力
a	b	d	e	c
0	0	1	1	1
0	1	1	0	0
1	0	1	1	1
1	1	0	0	0

NAND　NOT　Mの入出力
ANDの関係

表3・8　各論理素子の関係

入力		出力c			
a	b	OR	AND	NOR	NAND
0	0	0	0	1	1
0	1	1	0	0	1
1	0	1	0	0	1
1	1	1	1	0	0

次に、図3・15の回路について、論理素子Mの入力a、bと出力dの関係を調べてみよう。

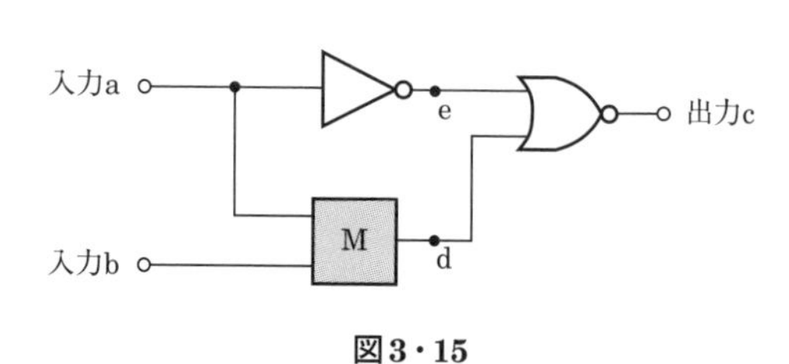

図3・15

表3・9

入力		出力
a	b	c
0	0	0
0	1	0
1	0	0
1	1	1

まず､点eの論理レベルはNOTの出力であるから､1､1､0､0となる。次に点dは､Mが確定していないため不明であるが、NORのもう一方の入力すなわち点eと、出力cとの関係から推定することができる。

ここで、少なくとも1つの入力が1のとき出力が0になるというNORの性質を利用すると、入力eが1、1、0、0で、出力cが0、0、0、1であるとき、入力dの論理レベルは､*､*､1,0となる(*は0または1のどちらかの値をとる)。したがって、Mに該当する論理素子は表3・11よりNANDとなる。

表3・10

入力		NORの入力		出力
a	b	d	e	c
0	0	*	1	0
0	1	*	1	0
1	0	1	0	0
1	1	0	0	1

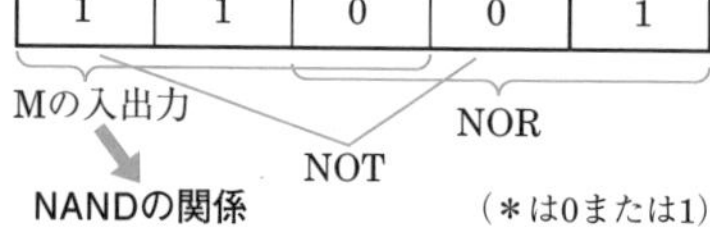

(*は0または1)

表3・11　各論理素子の関係

入力		出力c			
a	b	OR	AND	NOR	NAND
0	0	0	0	1	1
0	1	1	0	0	1
1	0	1	0	0	1
1	1	1	1	0	0

例題

図3・16に示す論理回路の入力a、bと出力cの関係が図3・17で表される場合、Mには、どの論理素子が該当するかを考えてみる。

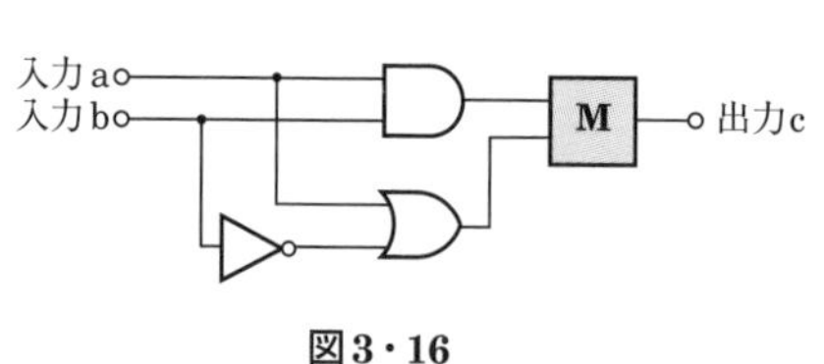

図3・16

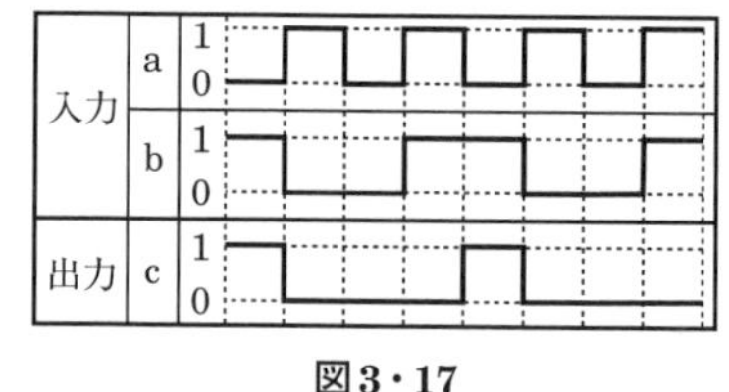

図3・17

図3・17の入出力の関係を表で示すと、表3・12のようになる。この表を整理して、さらに入力a、b、出力cの論理レベルの関係を表した真理値表を作成すると、表3・13のようになる。

表3・12　図3・16の論理回路の入出力

入力	a	0	1	0	1	0	1	0	1
	b	1	0	0	1	1	0	0	1
出力	c	1	0	0	0	1	0	0	0

表3・13　図3・16の論理回路の真理値表

入力	a	0	0	1	1
	b	0	1	0	1
出力	c	0	1	0	0

次に、図3・16の論理回路の入力a、b、および出力cに表3・13の真理値表の論理レベルをそれぞれ代入すると、各論理素子における論理レベルの変化は図3・18のようになる。

この図3・18に示すように、論理素子Mの入力端子の一方を点e、他方を点fと定め、入力a、bの入力条件に対応した点e、fおよび出力cの真理値表を作ると、表3・14のようになる。この表と、各種論理素子の真理値表を示した表3・11(左頁参照)とを比較すると、MはNORであることがわかる。

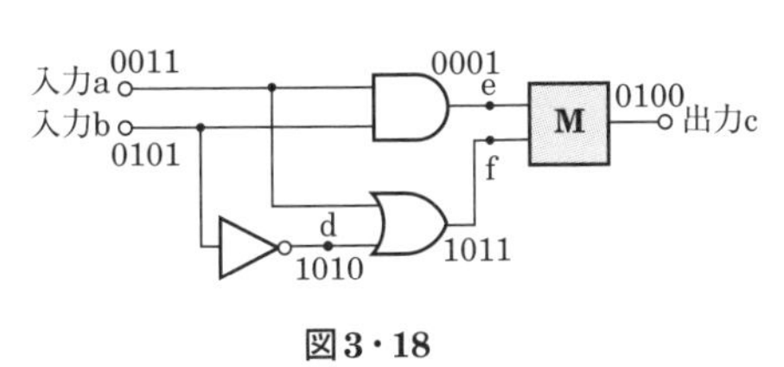

図3・18

表3・14　論理素子Mに関する真理値表

入力		空欄Mの入力		出力
a	b	e	f	c
0	0	0	1	0
0	1	0	0	1
1	0	0	1	0
1	1	1	1	0

Mの入出力

→ NORの関係

練習問題

【1】図1の論理回路における入力a及び入力bの論理レベル(それぞれA、B)と出力cの論理レベル(C)との関係式は、C＝ (ア) の論理式で表すことができる。
[①A　②$\overline{A}$　③$\overline{B}$]

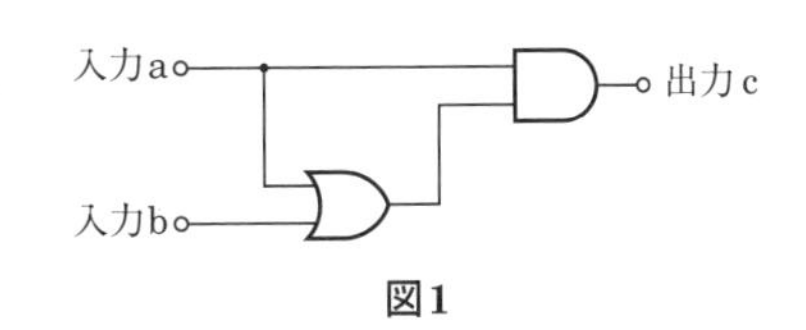

図1

【2】図2に示す論理回路において、Mの論理素子が (イ) であるとき、入力a及び入力bと出力cとの関係は、図3で示される。

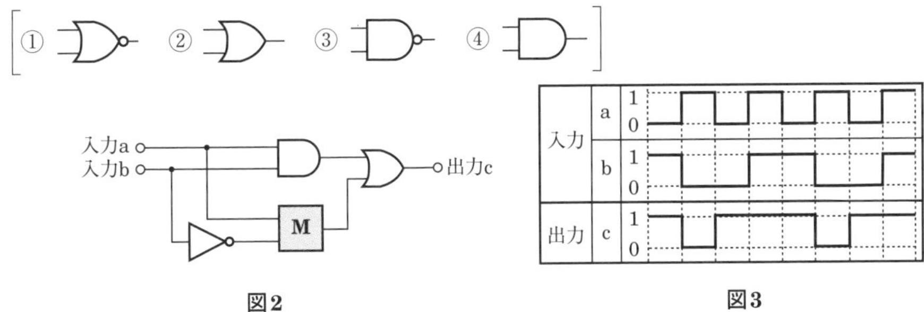

図2　図3

解説　【1】入力aの論理レベルをA、入力bの論理レベルをB、出力cの論理レベルをCとし、各論理素子の出力を順次計算すると、図4のようになる。したがって、設問の図1の回路の入力論理レベルと出力論理レベルの関係式は、C＝Aで表すことができる。

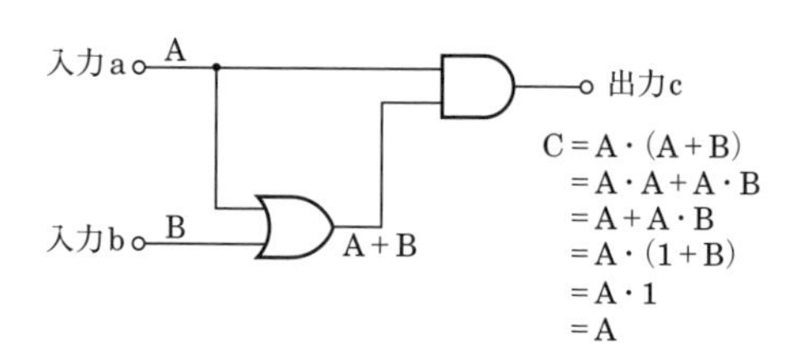

図4

【2】設問の図3の入出力の関係を表で示すと、表1のようになる。この表を整理して、さらに入力a、入力b、出力cの論理レベルの関係を表した真理値表を作成すると、表2のようになる。

表1　図2の論理回路の入出力

入力	a	0	1	0	1	0	1	0	1
	b	1	0	0	1	1	0	0	1
出力	c	1	0	1	1	1	0	1	1

表2　図2の論理回路の真理値表

入力	a	0	0	1	1
	b	0	1	0	1
出力	c	1	1	0	1

次に、設問の図2の論理回路の入力a、b、および出力cに表2の真理値表の論理レベルをそれぞれ代入すると、各論理素子における論理レベルの変化は図5のようになる。OR素子の片方の入力(f点)は、論理素子Mが確定していないため不明であるが、他方の入力(e点)と出力cから推定することができる。

ここで、すべての入力が"0"の場合のみ出力が"0"となり、少なくとも1つの入力が"1"のとき出力が"1"になるというOR素子の性質を利用すると、入力eが0、0、0、1で、出力cが1、1、0、1であるとき、入力fの論理レベルは、1、1、0、＊(＊は0または1のどちらかの値をとる)となる。

この結果から、論理素子Mの入出力に関する真理値表を作成すると、表3のようになる。したがって、解答群中、Mに該当する論理素子は③のNANDであることがわかる。

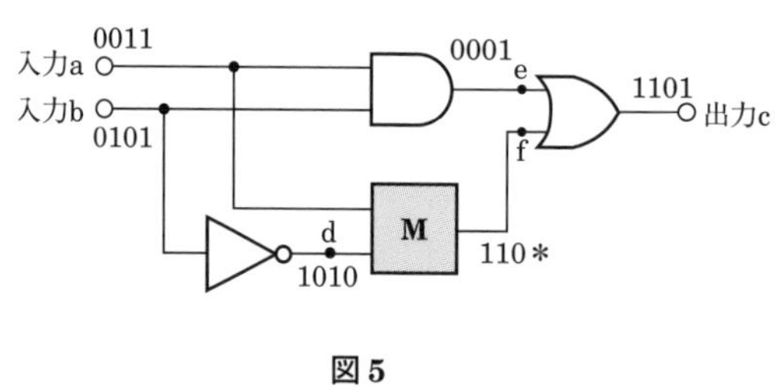

図5

表3　論理素子Mに関する真理値表

空欄Mの入力		ORの入力		出力
a	d	e	f	c
0	1	0	1	1
0	0	0	1	1
1	1	0	0	0
1	0	1	＊	1

Mの入力　Mの出力(＊は0または1)

NANDの関係

答　(ア)　①　(イ)　③

実戦演習問題 3-1

次の各文章の ＿＿ 内に、それぞれの[　]の解答群の中から最も適したものを選び、その番号を記せ。

1 図1－a、図1－b及び図1－cに示すベン図において、A、B及びCが、それぞれの円の内部を表すとき、図1－a、図1－b及び図1－cの斜線部分を示すそれぞれの論理式の論理積は、（ア） と表すことができる。

[① $A \cdot B + B \cdot C$　② $A \cdot \overline{B} \cdot C + \overline{A} \cdot B \cdot C$　③ $\overline{A} \cdot B \cdot C$]

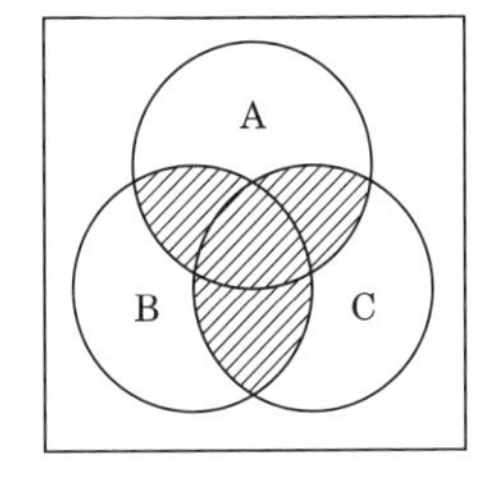

図1－a

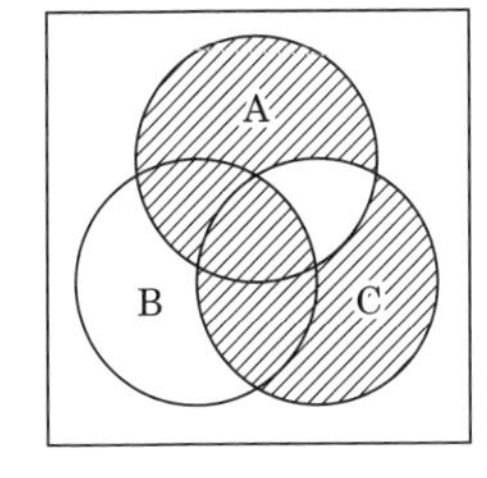

図1－b

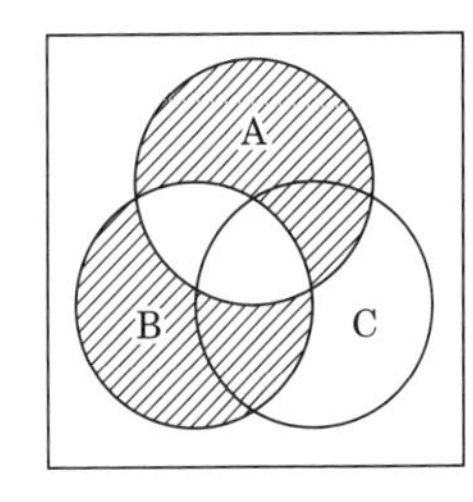

図1－c

2 表1－aに示す2進数のX_1、X_2を用いて、計算式(加算) $X_0 = X_1 + X_2$からX_0を求め2進数で表記した後、10進数に変換すると、（イ） になる。

[① 257　② 511　③ 768]

表1－a

2進数
X_1=110101011
X_2=101010101

3 図1－dに示す論理回路において、Mの論理素子が （ウ） であるとき、入力a及びbと出力cとの関係は、図1－eで示される。

[①（NOR）　②（OR）　③（NAND）　④（AND）]

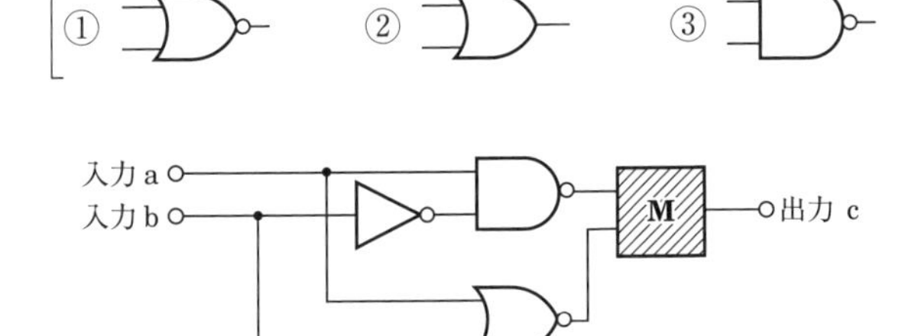

図1－d

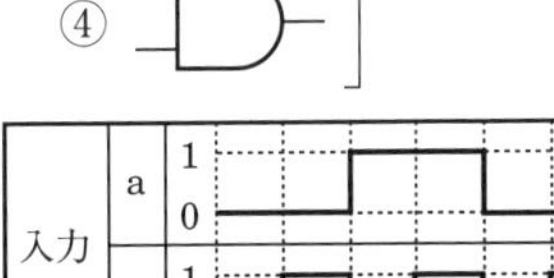

図1－e

4 次の論理関数Xは、ブール代数の公式等を利用して変形し、簡単にすると、（エ） になる。

$$X = (A + \overline{B}) \cdot (A + \overline{C}) + (A + B) \cdot (A + \overline{C})$$

[① $A + \overline{C}$　② $\overline{C}$　③ 1]

実戦演習問題 3-2

次の各文章の[　　　]内に、それぞれの[　　]の解答群の中から最も適したものを選び、その番号を記せ。

1 図2－a、図2－b及び図2－cに示すベン図において、A、B及びCが、それぞれの円の内部を表すとき、斜線部分を示す論理式が$A \cdot \overline{B} + B \cdot \overline{C} + \overline{B} \cdot C$ と表すことができるベン図は、[（ア）]である。

[① 図2－a　② 図2－b　③ 図2－c]

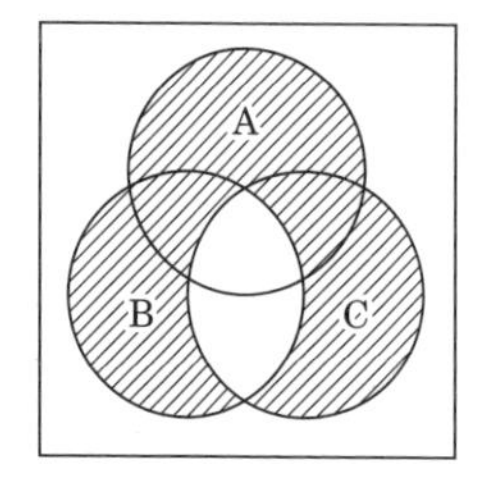

図2－a

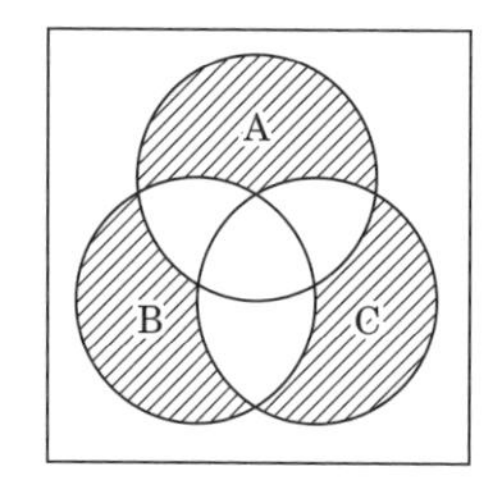

図2－b

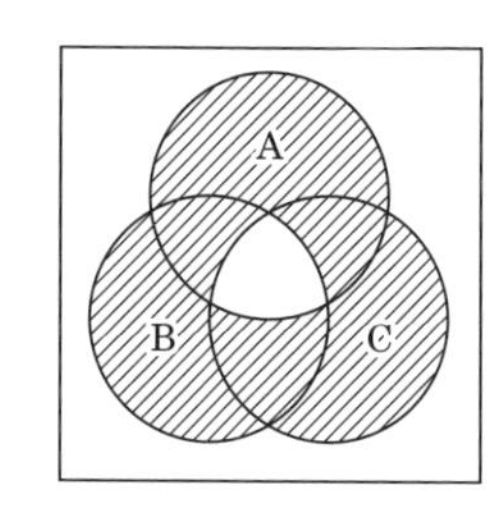

図2－c

2 表2－aに示す2進数X_1、X_2について、各桁それぞれに論理和を求め2進数で表記した後、10進数に変換すると、[（イ）]になる。

[① 81　② 119　③ 200]

表2－a

2進数
$X_1 = 1110011$
$X_2 = 1010101$

3 図2－dに示す論理回路において、Mの論理素子が[（ウ）]であるとき、入力a及びbと出力cとの関係は、図2－eで示される。

[①　　　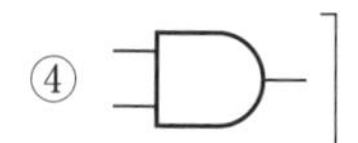]

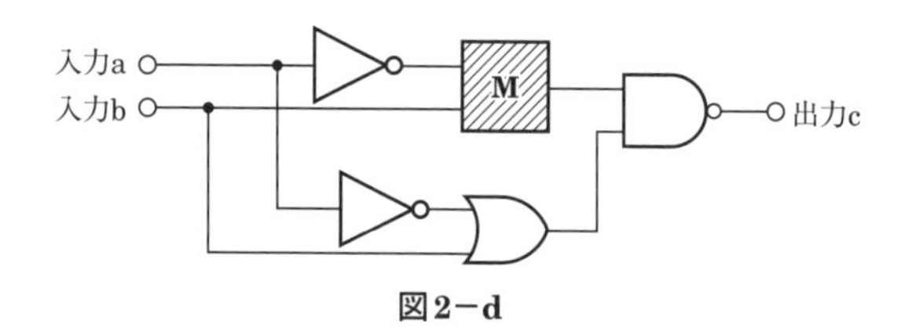

図2－d

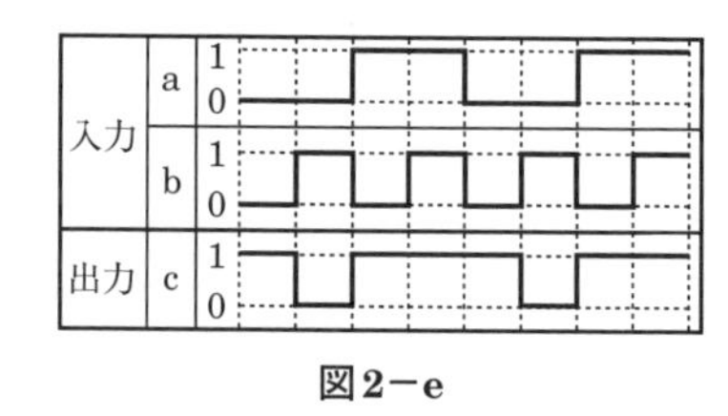

図2－e

4 次の論理関数Xは、ブール代数の公式等を利用して変形し、簡単にすると、[（エ）]になる。

$$X = \overline{(A + \overline{B}) \cdot (B + \overline{C})} + \overline{(A + B) \cdot (B + C)}$$

[① $\overline{A} + \overline{B}$　② $\overline{A} \cdot \overline{B} \cdot \overline{C}$　③ $\overline{A} \cdot \overline{B} \cdot C$]

伝送理論

1. 伝送量の計算

伝送量とデシベル

電気通信回線の伝送量Aを表す際、デシベル(dB)という単位が用いられる。電気通信回線の入力側の電力をP_1、出力側の電力をP_2とすると、伝送量Aは次のように定義される。

重要

伝送量$A = 10\ log_{10}\dfrac{P_2}{P_1}$〔dB〕　($P_1$：入力電力　P_2：出力電力)

伝送量Aを電圧比または電流比で表す場合は、入力側の電圧をV_1、電流をI_1、出力側の電圧をV_2、電流をI_2とすると、次のようになる。

伝送量$A = 20\ log_{10}\dfrac{V_2}{V_1}$〔dB〕　($V_1$：入力電圧　V_2：出力電圧)

伝送量$A = 20\ log_{10}\dfrac{I_2}{I_1}$〔dB〕　($I_1$：入力電流　I_2：出力電流)

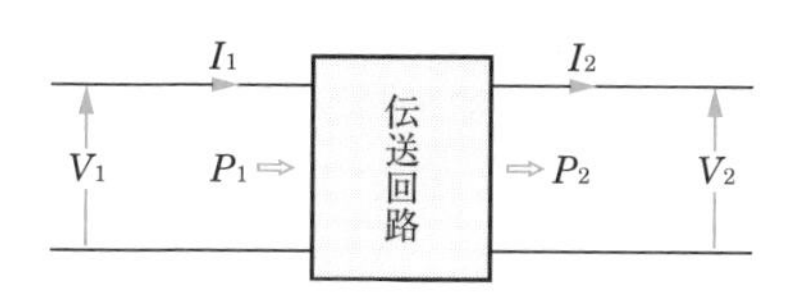

図4・1　伝送量

入力より出力の方が大きくその比が1より大きい場合、伝送量Aはプラスとなり、反対に比が1より小さい場合、Aはマイナスとなる。デシベルがプラスのときは増幅すなわち利得を表し、マイナスのときは減衰を意味する。なお、電圧比、電流比の場合、対数をとってから20を乗じているが、これは、

$$P = \frac{V^2}{R}$$

$$P = I^2R$$

の関係があり、電力に対して電圧、電流が2乗の関係にあるためである。

このデシベルの単位を用いると、大きな電力比や電圧比、電流比を比較的小さな値で表現できるだけでなく、積や比を加算や減算で計算することができる。たとえば、入力電力が1〔mW〕(ミリワット)、出力電力が100〔mW〕というように電力比が100倍のとき、伝送量Aは、次式に示すように20〔dB〕となる。

伝送量$A = 10\ log_{10}\dfrac{100〔mW〕}{1〔mW〕} = 10\ log_{10}100 = 10\ log_{10}10^2 = 10 \times 2 = 20$〔dB〕

【参考：常用対数について】

伝送量を常用対数(10を底とする対数)で表すことにより、伝送量の計算を比較的簡単に行うことができる。ここでは、常用対数の早見表および公式を示す。

(a) 早見表

$1=10^0$	$log_{10}1\ =0$
$10=10^1$	$log_{10}10\ =1$
$100=10^2$	$log_{10}100\ =2$
$1000=10^3$	$log_{10}1000=3$
$\frac{1}{10}=10^{-1}$	$log_{10}\frac{1}{10}\ =-1$
$\frac{1}{100}=10^{-2}$	$log_{10}\frac{1}{100}\ =-2$
$\frac{1}{1000}=10^{-3}$	$log_{10}\frac{1}{1000}=-3$

(b) 公式

指数関数 $x=10^y$
対数関数 $y=log_{10}x$
$log_{10}xy=log_{10}x+log_{10}y$
$log_{10}\frac{x}{y}=log_{10}x-log_{10}y$
$log_{10}\frac{x}{y}=-log_{10}\frac{y}{x}$
$log_{10}x^m=mlog_{10}x$ (mは任意の実数)

相対レベルと絶対レベル

電気通信回線上の2点間の電力比をデシベルで表したものを**相対レベル**といい、単位は一般に、〔dBr〕が用いられる。また、基準電力(*)に対する比較値を対数で表したものを**絶対レベル**といい、単位は相対レベルと区別するため〔dBm〕などを使用する。

(*)一般に、1mWを0dBの基準電力とする。この場合、絶対レベルの単位は〔dBm〕を用いる。なお、1Wを基準電力とする場合、絶対レベルの単位は〔dBW〕を用いる。

1mWを基準電力としたときの絶対レベルは、次式で表される。

$$\text{絶対レベル}=10\,log_{10}\frac{P〔\text{mW}〕}{1〔\text{mW}〕}〔\text{dBm}〕$$

たとえば、1〔W〕は1,000〔mW〕であるから、1〔W〕の絶対レベルは、次式に示すように30〔dBm〕となる。

$$1〔\text{W}〕\text{の絶対レベル}=10\,log_{10}\frac{1{,}000〔\text{mW}〕}{1〔\text{mW}〕}$$
$$=10\,log_{10}10^3=10\times3=30〔\text{dBm}〕$$

伝送量の計算方法

電気通信回線の総合伝送量を求める場合は、デシベルで表示された増幅器の利得、減衰器や伝送損失による減衰量を加減

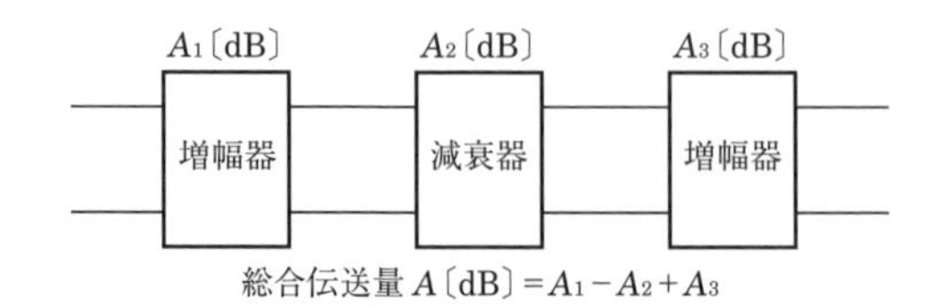

図4・2　電気通信回線の総合伝送量

算して求める。

また、図4・3の電気通信回線において、1〔km〕当たりの伝送損失がa〔dB〕のとき、l〔km〕の伝送損失は、$a \times l$で求められる。たとえば、1〔km〕当たりの伝送損失が3〔dB〕の電気通信回線が10〔km〕設置されている場合、全体の伝送損失は3〔dB/km〕× 10〔km〕= 30〔dB〕となる。

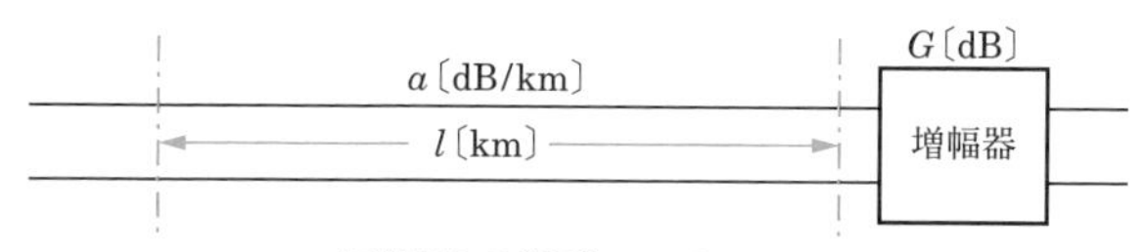

図4・3　伝送損失

例題

図4・4において、電気通信回線への入力電力が16〔mW〕、その伝送損失が1〔km〕当たり0.9〔dB〕、電力計の読みが1.6〔mW〕のときの増幅器の利得を求める。ただし、入出力各部のインピーダンスは整合しているものとする。

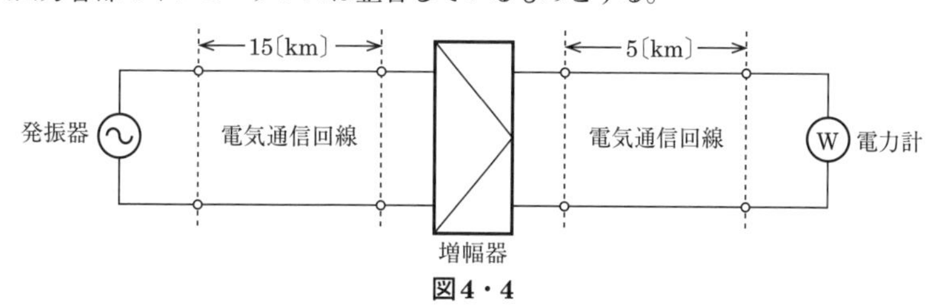

図4・4

電気通信回線への入力電力をP_1〔mW〕、出力電力(電力計の読み)をP_2〔mW〕、増幅器の利得をG〔dB〕、伝送損失をL〔dB〕とすると、発振器から電力計までの伝送量A〔dB〕は、次式で表される。

$$A = 10 \log_{10} \frac{P_2}{P_1} = -L + G \text{〔dB〕} \quad \cdots\cdots ①$$

1〔km〕当たり0.9〔dB〕の伝送損失が生じることから、電気通信回線全体(15〔km〕+ 5〔km〕= 20〔km〕)の伝送損失Lは、

$$L = 20 \times 0.9 = 18 \text{〔dB〕}$$

となる。ここで①の式に$P_1 = 16$〔mW〕、$P_2 = 1.6$〔mW〕、$L = 18$〔dB〕を代入してGを求めると、

$$A = 10 \log_{10} \frac{1.6}{16} = -18 + G \text{〔dB〕} \rightarrow 10 \log_{10} \frac{1}{10} = -18 + G$$

$$\rightarrow 10 \log_{10} 10^{-1} = -18 + G \rightarrow 10 \times (-1) = -18 + G$$

(参考：$\log_{10} \frac{1}{10} = \log_{10} 10^{-1} = -1$)

$$\rightarrow -10 = -18 + G$$

$$\therefore G = 18 - 10 = 8 \text{〔dB〕}$$

練習問題

【1】図1において、電気通信回線への入力電力が22ミリワット、その伝送損失が1キロメートル当たり（ア）デシベル、増幅器の利得が11デシベルのとき、電力計の読みは、2.2ミリワットである。ただし、入出力各部のインピーダンスは整合しているものとする。
［① 0.6　② 1.6　③ 16］

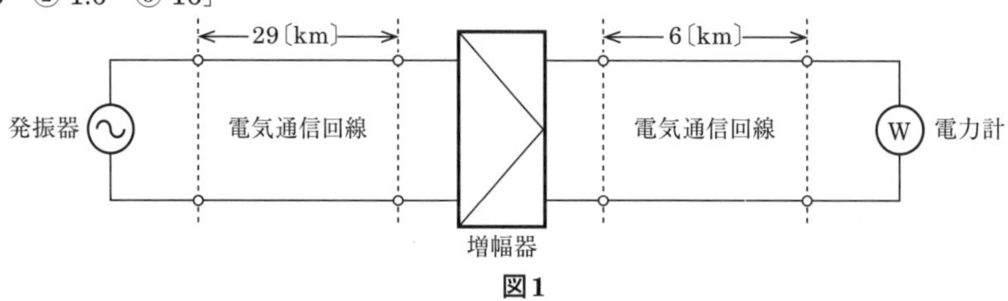

図1

解説 【1】電気通信回線への入力電力をP_1〔mW〕、出力電力（電力計の読み）をP_2〔mW〕、増幅器の利得をG〔dB〕、伝送損失をL〔dB〕とすると、発振器から電力計までの伝送量A〔dB〕は、次式で表される。

$$A = 10\log_{10}\frac{P_2}{P_1} = -L + G \text{〔dB〕}$$

上式に$P_1 = 22$〔mW〕、$P_2 = 2.2$〔mW〕、$G = 11$〔dB〕を代入してLを求めると、

$$A = 10\log_{10}\frac{2.2}{22} = -L + 11 \text{〔dB〕} \rightarrow 10\log_{10}\frac{1}{10} = -L + 11$$

$$\rightarrow 10\log_{10}10^{-1} = -L + 11 \rightarrow 10\times(-1) = -L + 11 \quad \left(\text{参考}: \log_{10}\frac{1}{10} = \log_{10}10^{-1} = -1\right)$$

$$\rightarrow -10 = -L + 11 \qquad \therefore \ L = 10 + 11 = 21 \text{〔dB〕}$$

したがって、電気通信回線全体（29〔km〕＋6〔km〕＝35〔km〕）の伝送損失が21〔dB〕であるから、1〔km〕当たりの伝送損失は、

21〔dB〕÷35〔km〕＝**0.6**〔dB／km〕となる。

答（ア）①

2. 特性インピーダンス、反射

特性インピーダンス

一様な線路が無限の長さに続いているとき、線路上では電圧と電流は遠くへ行くほど徐々に減衰していくが、線路上のどの点をとっても電圧と電流の比は一定となる。この比を、特性インピーダンスという。これは、送信側での信号入力点についても同様であることから、無限長の一様線路における入力インピーダンスは、その線路の特性インピーダンスと等しくなる。

反　射

特性インピーダンスが異なる線路を接続したとき、その接続点で入力信号の一部が入力側に戻る現象が生じる。これを反射という。図4・5において入射波の電圧(線路の接続点に向かって進行する信号波の、接続点での電圧)をV_F、反射波の電圧(接続点で反射される信号波の電圧)をV_R、そして入射波のうち反射せずに接続点を通過していく信号成分を透過電圧V_Oとする。

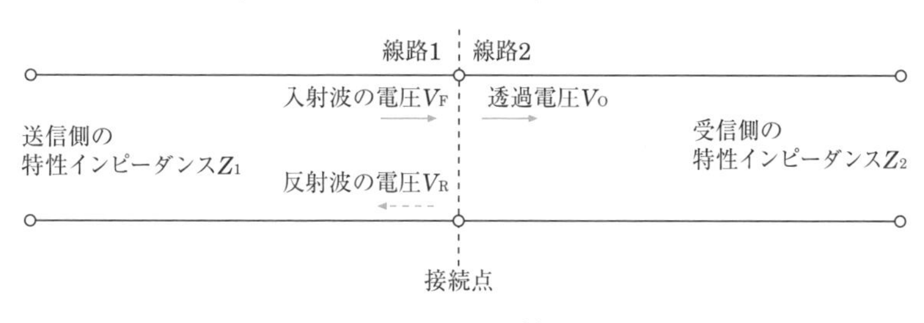

図4・5　反射

ここで、入射波の電圧V_Fと反射波の電圧V_Rの比を電圧反射係数(m)といい、次式で表される。

$$\text{電圧反射係数}(m)=\frac{\text{反射波の電圧}}{\text{入射波の電圧}}=\frac{V_R}{V_F}=\frac{Z_2-Z_1}{Z_2+Z_1}$$

また、接続点への入射波の電流I_Fと反射波の電流I_Rの比を電流反射係数(m')といい、次式で表される。なお、電圧反射係数(m)と電流反射係数(m')の間には、$m=-m'$の関係がある。

$$\text{電流反射係数}(m')=\frac{\text{反射波の電流}}{\text{入射波の電流}}=\frac{I_R}{I_F}=\frac{Z_1-Z_2}{Z_1+Z_2}$$

ここで、mとm'は、−1から1までの値をとり、反射波の位相が反転した場合はマイナスで表す。また、2つの伝送路の特性インピーダンスが等しい($Z_1 = Z_2$)とき反射係数は0となり、反射波は発生しない。

電圧反射係数(m)が0、1、−1のときの反射現象について、図4・6に示す。

重要

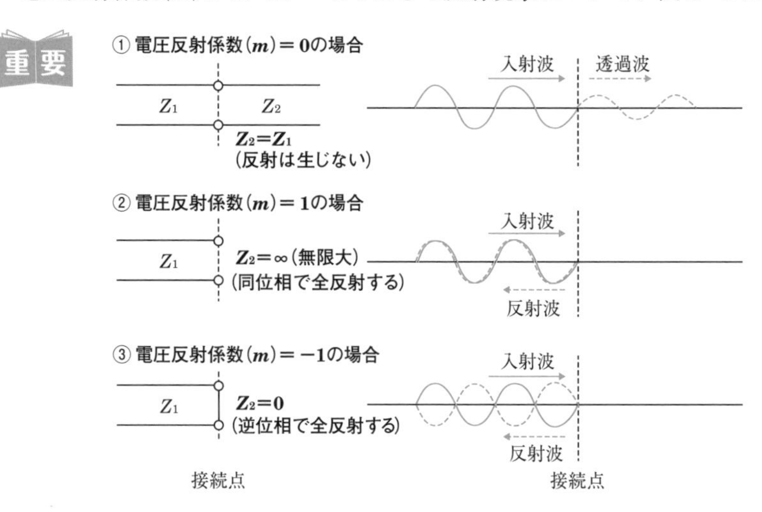

図4・6　電圧反射係数と反射現象

インピーダンス整合

特性インピーダンスが異なる線路が接続されていると、接続点において反射現象による減衰が発生し、効率的な伝送ができなくなる。そこで、反射による減衰を最小限にするため、接続する2つの線路のインピーダンスを合わせる必要がある。これをインピーダンス整合という。

インピーダンス整合をとる最も一般的な方法として、変成器(トランス)が用いられている。変成器は、1次側のコイルと2次側のコイルとの間の相互誘導を利用して電力を伝えるものであり、2つのコイルの巻線比($n_1 : n_2$)により、電圧や電流、インピーダンスを変換することができる。

変成器のインピーダンスは巻線数の2乗に比例し、次式の関係で整合の条件が得られる。

$$\left(\frac{n_1}{n_2}\right)^2 = \frac{Z_1}{Z_2}$$

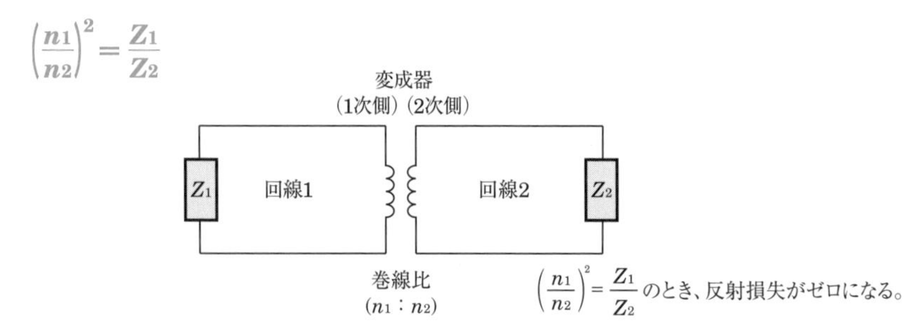

図4・7　変成器によるインピーダンス整合

3. 漏 話

漏話現象

2つの電気通信回線において、一方の回線の信号が他方の回線に漏れる現象を漏話(ろうわ)という。図4・8のように近接した電気通信回線において妨害を与える回線を誘導回線、妨害を受ける回線を被誘導回線という。

被誘導回線に現れる漏話のうち、誘導回線の信号の伝送方向(正の方向)に生じる漏話を遠端漏話(えんたんろうわ)といい、反対方向(負の方向)に生じる漏話を近端漏話(きんたんろうわ)と呼ぶ。

被誘導回線に誘起される漏話電力は近端側に近いほど大きいので、一般に遠端漏話より近端漏話の方の影響が大きい。

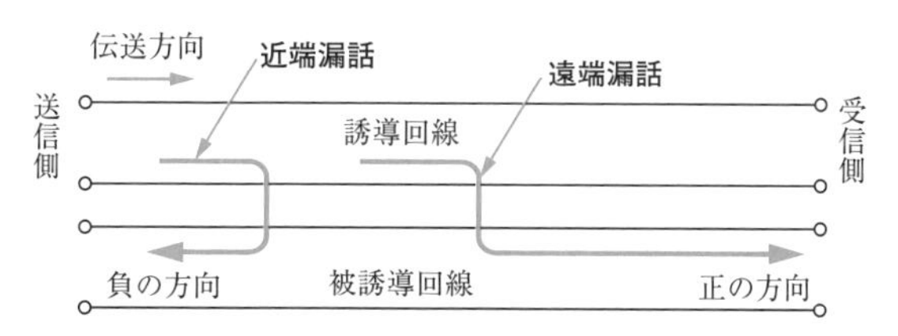

図4・8　近端漏話と遠端漏話

誘導回線の信号の伝送方向に現れる漏話を「遠端漏話」、その反対方向に現れる漏話を「近端漏話」という。

ケーブルの漏話特性の良否は、漏話減衰量で表される。漏話減衰量とは、次式のように誘導回線の信号電力と漏話電力の比をデシベルで表示したものである。

$$\text{漏話減衰量} = 10\log_{10}\frac{\text{信号電力(誘導回線)}}{\text{漏話電力(被誘導回線)}}\ \text{〔dB〕}$$

漏話減衰量はその値が大きいほど良い。また、漏話電力は小さいほど良い。

漏話の原因

●平衡対ケーブルの漏話

平衡対(へいこうつい)ケーブルは、一般に、ポリエチレンなどの絶縁物で被覆されている。簡単な構造で比較的安価であるが、信号の周波数が高くなると漏話が増大するという問題を抱えている。平衡対ケーブルにおける漏話の原因は、近接する回線間の静電容量Cの不平衡による静電結合と、相互インダクタンスMによる電磁結合の

2つがある。一般に、伝送される信号の周波数が高くなると、CまたはMによる結合度が大きくなり、漏話が増加する。

静電結合による漏話は、回線間に生じる静電容量を通して電流が被誘導回線に流れ込むために生じ、一般に、その大きさは**被誘導回線のインピーダンスに比例**する。

一方、電磁結合による漏話は、回線間の相互誘導作用により被誘導回線に電圧が誘起されるために生じ、一般に、その大きさは**誘導回線のインピーダンスに反比例（すなわち誘導回線の電流に比例）**する。

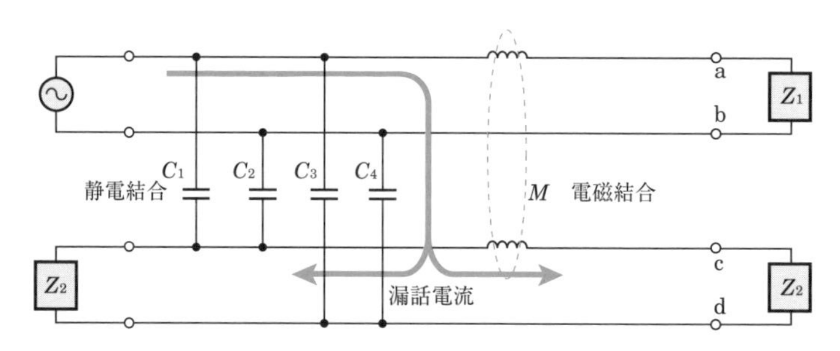

図4・9　平衡対ケーブルの漏話現象

重要　**平衡対ケーブルの漏話は、静電結合や電磁結合により生じる。**

平衡対ケーブルでは、静電結合や電磁結合により発生する漏話を防止するために、2本の心線を撚（よ）り合わせた（交差させた）**対撚りケーブル**や、2対4本の心線を撚り合わせた**星形カッド撚りケーブル**などを使用している。

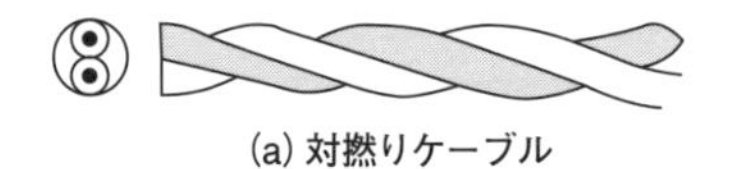

(a) 対撚りケーブル

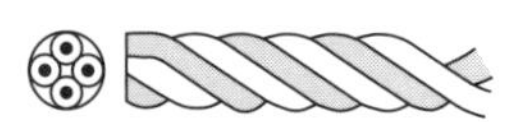

(b) 星形カッド撚りケーブル

平衡対ケーブルでは、心線を撚り合わせて漏話を防止している。

図4・10　平衡対ケーブル

●同軸ケーブルの漏話

同軸ケーブルは、1本の導体を外部導体によりシールド（遮（しゃ）へい）した構造になっている。そのため、平衡対ケーブルとは異なり、静電結合や電磁結合による漏話は生じない。しかし、同軸ケーブルは不平衡線路であるため、**導電結合**による漏話が生じる。

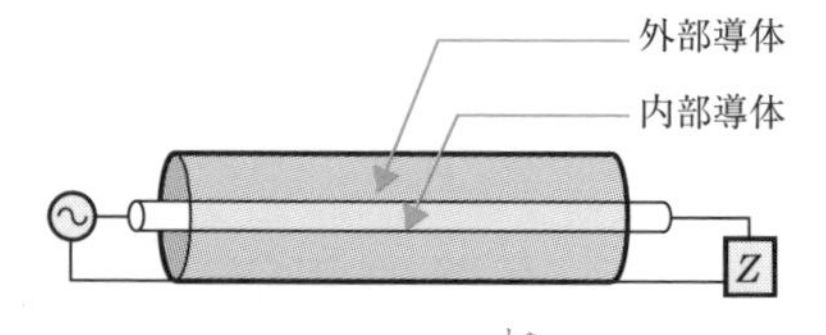

同軸ケーブルは、シールド（遮（しゃ）へい）構造のため、静電結合や電磁結合による漏話は生じない。

図4・11　同軸ケーブル

同軸ケーブルの漏話は、導電結合により生じる。

2本の同軸ケーブルを密着させて設置すると、外部導体間に、あるインピーダンスで結んだ閉回路が形成される。具体的には、図4・12(a)に示すように2本の同軸ケーブルを密着させて設置したとき、AとBの2点においてケーブル1とケーブル2で閉回路ができ、ケーブル1の外部導体にI_1の信号電流が流れると、その分流電流I'_1がケーブル2の外部導体に流れる。このとき、導電結合による漏話が生じる。ここで、一般に高周波電流は導体の表面に集中する(これを「表皮(ひょうひ)効果」という)ので、I'_1は図4・12(b)に示すような電流分布となり、実質的漏話分はI''_1となる。

漏話現象の程度は、外部導体の内表面と外表面との間の導電性によって左右される。導電性は、周波数が低くなると表皮効果が減少するので大きくなる。したがって漏話は、伝送される信号の周波数が低くなると大きくなる。

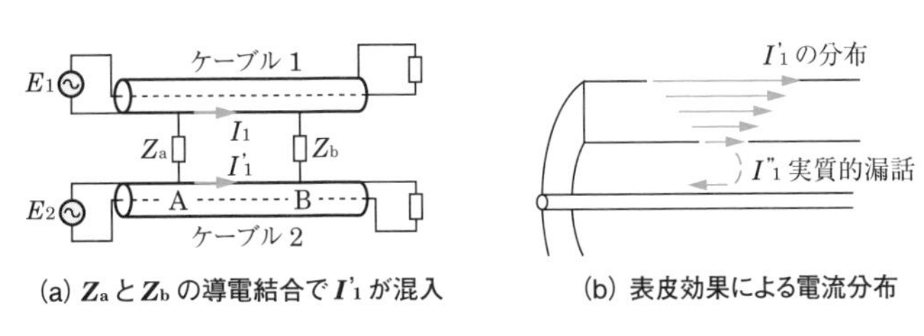

(a) Z_aとZ_bの導電結合でI'_1が混入　(b) 表皮効果による電流分布

図4・12　同軸ケーブルの漏話現象

練習問題

【1】誘導回線の信号が被誘導回線に現れる漏話のうち、誘導回線の信号の伝送方向を正の方向とし、その反対方向を負の方向とすると、負の方向に現れるものは、（ア）漏話といわれる。
[① 直 接　② 間 接　③ 遠 端　④ 近 端]

【2】平衡対ケーブルを用いて構成された電気通信回線間の電磁結合による漏話は、心線間の相互誘導作用により被誘導回線に電圧を誘起させるために生ずるもので、その大きさは、誘導回線の電流に（イ）。
[① 等しい値となる　② 反比例する　③ 比例する]

【3】同軸ケーブルの漏話は、導電結合により生じるが、一般に、その大きさは、伝送される信号の周波数が低く（ウ）。
[① なると大きくなる　② なると小さくなる　③ なっても変化しない]

答 (ア) ④ (イ) ③ (ウ) ①

4. 雑　音

通常の電気通信回線では、送信側で信号を入力しなくても受信側で何らかの信号が現れる。これを**雑音**といい、**熱雑音**や**漏話雑音**などがある。

熱雑音とは、トランジスタなどの回路素子中で自由電子が熱運動をすることによって生じる雑音をいう。これは自然界に存在し、原理的に避けることができないため、**基本雑音**とも呼ばれている。

また、漏話雑音とは、漏話現象により生じる雑音をいい、その大きさは、誘導回線における信号の強弱や、漏話減衰量によって大きく異なる。

雑音の大きさを表すものとして、受信電力と雑音電力との相対レベルを用いる。これを**信号電力対雑音電力比（*SN*比）**という。一般に、受信側において常に雑音電力が発生しているため、受信信号だけの電力を測定することはできない。そのため、これらの相対レベルで雑音の大きさを表すことにしている。この*SN*比が大きいほど通話品質は良いといえる。

図4・13において、信号送出時の受信側の信号電力をP_S、無信号時の受信側の雑音電力をP_Nとすると、*SN*比は次式で示される。

$$SN比 = 10\log_{10}\frac{P_S}{P_N} = 10\log_{10}P_S - 10\log_{10}P_N \text{〔dB〕}$$

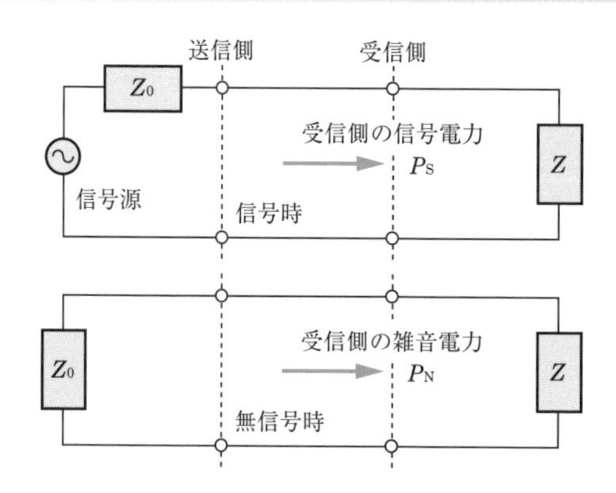

図4・13　信号電力対雑音電力比（*SN*比）

練習問題

【1】信号電力と、これに混合した伝送に不要な雑音電力との比を（ア）という。
［① 雑音指数　② *CN*比　③ *SN*比］

答（ア）③

実戦演習問題 4-1

次の各文章の［　　］内に、それぞれの[　　]の解答群の中から最も適したものを選び、その番号を記せ。

1 図1－aにおいて、電気通信回線への入力電力が25ミリワット、その伝送損失が1キロメートル当たり［（ア）］デシベル、増幅器の利得が26デシベルのとき、電力計の読みは、2.5ミリワットである。ただし、入出力各部のインピーダンスは整合しているものとする。

[① 0.4　② 0.8　③ 1.2]

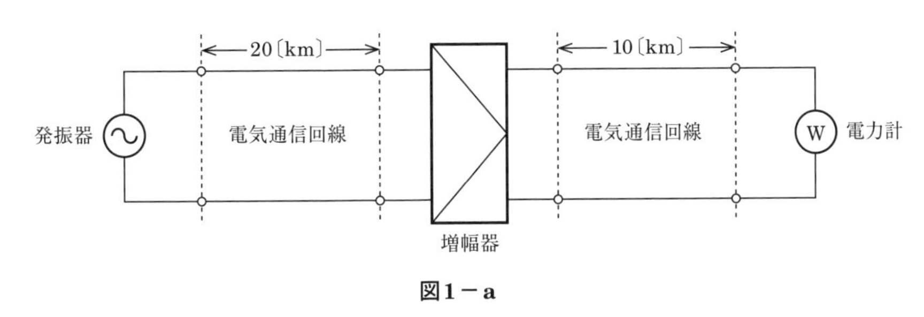

図1－a

2 ケーブルにおける漏話について述べた次の二つの記述は、［（イ）］。

A　同軸ケーブルの漏話は、導電的な結合により生ずるが、一般に、その大きさは、通常の伝送周波数帯域において伝送される信号の周波数が低くなると大きくなる。

B　平衡対ケーブルを用いて構成された電気通信回線間の電磁結合による漏話は、心線間の相互誘導作用により被誘導回線に電圧を誘起させるために生ずるもので、その大きさは、誘導回線の電流に比例する。

[① Aのみ正しい　② Bのみ正しい　③ AもBも正しい　④ AもBも正しくない]

3 線路の接続点に向かって進行する信号波の接続点での電圧をV_Fとし、接続点で反射される信号波の電圧をV_Rとしたとき、接続点における電圧反射係数は［（ウ）］で表される。

[① $\frac{V_R}{V_F}$　② $\frac{V_F}{V_R}$　③ $\frac{V_F - V_R}{V_F}$　④ $\frac{V_R}{V_F + V_R}$]

4 ［（エ）］ミリワットの電力を絶対レベルで表すと、10〔dBm〕である。

[① 1　② 10　③ 100]

実戦演習問題 

次の各文章の［　　］内に、それぞれの[　　]の解答群の中から最も適したものを選び、その番号を記せ。

1 図２－ａにおいて、電気通信回線への入力電力が160ミリワット、その伝送損失が１キロメートル当たり0.9デシベル、電力計の読みが1.6ミリワットのとき、増幅器の利得は、［（ア）］デシベルである。ただし、入出力各部のインピーダンスは整合しているものとする。

[①6　②16　③26]

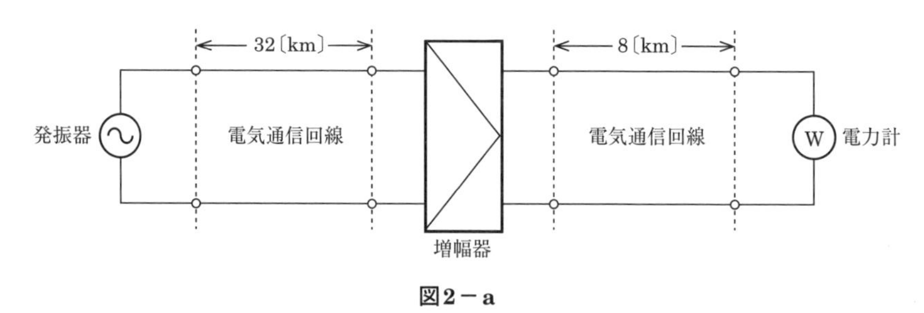

図２－ａ

2 誘導回線の信号が被誘導回線に現れる漏話のうち、誘導回線の信号の伝送方向を正の方向とし、その反対方向を負の方向とすると、正の方向に現れるものは、［（イ）］漏話といわれる。

[①近　端　②遠　端　③直　接]

3 特性インピーダンスがZ_1の通信線路に負荷インピーダンスZ_2を接続する場合、［（ウ）］のとき、接続点での入射電圧波は、同位相で全反射される。

[① $Z_2 = Z_1$　② $Z_1 = \frac{1}{2}$　③ $Z_2 = \infty$]

4 信号電力をP_Sワット、雑音電力をP_Nワットとすると、信号電力対雑音電力比は、［（エ）］デシベルである。

[① $10\, log_{10} \frac{P_S}{P_N}$　② $10\, log_{10} \frac{P_N}{P_S}$　③ $20\, log_{10} \frac{P_S}{P_N}$　④ $20\, log_{10} \frac{P_N}{P_S}$]

伝送技術

1. 信号の伝送

アナログ伝送方式とデジタル伝送方式

電気信号には、情報を電気的な量の連続変化として扱うアナログ信号と、このアナログ信号を標本化という技術によって数値化し、“1”と“0”のみで表現する2進数に変換して取り扱うデジタル信号がある。電気信号の時間的変化について比較した場合、アナログ信号が連続的に変化するのに対し、デジタル信号は非連続的または離散的に変化する。

●アナログ伝送方式

原信号や変調された信号をアナログ信号のまま伝送する方式である。アナログ伝送方式は、狭い伝送帯域幅で効率的に伝送ができるが、雑音の影響を受けやすく、また、伝送路に送出する信号電力が過大であるときは、他の伝送路の回線に漏話や雑音などの妨害を与えてしまう。

●デジタル伝送方式

アナログ信号をパルス波形のデジタル信号に変換して伝送する方式である。デジタル伝送方式は、符号の伝送時に伝送損失や雑音などで波形がなまっても受信側で原信号を忠実に再生することができるが、広い伝送帯域幅が必要となる。

また、デジタル信号を伝送中に、電気的な雑音の影響を受けて信号の一部が誤って伝送されることがあるが、その際に、信号の誤りを検出したり正しい信号に訂正したりすることを誤り制御といい、一般に、CRC(Cyclic Redundancy Check)方式などが誤り訂正符号として利用されている(154頁参照)。

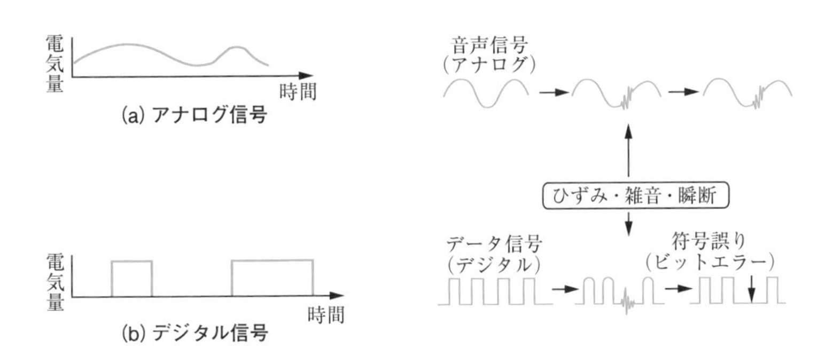

図5・1　アナログ信号とデジタル信号

ベースバンド伝送方式と帯域伝送方式

データ伝送で取り扱う信号は、コンピュータなどのデータ端末装置が入出力する符号である。データ端末装置間のデータ伝送では、出力されるパルス波形をそのまま伝送路に送出し伝送することができる。

このように原信号をそのまま伝送する方法を、ベースバンド伝送方式という。一般に、ベースバンド伝送方式は短い区間の伝送に使用される。

一方、アナログ電話回線などでは、ベースバンド伝送を行うことはできない。このため、アナログ電話回線を通じてデータを伝送する場合は、交流信号に変換(これを変調という)してから回線に送出し、受信側で再び元のベースバンド信号に戻す(これを復調という)必要がある。このような伝送方法を帯域伝送(ブロードバンド伝送)方式といい、変調および復調に用いる装置を変復調装置またはモデムという。

多重伝送方式

多重伝送とは、複数の伝送路の信号を1つの伝送路で伝送することをいい、主に、中継区間における大容量伝送に用いられている。

伝送路の多重化方式には、アナログ伝送路を多重化する周波数分割多重(FDM：Frequency Division Multiplexing)方式と、デジタル伝送路を多重化する時分割多重(TDM：Time Division Multiplexing)方式がある。

周波数分割多重(FDM)方式では、1つの伝送路の周波数帯域を複数の帯域に分割し、各帯域をそれぞれ独立した1つの伝送チャネルとして使用する。

一方、時分割多重(TDM)方式では、1つの伝送路を時間的に分割して複数の通信チャネルを作り出し、各チャネル別にパルス信号の送り出しを時間的にずらして伝送する。具体的には、まず、入力信号の各チャネルの信号をパルス変調しておく。次に、図5・2のように、伝送路へのパルス送出をCH_1、CH_2、CH_3の順で行う。このとき、チャネル数分だけ信号の時間的な幅(周期)を短くする必要があり、たとえば、パルスの繰り返し周期が等しいN個のPCM信号をTDMにより伝送するためには、最小限、多重化後のパルスの繰り返し周期を、元の周期の$\frac{1}{N}$倍になるように変換する必要がある。

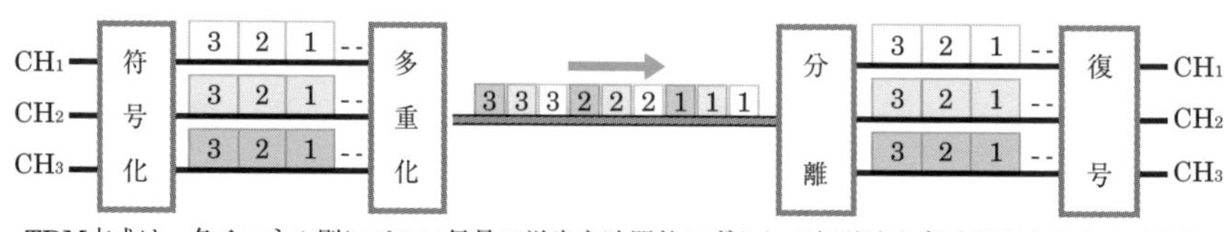

TDM方式は、各チャネル別にパルス信号の送出を時間的にずらして伝送路を多重利用するものである。

図5・2　時分割多重(TDM)方式

デジタル伝送における信号の多重化には、一般に、複数の信号を時間的に少しずつずらして配列する時分割多重（TDM）方式が用いられている。

多元接続方式

多元接続とは、複数のユーザ（端末）が1つの伝送路の容量を動的に利用するための技術であり、**時分割多元接続（TDMA：Time Division Multiple Access）方式**や**周波数分割多元接続（FDMA：Frequency Division Multiple Access）方式**などがある。

時分割多元接続（TDMA）方式では、複数のユーザ（端末）が1つの伝送路を時間的に分割して利用する。この方式では、送信側が複数の伝送路の信号を時間的に多重化して送り、受信側でこれを元の各伝送路の信号に戻す仕組みになっている。このため、送受信端末間で、どのビットがどの伝送路のビットなのかを識別するためのフレーム同期をとる必要がある。

また、周波数分割多元接続（FDMA）方式では、伝送周波数帯域を複数の帯域に分割する。そして、各帯域にそれぞれ個別の伝送路を割り当てることにより、複数のユーザが同時に通信を行うことを可能にしている。

フィルタ

フィルタ（ろ波器）は、特定の範囲の周波数の信号を通過、あるいは阻止する（大きく減衰させる）回路素子であり、多重化装置や電気通信回線の接続点において、信号の分離・選択を目的として用いられている。

表5・1　フィルタの種類

種類			機能	周波数特性	回路構成例
アナログ	受動	高域通過フィルタ（HPF：High Pass Filter）	特定の周波数以上の周波数の信号を通過させる。		
		低域通過フィルタ（LPF：Low Pass Filter）	特定の周波数以下の周波数の信号を通過させる。		
		帯域通過フィルタ（BPF：Band Pass Filter）	特定の周波数範囲の周波数の信号だけを通過させる。		
		帯域阻止フィルタ（BEF：Band Elimination Filter）	特定の周波数範囲の周波数の信号だけを大きく減衰させ、その他の周波数の信号は通過させる。		
	能動	アクティブフィルタとも呼ばれる。抵抗、コンデンサ、演算増幅器（OPアンプ）から構成され、帰還回路に周波数特性を持たせている。受動フィルタに比べ、減衰などが少ない。			
デジタル		加算器や乗算器などで構成されている。アナログ信号をいったんデジタル信号に変換して演算処理を行うことにより特定の周波数帯域の信号を取り出し、これをアナログ信号に再変換する。**フィルタの精度を上げるためには、アナログ信号をデジタル信号に変換するときに量子化ステップの幅を小さくする必要がある。**			

伝送品質

●伝送品質の概要

デジタル通信網の伝送品質を劣化させる要因として、符号誤り、ジッタ(パルスタイミングの10Hz以上の揺らぎ)、ワンダ(10Hz未満の揺らぎ)、伝送遅延、ひずみなどが挙げられる。ひずみとは、入力側の信号が出力側へ正しく現れない現象のことをいい、信号の伝搬時間が周波数によって異なるために生じる位相ひずみ(群遅延ひずみともいう)などがある。

伝送品質の劣化要因のうち、符号誤りの影響が極めて大きく、ジッタの影響を無視できない高品質映像サービスを除けば、伝送品質はほとんど符号誤りのみで評価することができる。

●符号誤りの評価尺度

符号誤りを評価する尺度の1つに、長時間平均符号誤り率(*BER*：Bit Error Rate)がある。これは、測定時間中に伝送された符号(ビット)の総数に対するエラービット数(その測定時間中に誤って受信された符号の数)の割合を表すものである。

*BER*は、符号誤りがランダム(不規則)に発生する場合には評価尺度として適しているが、短時間に集中して発生する場合には適していない。*BER*のこうした欠点を補うため、符号誤り時間率%*SES*(percent Severely Errored Seconds)、%*DM*(percent Degraded Minutes)、%*ES*(percent Errored Seconds)などがITU－T(国際電気通信連合の電気通信標準化部門)により勧告されている。

表5・2　符号誤り時間率

名　称	説　明
%*SES*	1秒ごとに平均符号誤り率を測定し、平均符号誤り率が1×10^{-3}を超える符号誤りの発生した秒の延べ時間が稼働時間に占める割合を百分率(%)で表したもの。符号誤りが短時間に集中して発生するような伝送系の評価を行う場合の尺度に適している。
%*DM*	1分ごとに平均符号誤り率を測定し、平均符号誤り率が1×10^{-6}を超える符号誤りの発生した分の延べ時間が稼働時間に占める割合を百分率(%)で表したもの。電話サービスなど、ある程度、符号誤りを許容できる伝送系の評価を行う場合の尺度に適している。
%*ES*	1秒ごとに符号誤りの発生の有無を調べて、少なくとも1個以上の符号誤りが発生した秒の延べ時間が稼働時間に占める割合を百分率(%)で表したもの。データ通信サービスなど、少しの符号誤りも許容できないような伝送系の評価を行う場合の尺度に適している。

練習問題

【1】デジタル伝送路における符号誤りの評価尺度の一つである (ア) は、1秒ごとに符号誤りの発生の有無を測定して、符号誤りの発生した秒の延べ時間(秒)が、稼働時間に占める割合を百分率で表したものである。
[① %*ES*　② %*SES*　③ *BER*]

答 (ア) ①

2. 変調方式

振幅変調方式

ケーブルなどを介して信号を伝送する場合において、その特性や条件などを考慮し信号を伝送に適した形に変換することを**変調**といい、被変調波から元の信号波を分離させて取り出すことを**復調**という。

変調の方法により、振幅変調、周波数変調、位相変調、パルス変調がある。これらのうち**振幅変調(AM：Amplitude Modulation)方式**は、音声などの入力信号に応じて、搬送波周波数の振幅を変化させる変調方式である。この方式は占有帯域幅が狭くて済むが、雑音に対しては弱い。

なお、デジタル信号を振幅変調する場合は、“1”、“0”に対応した2つの振幅に偏(へん)移(い)するので、特に**振幅偏移変調(ASK：Amplitude Shift Keying)**と呼ばれている。

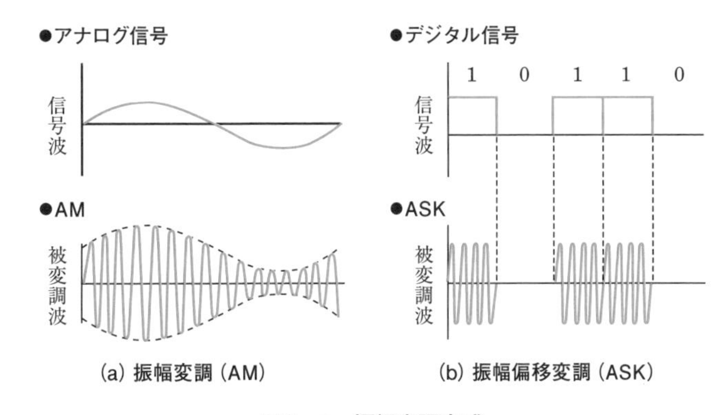

図5・3　振幅変調方式

振幅変調を行った場合の周波数スペクトル(*)は、図5・4のように搬送波の周波数f_cの両側に上側波帯と下側波帯が現れる。この2つの側波帯には同一の情報が含まれているので、片側だけでも情報を伝達することができる。

(*)信号の強度(振幅)を周波数分布で表したもの。

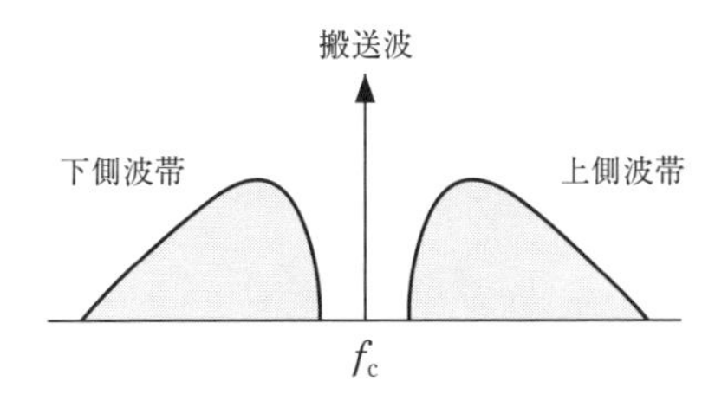

図5・4　周波数スペクトル

側波帯の伝送方式には、両側波帯(DSB：Double Side Band)伝送、単側波帯(SSB：Single Side Band)伝送、残留側波帯(VSB：Vestigial Side Band)伝送という3つの方式がある。

DSB方式は、上側波帯と下側波帯の信号成分をそのまま伝送する方式であり、占有周波数帯域が信号波の最高周波数の2倍になる。また、SSB方式は、上側波帯または下側波帯のいずれかを用いて伝送する方式であり、DSB方式に比べて占有周波数帯域幅が半分で済む。なお、データ信号や画像信号のように直流成分を含む信号を伝送する場合は、搬送波を中心に片方の側波帯をフィルタで斜めにカットし、直流成分も含めて伝送するVSB方式が用いられる。

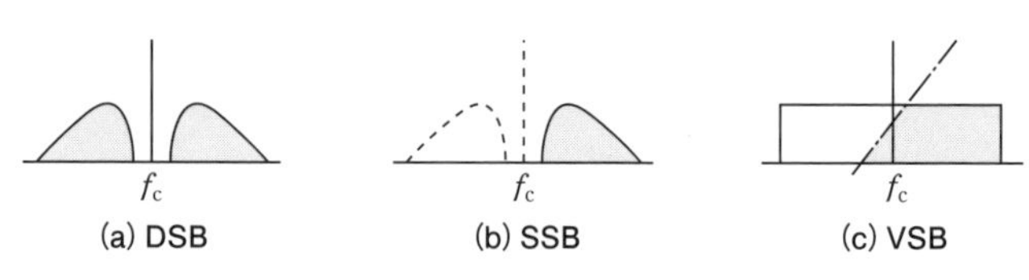

図5・5　側波帯の伝送方式

周波数変調方式

周波数変調(FM：Frequency Modulation)方式は、搬送波の周波数を、伝送する信号の振幅に応じて変化させる変調方式である。伝送する信号がデジタル信号の場合は、周波数が異なる2つの搬送波を用い、それぞれを符号ビットの“1”と“0”に対応させて伝送する。この方式は、周波数を偏移させるので、特に周波数偏移変調(FSK：Frequency Shift Keying)と呼ばれている。FSKは、主に低速回線(1,200bit/s以下)の信号伝送に用いられる。

周波数変調方式は、振幅変調方式に比べて周波数の伝送帯域が広くなるが、レベル変動や雑音による妨害に強い。信号の雑音成分の多くは振幅性のものであるため、振幅が一定である周波数変調の信号は、受信側でリミッタ(振幅制限器)を通すことで雑音を除去できる。

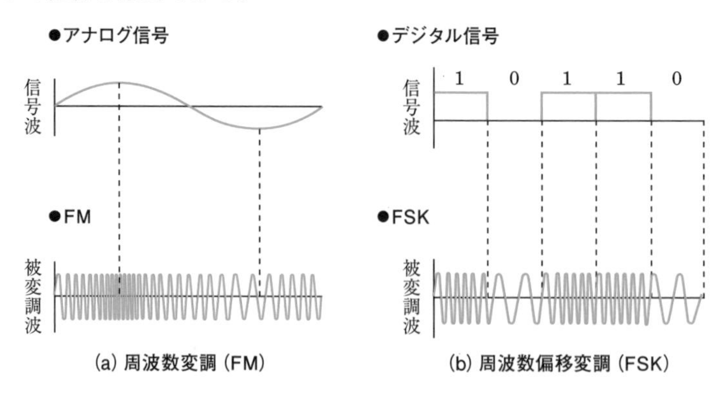

図5・6　周波数変調方式

位相変調方式

位相変調(PM：Phase Modulation)方式は、搬送波の位相を、伝送する信号の振幅に応じて変化させる変調方式である。伝送する信号がデジタル信号の場合は、符号ビットの“1”と“0”を位相差に対応させる。このとき、位相がどちらか一方に偏移するので、特に位相偏移変調(PSK：Phase Shift Keying)と呼ばれている。

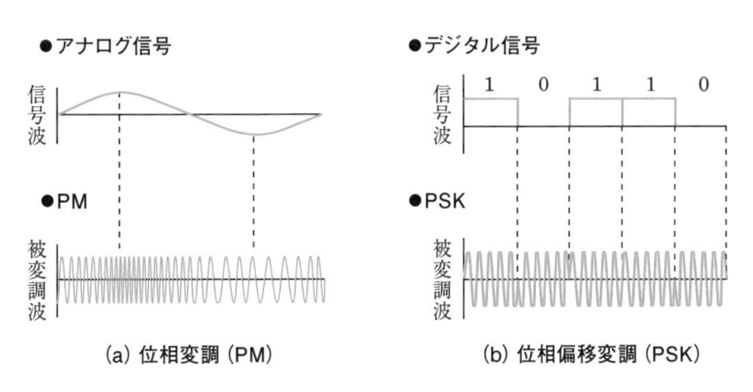

図5・7　位相変調方式

位相変調方式には、2値のベースバンド信号の値を2相の位相状態で表す2相位相変調方式と、4相以上の位相状態で表す多値変調方式がある。

2相位相変調方式

2相位相変調方式(BPSK)は、搬送波の2つの位相に“1”と“0”を対応させて変調するもので、“1”を0度に、“0”を180度に対応させている。

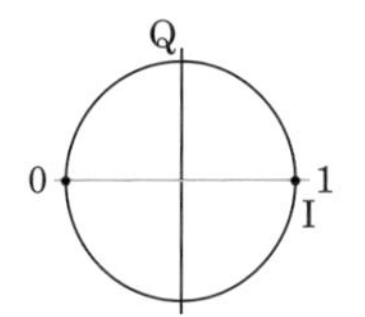

図5・8　2相位相変調方式の信号点配置

多値変調方式

多値変調方式のうち、搬送波の位相を入力信号の変化に応じて90度間隔に4等分し、それぞれを“00”、“01”、“10”、“11”の2ビットの組合せに対応させるものを4相位相変調方式(QPSK)という。4相位相変調方式は、1回の変調で2ビットの情報を伝送できるので、2相位相変調方式に比べ伝送容量は2倍となる。

また、搬送波の位相を入力信号の変化に応じて45度間隔に8等分し、8種類の情報を表現することを可能にしたものを8相位相変調方式(8－PSK)という。“1”と“0”で表現する2進数の組合せは$8=2^3$であるから、1回の変調当たりの情報量は3ビットとなり、それぞれの位相に“000”、“001”、“010”、“011”、“100”、“101”、“110”、“111”を対応させる。このように8相位相変調方式は、1回の変調で3ビットの情報を伝送できるので、伝送容量は2相位相変調方式の3倍、4相位相変調方式の1.5倍となる。

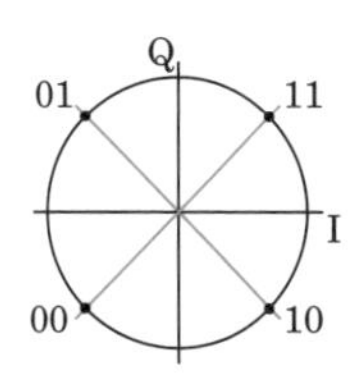

1回の変調で2ビットの情報を伝送。

図5・9　4相位相変調方式の信号点配置

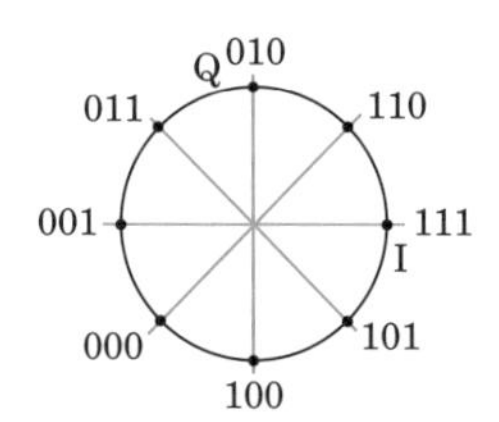

1回の変調で3ビットの情報を伝送。

図5・10　8相位相変調方式の信号点配置

デジタル信号の変調において、デジタルパルス信号の1と0に対応して正弦搬送波の周波数を変化させる方式は「FSK」、位相を変化させる方式は「PSK」と一般に呼ばれている。

パルス変調方式

AM、FM、PMなどの変調方式では、搬送波に交流を使用しているが、パルス変調方式では、搬送波に方形(ほうけい)パルス列を使用して原信号をパルスの振幅や間隔、幅などに変調する。

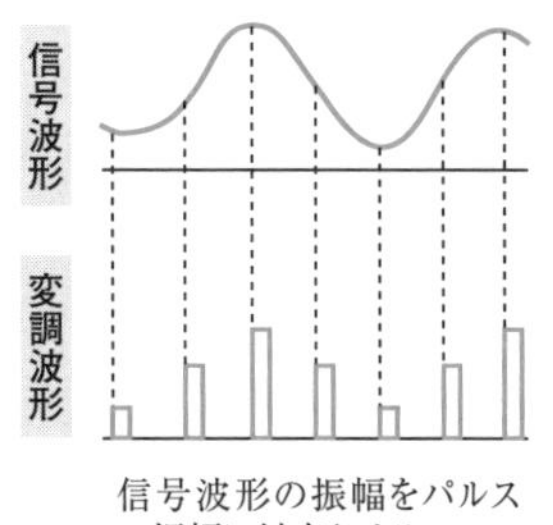

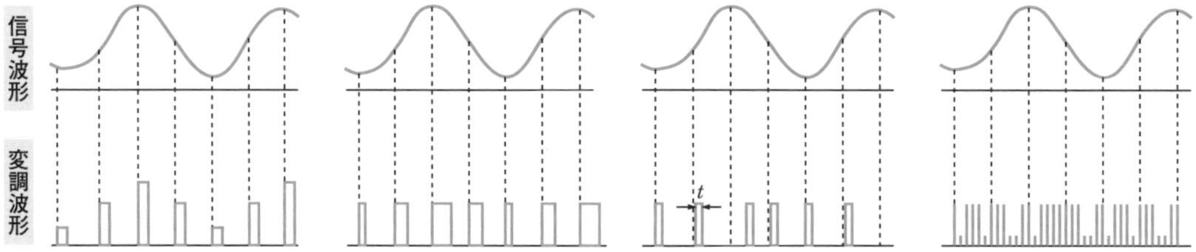

信号波形の振幅をパルスの振幅に対応させる。

(a)パルス振幅変調(PAM)

信号波形の振幅をパルスの幅に対応させる。

(b)パルス幅変調(PWM)

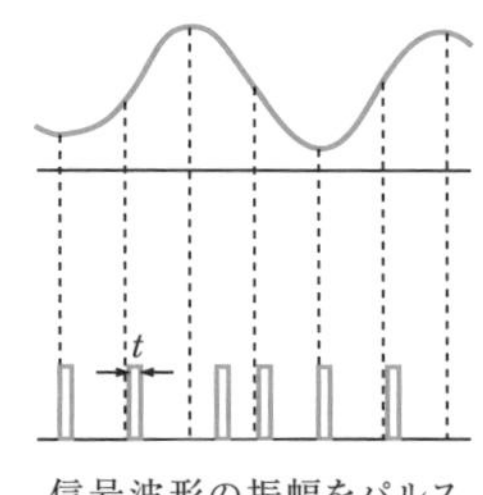

信号波形の振幅をパルスの位置に対応させる。
(tの逆数=変調速度)

(c)パルス位置変調(PPM)

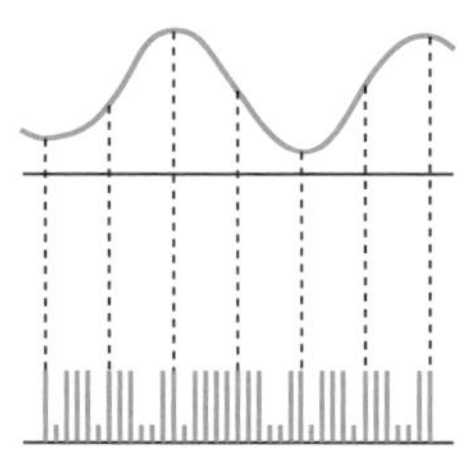

信号波形の振幅を標本化・量子化した後、1と0から成る2進符号に変換する。

(d)パルス符号変調(PCM)

図5・11　パルス変調方式の主な種類

3. PCM伝送

PCM伝送の流れ

PCM(Pulse Code Modulation)は、**パルス符号変調**ともいい、アナログ信号の情報を“1”と“0”の2進符号に変換し、これをパルスに対応させて伝送する方式である。比較的広い周波数帯域幅が必要となるが、*SN*比(信号電力対雑音電力比)を損(そこ)なわずに長距離伝送を行うことができるなどの利点を持つ。

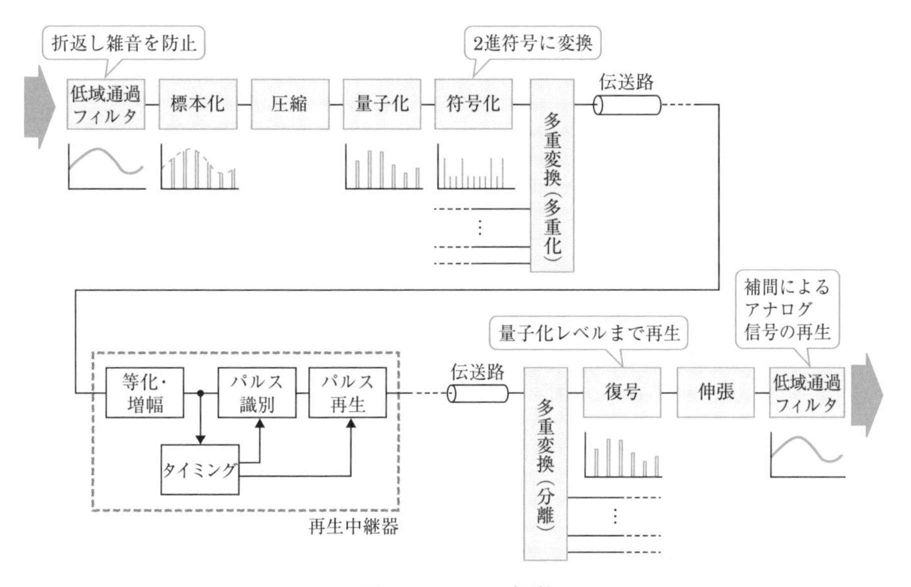

図5・12　PCM伝送

アナログ信号をデジタル信号に変換する場合、一般に、標本化→量子化→符号化という順で行われる。

① 標本化

時間的に連続しているアナログ信号の波形から、その振幅値を一定の時間間隔で標本値として採取していく。この操作を**標本化**または**サンプリング**という。

標本化定理によると、標本化(サンプリング)周波数を、アナログ信号に含まれている最高周波数の2倍以上にすると、元のアナログ信号の波形が復元できるとされている。

音声信号の標本化を例にとると、伝送に必要な最高周波数f_hは約4〔kHz〕であるから、標本化周波数(1秒間当たりの標本化の回数)f_sは、その2倍の8〔kHz〕となる。そして、このときのサンプリング周期(*) T_sは、$\frac{1}{8}$〔kHz〕= 125〔μ sec〕となる。

標本化では、振幅を標本値に対応させたパルスを、サンプリング周期に対応した一定の時間間隔で離散的に配置することにより、**PAM**(Pulse Amplitude Modulation)**信号**に変換する。

(*)標本化周波数の逆数で、1つの標本化から次の標本化までの時間を表す。

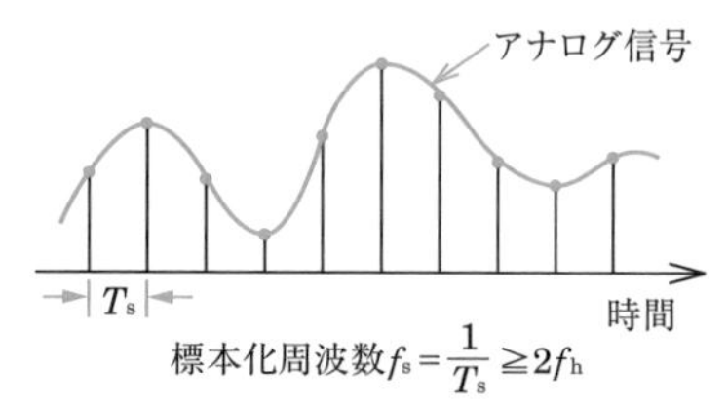

図5・13　標本化

② 量子化

標本化で得られた標本値(パルス)は無数の値をとるが、これを符号化するためには有限個の値に区切っておく必要がある。この操作を**量子化**といい、区切られたステップ数のことを**量子化ステップ**という。

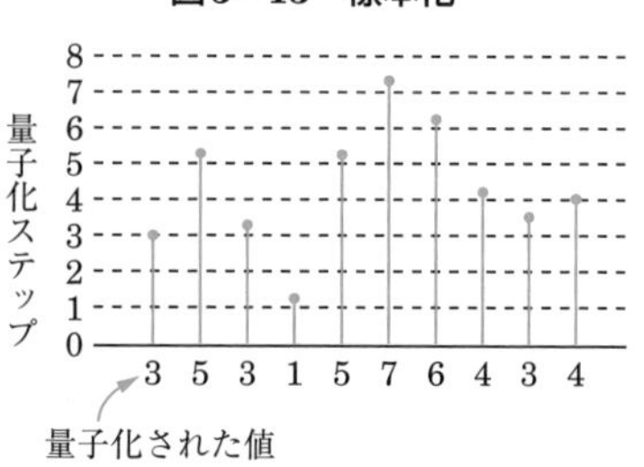

図5・14　量子化

③ 符号化

量子化によって得られた値を"1"と"0"の2進符号などに変換する操作を**符号化**という。符号化に必要なビット数は、量子化ステップ数により異なり、量子化ステップ数が128個であれば7ビット($128 = 2^7$)、256個であれば8ビット($256 = 2^8$)が必要になる。

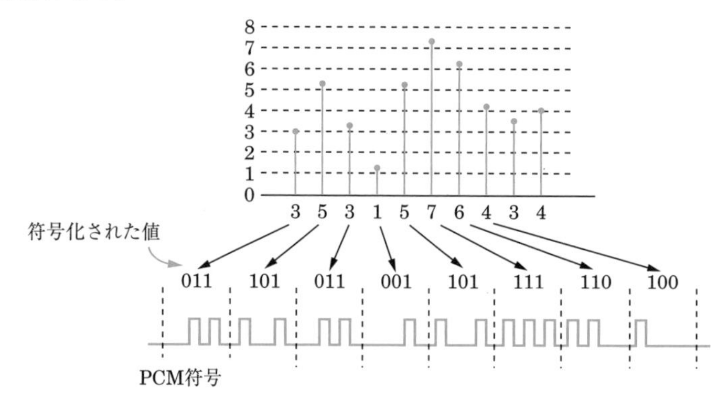

図5・15　符号化

④ 復号、補間

デジタル伝送路より受け取ったパルス列を、受信側で逆の操作により元の信号(この場合はアナログ信号)に戻す。この操作を**復号**という。

伝送路からの信号は、まず、復号器によって振幅のあるパルス列の信号に戻される。次に、この振幅のあるパルス列の信号は、伸張器によって元の標本化パルス列の信号(**PAM信号**)に戻される。さらに、標本化周波数の2分の1を遮断(しゃだん)周波数とする低域通過フィルタ(ローパスフィルタ)による補間操作で、元の音声信号に復号され、出力信号となる。なお、補間とは、離散的な信号の間を埋めて連続的な信号にすることをいう。

再生中継

PCM伝送ではパルス波形を伝送するので、伝送中に雑音などでパルス波形が変形した場合でも、伝送路中に挿入された再生中継器により、元の波形を完全に再生することができる。このため、伝送中に雑音やひずみが累積されて増加していくことはなく、レベル変動もほとんどない。

再生可能な信号レベルは、スレッショルドレベル(識別判定レベル)と呼ばれるしきい値(基準)で判断され、通常、雑音の振幅が信号の振幅の半分より小さければ再生に支障はない。この再生中継により、伝送路の信号劣化を少なくできるため、高品質な長距離伝送が可能となる。

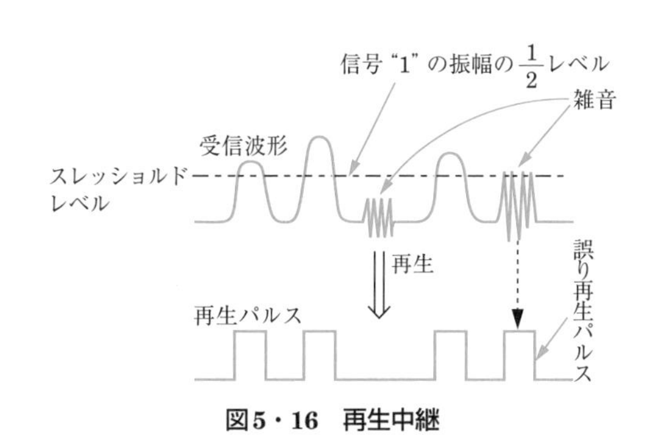

図5・16　再生中継

PCM伝送の符号化・復号の過程で発生する雑音

●量子化雑音

量子化の際に、PAMパルスの振幅を離散的な数値に近似する過程で誤差が生じるために発生する雑音である。

●折返し雑音

標本化の際に、入力信号の最高周波数(f_h)が標本化周波数(f_s)の2分の1以内に完全に帯域制限されていないために発生する雑音である。標本化前の入力信号の帯域制限が不十分な場合、$\frac{f_s}{2}$以上の信号スペクトルの成分が$\frac{f_s}{2}$を中心に折り返される。この折り返された信号スペクトルが復号の際に分離できないため、雑音となる。

●補間雑音

復号の補間ろ波の過程で、理想的な低域通過フィルタを用いることができないために発生する雑音である。標本化パルスの復号では、入力信号の最高周波数(f_h)以上を全く通過させない低域通過フィルタを用いるのが理想であるが、現実には不可能である。このため、高周波成分が混入して雑音となる。

4. 光ファイバ伝送

光ファイバ

平衡対ケーブルや同軸ケーブルは電気信号を伝送するが、光ファイバは光の点滅のパルス列を伝送する。

光ファイバは、屈折率の大きい中心層(コア)と屈折率の小さい外層(クラッド)の2層構造になっている。光信号はコアの中に取り込まれると、コアとクラッドの境界で全反射を繰り返しながら進んでいく。

光ファイバは、その材料に石英ガラスやプラスチックでできた繊維を使用しており、伝送損失が極めて小さく、長い距離を無中継で伝送することができる。また、光信号は電気信号に比べて波長が短いため、より広帯域の伝送が可能である。さらに、光ファイバは光を伝送しているため、電磁結合や静電結合がなく、漏話も実用上無視できる。そのうえ、外部からの誘導の影響も受けにくい。

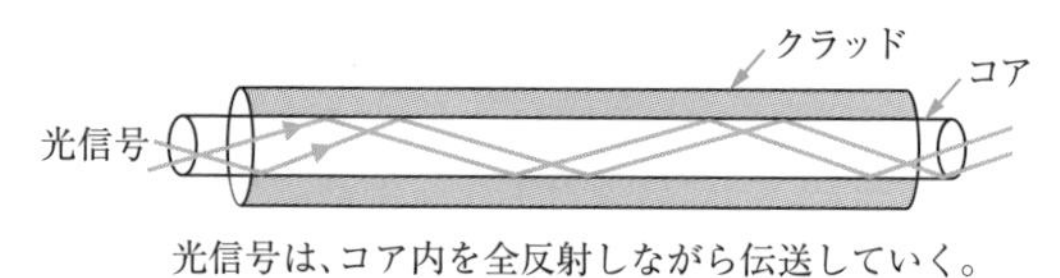

図5・17　光ファイバ

表5・3　光ファイバとメタリックケーブル

比較項目＼伝送媒体の種類	光ファイバ	メタリックケーブル	
		平衡対ケーブル	同軸ケーブル
伝送損失	極めて小さい。	周波数が高くなると大きくなる。	高周波でも小さい。
大容量伝送	大容量伝送が可能。	適さない。	平衡対ケーブルよりも大容量の伝送が可能。
長距離伝送	極めて長い距離の伝送が可能。	適さない。	平衡対ケーブルよりも長距離の伝送が可能。
漏　話	漏話は無視できる。	静電結合や電磁結合により漏話が生じる。	導電結合により漏話が生じる。

光ファイバの種類と伝搬モード

光ファイバ内を伝搬する光の波長、コア径、屈折率などから、光の伝わり方の種類が決まる。これを伝搬モードと呼び、複数のモードの光を同時に伝搬できるマルチモード(多モード)型と、1つのモードのみ伝搬できるシングルモード(単一モード)型の2種類に分けられる。

マルチモード型は、コアの屈折率分布の違いにより、さらにステップインデックス型とグレーデッドインデックス型に分けられる。ステップインデックス型ではコアとクラッドの屈折率分布が階段状に変化するのに対し、グレーデッドインデックス型では連続的に変化する。

表5・4からもわかるように、シングルモード型は、マルチモード型に比べてコア径が小さい。また、広帯域、低損失であるため、大容量・長距離伝送に適している。

表5・4　光ファイバの種類

光ファイバの種類／比較項目	シングルモード（単一モード）型	マルチモード（多モード）型	
		ステップインデックス（SI）型	グレーデッドインデックス（GI）型
光信号の伝搬方法と屈折率分布	大←屈折率	大←屈折率	大←屈折率
コア径	～10 μm	50～85 μm	
外　径	125 μm		
帯域幅	広い（10GHz・km程度）	狭い（100MHz・km程度）	やや広い（1GHz・km程度）
光の分散	小さい	大きい	中程度
光の損失	小さい	大きい	中程度

シングルモード光ファイバのコア径は、一般に、マルチモード光ファイバのコア径より小さい。

光ファイバ伝送

●光ファイバ伝送の原理

光ファイバ伝送では、電気信号を光信号に変換して伝送するため、電気から光への信号変換を行う送信装置と、光から電気への信号変換を行う受信器が必要である。これらの変換器は、光コネクタにより光ファイバコード（ケーブル）と接続される。なお、光コネクタは光ファイバコード相互の接続にも用いられる。

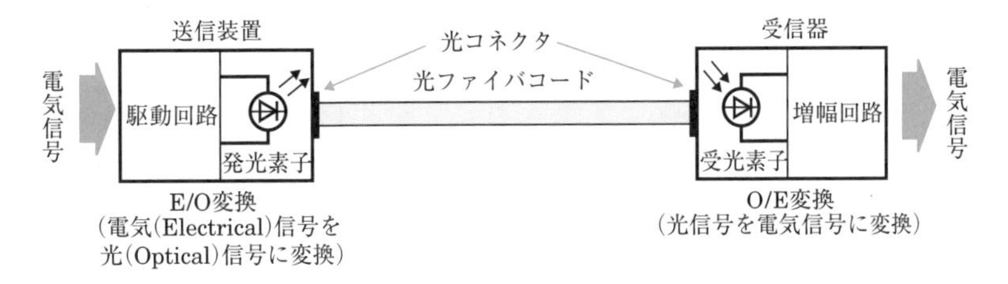

図5・18　光ファイバ伝送

●発光素子と受光素子

光源となる発光素子には、一般に、発光ダイオード(LED：Light Emitting Diode)や半導体レーザダイオード(LD：Laser Diode)が用いられている。発光ダイオードは、光の自然放出現象を利用したもので、短距離系の光伝送システムで多く使用されている。一方、半導体レーザダイオードは、光の誘導放出現象を利用したもので、発光ダイオードよりも応答速度が速く、発光スペクトル幅が狭いため、高速・広帯域の伝送に適している。

また、受光素子には、一般に、ホトダイオード(PD：Photo Diode)やアバランシホトダイオード(APD：Avalanche Photo Diode)が用いられている。ホトダイオードは、pn接合面に光が当たると光の吸収により電流が流れるという現象を利用したものである。一方、アバランシホトダイオードは、電子なだれ降伏現象による光電流の内部増倍作用を利用するもので、ホトダイオードに比べて受光感度は優れているが、雑音が多く発生するなどのデメリットもある。なお、電子なだれ降伏現象とは、高電界により電子が加速され連鎖反応的に電流が増加する現象のことをいう。

●強度変調

光ファイバ伝送では、一般に、安定した光の周波数や位相を得ることが難しいので、周波数変調や位相変調には向かない。このため、電気信号の強さに応じて光源の光の量を変化させる強度変調(振幅変調)が行われる。

強度変調には、直接変調方式と外部変調方式がある。直接変調方式は、発光ダイオードや半導体レーザダイオードなどに入力する電気信号の強弱によって光の強度を直接変調し、点滅させる。一方、外部変調方式は、電気光学効果(ポッケルス効果)や電界吸収効果などを利用する光変調器を用いて、外部から変調を加える。ここで、電気光学効果とは、物質に電圧を加え、その強度を変化させると、その物質における光の屈折率が変化する現象のことを指す。また、電界吸収効果とは、電界強度を変化させると、化合物半導体の光吸収係数の波長依存性が変化する現象のことをいう。

外部変調方式では、光を透過する媒体の屈折率や吸収係数などを変化させることにより、光の属性である強度、周波数、位相などを変化させている。

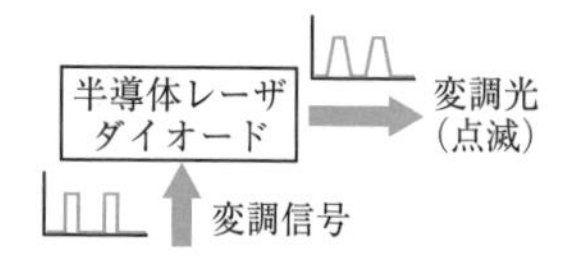

図5・19　直接変調方式

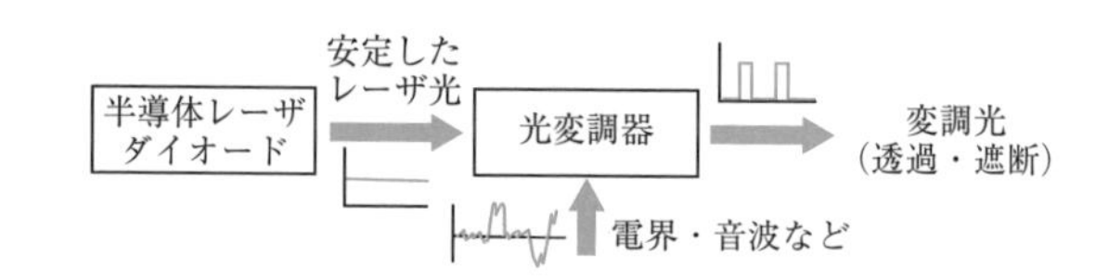

図5・20　外部変調方式

中継装置

中継装置は、光ファイバ伝送路で減衰した光信号を元の信号レベルにまで戻すための装置であり、光再生中継器や線形中継器などがある。

・光再生中継器

光再生中継器は、受信した信号パルスを、送信時と同じ波形に再生して伝送路に送出する装置であり、3R機能と呼ばれる機能を持つ。これは、減衰劣化したパルスを、パルスの有無が判定できる程度まで増幅する等化増幅(Reshaping)機能、パルスの有無を判定する時点を設定するタイミング抽出(Retiming)機能、等化増幅後の"0"、"1"を識別し、元の信号パルスを再生して伝送路に送出する識別再生(Regenerating)機能のことをいう。

光再生中継器において、タイミングパルスの間隔のふらつきや共振回路の同調周波数のずれが一定でないために、伝送するパルス列の遅延時間の揺らぎ、すなわちジッタが発生する場合がある。

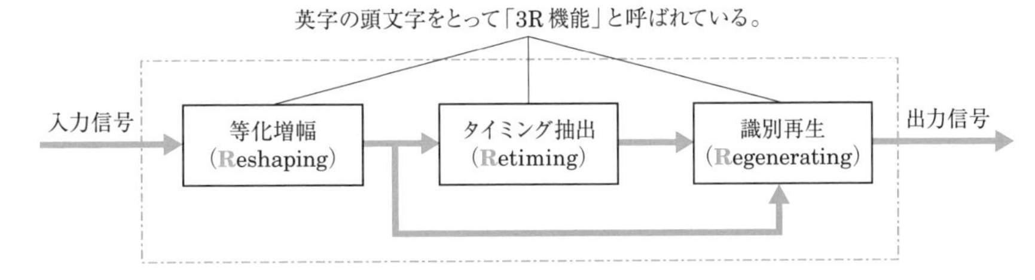

図5・21　光再生中継器

・線形中継器

線形中継器は、光再生中継器とは異なり、光信号を電気信号に変換することなく、光信号のまま直接増幅して中継を行う装置であり、増幅機能のみを持つ。

光損失、分散等

光損失

光ファイバの光損失とは、光ファイバを伝搬する光の強度がどれだけ減衰するかを示す尺度であり、光損失が小さければ、伝搬できる距離が長いことを意味する。光ファイバ固有の光損失には、次のものがある。

・レイリー散乱損失

光ファイバ中の屈折率の微少な変動(揺らぎ)によって、光が散乱するために生じる。これは材料固有の損失であるため、避けることができないとされている。

・マイクロベンディング損失(マイクロベンディングロス)

微少な曲がり(コア径よりも小さな曲がり)によって生じる損失である。光ファイバの側面に不均一な圧力が加わったときに発生する。

・**吸収損失**

光ファイバの材料が光を吸収し、その光エネルギーが熱に変換されることによって生じる。光ファイバ内の不純物によるものと、光ファイバの材料特有のものがある。

・**光ファイバの構造不均一による散乱損失**

コアとクラッドの境界面での構造不完全、微小な曲がり、微結晶などによって引き起こされる光損失である。これは光ファイバの製造技術にかかわる損失であり、伝搬する光の波長に依存しない。

●分散

光ファイバに入射された光パルスが伝搬されていくにつれて時間的に広がった波形になっていく現象を、**分散**という。この分散現象は、発生要因別に**モード分散**、**材料分散**、**構造分散**の3つに分けることができる。なお、材料分散と構造分散は、その大きさが光の波長に依存することから、**波長分散**とも呼ばれている。

表5・5　光ファイバにおける分散現象

種類		説明
モード分散		光の各伝搬モードの伝送経路が異なるため到達時間に差が出て、パルス幅が広がる。モード分散は、複数の伝搬モードが存在するマルチモード光ファイバのみに生じる現象であり、伝搬モードが1つしかないシングルモード光ファイバでは生じない。
波長分散	材料分散	光ファイバの材料の屈折率が光の波長により異なっているため、パルス波形に時間的な広がりが生じる。
	構造分散	光ファイバのコア(中心層)とクラッド(外層)の境界面で光が全反射を行う際に、光の一部がクラッドへ漏れてパルス幅が広がる。

●雑音

光ファイバ伝送における雑音には、光信号の増幅に伴い自然放出光の一部が増幅されて発生する**ASE**(Amplified Spontaneous Emission)**雑音**、入力光信号の時間的な揺らぎによって生じる**ショット雑音**などがある。

光アクセスネットワークの構成

●シングルスター(SS：Single Star)構成法

最も基本的な構成法であり、図5・22(a)のように、光ファイバを各ユーザが占有する。

●ダブルスター(DS：Double Star)構成法

光ファイバを複数のユーザが共用する構成法である。この構成法は、さらに**アクティブダブルスター**(**ADS**：Active Double Star)**方式**(図5・22(b))と、**パッ**

シブダブルスター（**PDS**：Passive Double Star）方式（図5・22（c））に大別される。

ADS方式は、複数のユーザ回線からの電気信号を、設備センタとユーザ宅との間に設置されるRT（Remote Terminal）という多重化装置で多重化するとともに光信号を電気信号に変換し、RTから設備センタまでの光ファイバなどの設備を共用する方式である。

一方、PDS方式は、RTの代わりに光スプリッタ（光スターカプラ）という光受動素子を用いる。PDS方式は、この光スプリッタを用いて、1本の光ファイバを数十本の光ファイバに分岐し、ポイント・ツー・マルチポイント（1対多）間で光信号を電気信号に変換することなく送受信する方式である。この方式は、一般に**PON**（Passive Optical Network）とも呼ばれており、現在、光アクセスネットワーク構成法の主流となっている。

光スプリッタは、光信号を電気信号に変換することなく、光信号の分岐・結合を行うデバイスである。
PDS（PON）では、設備センタとユーザ間に光スプリッタを設置して、光ファイバを複数のユーザで共用する。

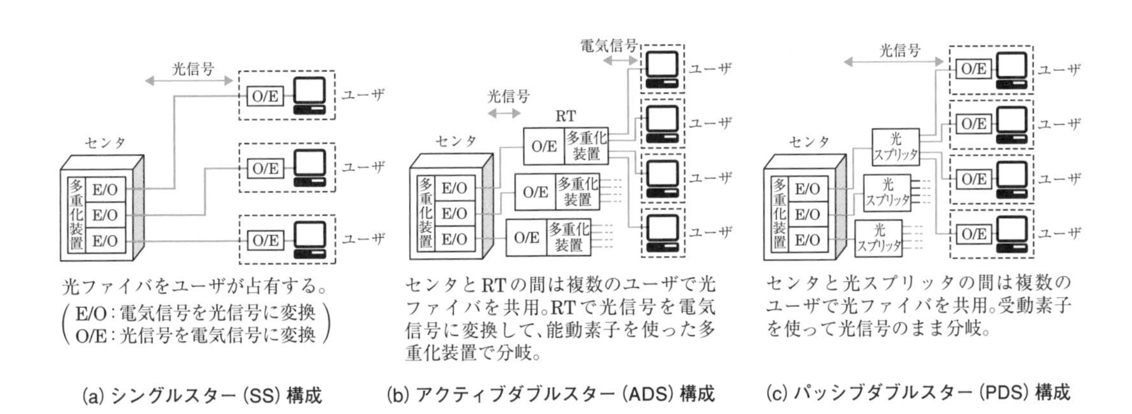

(a) シングルスター（SS）構成　(b) アクティブダブルスター（ADS）構成　(c) パッシブダブルスター（PDS）構成

図5・22　光アクセスネットワークの構成

光アクセスネットワークにおける双方向多重伝送方式

光アクセスネットワークでは、双方向多重伝送方式として、時間軸圧縮多重（**TCM**：Time Compression Multiplexing）方式、波長分割多重（**WDM**：Wavelength Division Multiplexing）方式、空間分割多重（**SDM**：Space Division Multiplexing）方式などが用いられている。

●TCM方式

上り信号と下り信号を、時間を分けて交互に伝送することにより、光ファイバ心線1心で双方向多重伝送を行えるようにした方式である。

●WDM方式

上り、下り方向それぞれに対して個別の光波長を割り当てることにより、光ファイバ心線1心で双方向多重伝送を行えるようにした方式である。

送信側は、波長が異なる複数の光信号を光学処理によって多重化し、1つの光ビームに合成して1心の光ファイバ心線上に送出する。受信側では、波長の違いを利用して、光学処理により、元の複数の光信号に分離する。

●SDM方式

上り、下り方向それぞれに対して個別に光ファイバを割り当てて双方向多重伝送を行う、最も単純な方式である。

練習問題

【1】光ファイバ通信で用いられる光変調方式の一つに、LEDやLDなどの光源の駆動電流を変化させることにより、電気信号から光信号への変換を行う （ア） 変調方式がある。
[①間　接　②直　接　③角　度]

【2】光ファイバ内における光の伝搬速度がモードや波長により異なり、受信端での信号の到達時間に差が生ずる現象は、 （イ） といわれ、デジタル伝送においてパルス幅が広がる要因となっている。
[①散　乱　②群速度　③分　散]

【3】光アクセスネットワークの形態の一つで、設備センタとユーザとの間に光スプリッタを設け、設備センタと光スプリッタ間の光ファイバ心線を複数のユーザで共用するネットワーク構成はPDSといわれ、この構成を適用したものは （ウ） システムといわれる。
[①PON　②SS　③VPN]

答（ア）②（イ）③（ウ）①

実戦演習問題 5-1

次の各文章の ＿＿ 内に、それぞれの[　]の解答群の中から最も適したものを選び、その番号を記せ。

1 デジタル信号の変調において、デジタルパルス信号の1と0に対応して正弦搬送波の周波数を変化させる方式は、一般に、 (ア) といわれる。

[① ASK　② FSK　③ PSK]

2 標本化定理によると、サンプリング周波数を、アナログ信号に含まれている (イ) の2倍以上にすると、元のアナログ信号の波形が復元できるとされている。

[① 最高周波数　② 平均周波数　③ 最低周波数]

3 ユーザごとに割り当てられたタイムスロットを使用し、同一の伝送路を複数のユーザが時分割して利用する多元接続方式は、 (ウ) といわれる。

[① CDMA　② TDMA　③ FDMA]

4 伝送するパルス列の遅延時間の揺らぎは、 (エ) といわれ、光中継システムなどに用いられる再生中継器においては、タイミングパルスの間隔のふらつきや共振回路の同調周波数のずれが一定でないことなどに起因している。

[① ジッタ　② 相互変調　③ 干　渉]

5 光アクセスネットワークなどに使用されている光スプリッタは、光信号を電気信号に変換することなく、光信号の (オ) を行うデバイスである。

[① 分岐・結合　② 変調・復調　③ 発光・受光]

実戦演習問題 5-2

次の各文章の［　　］内に、それぞれの[　　]の解答群の中から最も適したものを選び、その番号を記せ。

1 振幅変調によって生じた上側波帯と下側波帯のいずれかを用いて信号を伝送する方法は、［（ア）］伝送といわれる。

[① DSB　② SSB　③ VSB]

2 4キロヘルツ帯域幅の音声信号を8キロヘルツで標本化し、［（イ）］キロビット／秒で伝送するためには、1標本当たり、7ビットで符号化する必要がある。

[① 32　② 56　③ 64]

3 伝送媒体に光ファイバを用いて双方向通信を行う方式として、［（ウ）］技術を利用して、上り方向の信号と下り方向の信号にそれぞれ別の光波長を割り当てることにより、1心の光ファイバで上り方向の信号と下り方向の信号を同時に送受信可能とする方式がある。

[① PAM　② PWM　③ WDM]

4 デジタル回線の伝送品質を評価する尺度の一つである%*SES*は、1秒ごとに平均符号誤り率を測定し、平均符号誤り率が［（エ）］を超える符号誤りの発生した秒の延べ時間(秒)が、稼働時間に占める割合を示したものである。

[① 1×10^{-3}　② 1×10^{-4}　③ 1×10^{-6}]

5 光ファイバ通信における光変調に用いられる外部変調方式では、光を透過する媒体の屈折率や吸収係数などを変化させることにより、光の属性である強度、周波数、［（オ）］などを変化させている。

[① 位　相　② 反射率　③ スピンの方向]

第Ⅱ編

端末設備の接続のための技術及び理論

第1章
端末設備の技術

1. ADSLモデム、ADSLスプリッタ

ここでは、**ADSL**(Asymmetric Digital Subscriber Line)サービスで用いられる**ADSLスプリッタ**および**ADSLモデム**の機能などについて説明する。

ADSLの概要

ADSLは、電話用に敷設されたメタリック伝送路を加入者線(アクセス回線)に用いて高速デジタル伝送を実現する技術である。伝送速度が上り方向(ユーザ側から電気通信事業者側への通信)と下り方向(電気通信事業者側からユーザ側への通信)で異なっており、下り方向のほうが速い。

ADSL信号の使用周波数帯域は、電話の音声信号の使用周波数帯域とは異なっている。そのため、加入者線を電話と共用し、ADSLサービスと電話サービスを同時に利用することができるようになっている。

ADSLの機器構成例を図1・1に示す。電話共用型のADSLサービスの場合、一般に、ユーザ宅に**ADSLモデム**と**ADSLスプリッタ**を設置する。また、電気通信事業者の収容局には、デジタル加入者回線アクセス多重化装置すなわち**DSLAM**(Digital Subscriber Line Access Multiplexer)と、ADSLスプリッタを設置する。

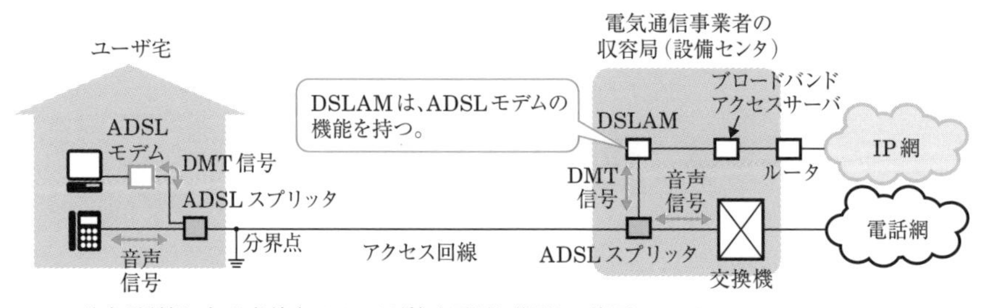

図1・1　ADSLの機器構成例

ADSLモデム

●ADSLモデムの機能

ADSLモデムは、ADSL信号とPC(パーソナルコンピュータ)やLANなどで使用するベースバンド信号とを相互に変換するための装置である。ADSLサービスのユーザ宅に設置され、ベースバンド信号を、高周波数帯を使用するADSL信号に変換(**変調**)したり、その逆にADSL信号をベースバンド信号に変換(**復調**)する。

ADSLモデムは、ADSL信号とベースバンド信号とを相互に変換(変調・復調)する。

●ADSLモデムの表示ランプ等

一般的なADSLモデムには、図1・2(a)および表1・1に示すように、**ADSLランプ**、**TESTランプ**、**LANランプ**、**DATAランプ**、**PWRランプ**といった表示ランプが用意されている。これらの表示ランプによって、ADSLモデムの動作状態などを確認することができる。

たとえば、PCと接続された状態にあるADSLモデムの接続・設定が正常に完了すると、ADSLランプ、LANランプ、およびPWRランプは点灯し、TESTランプは消灯する。また、DATAランプは、データを送受信しているときは点灯、送受信していないときは消灯する。

ADSLモデムの背面には、図1・2(b)に示すように一般に、LANケーブルに接続するための**LANポート**や、設定内容を初期化して工場出荷時の状態に戻すための**INITスイッチ**などが付いている。なお、「INIT」は、INITIALIZE(初期化)の略称である。

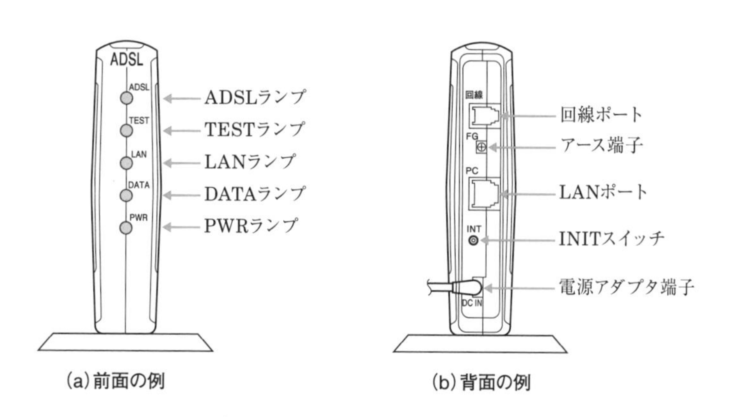

図1・2 ADSLモデム(モデム機能のみの装置)

表1・1 ADSLモデムの表示ランプ

ランプの名称	点灯時	消灯時
ADSLランプ	ADSL回線のリンクが確立しています。	ADSL回線のリンクが確立していません。
TESTランプ	自己診断テスト(セルフテスト)を実施中です。	通常動作中です。
LANランプ	LANポートのリンクが確立しています。	LANポートのリンクが確立していません。
DATAランプ	LANポートでデータの送受信をしています。	LANポートでデータの送受信をしていません。
PWRランプ	電源が投入されています。	電源が切れています。

ADSLスプリッタ

●ADSLスプリッタの機能

ADSLサービスには、1つの物理回線上でADSL信号とアナログ電話の音声信号を伝送する「電話共用型ADSLサービス」と、ADSL信号のみを伝送する「専用型ADSLサービス」がある。

ADSLスプリッタは、電話共用型ADSLサービスにおいてADSL信号とアナログ電話の音声信号を**分離・合成**する装置である。専用型ADSLサービスでは、物理回線に流れるのはADSL信号のみであるため、ADSLスプリッタの設置は不要である。

ADSLスプリッタは、同一回線を流れるADSL信号とアナログ電話の音声信号を分離・合成する。

ADSLスプリッタの接続形態例を図1・3に示す。PC(パーソナルコンピュータ)などのデータ端末から送出されたベースバンド信号は、ADSLモデムによりADSL信号に変調される。そして、ADSLスプリッタでアナログ電話の音声信号と合成されて加入者線に送出される。受信はこれとは逆に、ADSL信号はADSLスプリッタで音声信号から分離され、ADSLモデムによりベースバンド信号に復調される。

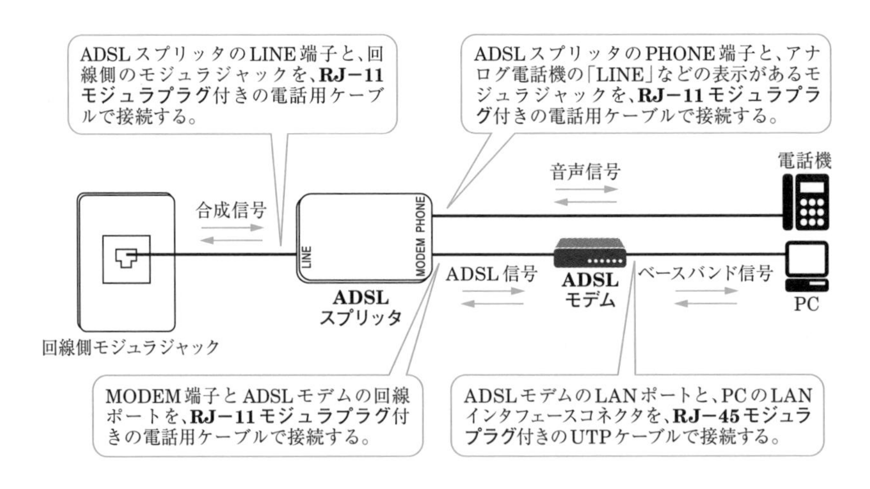

図1・3　ADSLスプリッタの接続構成例

ADSLスプリッタと回線側のモジュラジャックなどを接続する電話用ケーブルの両端には、RJ－11モジュラプラグという6ピンのコネクタが取り付けられている。また、ADSLモデムのLANポートとPC(パーソナルコンピュータ)を接続するUTP(Unshielded Twisted Pair：非シールド撚り対線)ケーブルの両端には、RJ－45モジュラプラグという8ピンのコネクタが取り付けられる。

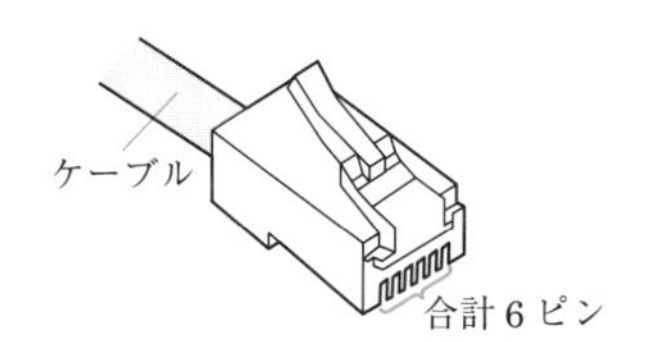

図1・4　RJ－11モジュラプラグ

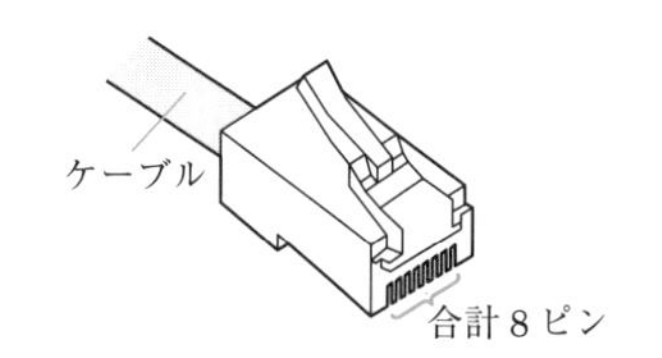

図1・5　RJ－45モジュラプラグ

●ADSLスプリッタの構造

ADSLスプリッタは、低い周波数(音声)を通すローパスフィルタや、直撃雷、誘導雷などによって発生して加入者線に侵入した雷サージ(＊1)から接続回路を守るための雷サージ防護回路などで構成されている。そして、これらの回路にはコンデンサやコイル、抵抗などの受動回路素子(＊2)が用いられている。このためユーザ側の商用電源が停電した場合でも、電気通信事業者側からの給電により動作する固定電話機は利用することができる。

(＊1)雷サージとは、直撃雷、誘導雷の侵入により、瞬間的に定常状態を超えて発生する過電圧・過電流のことである。

(＊2)受動回路素子とは、電力の消費・蓄積・放出を行い、電力の増幅などの能動動作は行わない回路素子のことをいう。これに対し、増幅や整流などを行う回路素子を能動回路素子という。

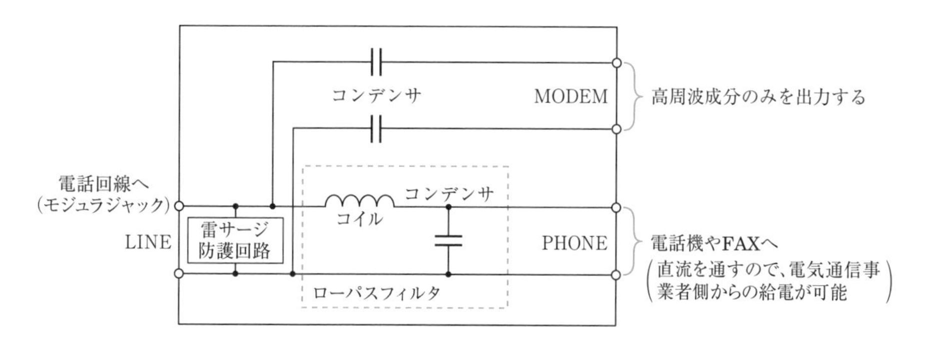

図1・6　ADSLスプリッタの構造

2. IP電話システムにおける各種端末

IP電話は、音声信号を「パケット」と呼ばれる小さなデータに分割し、IPネットワーク上で送受信して音声通話を実現する。通常、音声信号は電話網、データ信号はデータ網というように異なるネットワークが用いられるが、IP電話では、音声信号をパケット形式に変換することにより、1つのネットワーク(IPネットワーク)で通信を行うことができる。

IP電話機

IP電話システムに対応した電話機を**IP電話機**という。IP電話で通話を開始する際には、IP－PBXなどのサーバを介して呼の確立が行われるが、その後の音声パケットのやりとりは、相手端末と直接(エンド・ツー・エンドで)行う。したがって、IP電話機はアナログ／デジタル変換、符号化／復号(CODEC)、IPパケット化などの基本機能に加え、エコーキャンセラや揺(ゆ)らぎ吸収バッファといった音声品質を確保する機能も実装している。

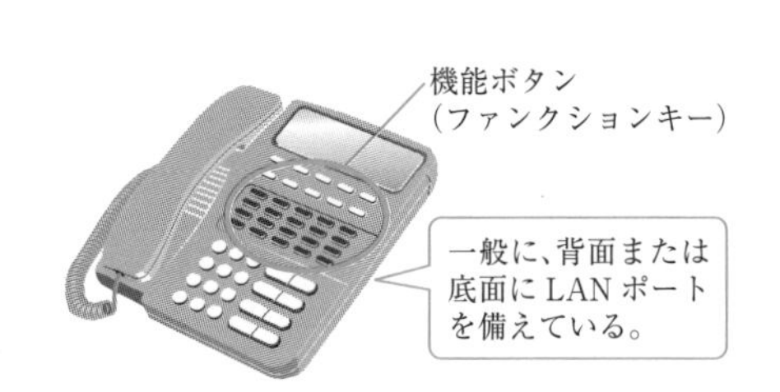

図1・7　有線IP電話機の外観例

IP電話サービスの電話番号体系には、従来の固定電話と同様に0(ゼロ)で始まる10桁の数字で構成される0AB～J番号のものと、**050**で始まるものがある。電話番号が050で始まるIP電話サービスは通話料金が安いなどのメリットがあるが、緊急通報番号(110、119、118)へダイヤルしても警察、消防、海上保安機関に接続できないといったデメリットもある。

VoIPゲートウェイ

既存のアナログ電話機をIP電話で利用するためには、送信側で音声信号をIPパケットに変換し、受信側ではIPパケットを音声信号に変換する必要があるが、この処理を行うのが**VoIPゲートウェイ**である。

通話するうえでは音声品質が重要であるが、VoIPゲートウェイには、一定の音声品質を確保するための機能が実装されている。その1つに**揺らぎ吸収機能**がある。音声パケットは、ネットワーク通過中に遅延すると、受信側装置に一定間隔では到着しなくなる。この現象を、**揺らぎ**または**ジッタ**という。この連続性が損(そこ)

なわれた音声パケットをそのまま再生すると、途切れや詰まりが発生してスムーズな会話が行われない。このため、受信側のVoIPゲートウェイでは、受信したパケットをいったんバッファ(一時的な保存場所)に格納した後、パケットの間隔をそろえてから復号処理を行う。これにより連続した自然な聞き心地のよい音声を確保できる。この機能が揺らぎ吸収機能であり、パケットを格納するバッファを揺らぎ吸収バッファまたはジッタバッファという。

VoIPアダプタ

VoIPアダプタは、VoIPゲートウェイ装置の一種であり、ブロードバンドルータなどにIP電話機能を付加するために用いられる。これにより、IP電話機能内蔵のブロードバンドルータがなくても、既設のブロードバンドルータを使用してIP電話を導入することができる。

図1・8に示すように、VoIPアダプタには一般に、WANポートやLANポート、電話機(TEL)ポート、電話回線(LINE)ポートなどの接続ポートが付いている。たとえばLANポートには、LANケーブルを用いてPCやIP電話機などを接続する。

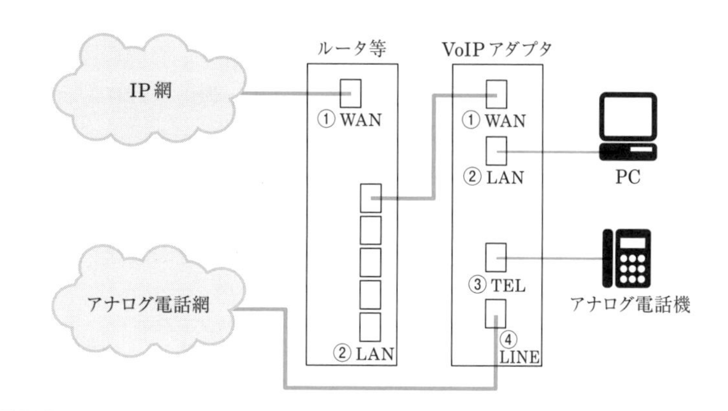

① WANポート
IPネットワークなどのWAN(広域通信網)に接続するためのポート。このポートには、LANケーブルを用いてADSLモデムやブロードバンドルータを接続する。

② LANポート
LANに接続するためのポート。このポートには、LANケーブルを用いてPCやIP電話機などを接続する。

③ 電話機(TEL)ポート
電話用配線コードを用いて、従来のアナログ電話回線で使用されていたアナログ通信機器(G3ファクシミリなど)を接続する。

④ 電話回線(LINE)ポート
電話用配線コードを用いて、従来のアナログ電話回線に接続されたモジュラジャックに接続する。なお、電話共用型のADSLサービスを利用している場合は、ADSLスプリッタのPHONE(またはTEL)ポートに接続する。

図1・8　VoIPアダプタの接続

3. LANの概要

LAN(Local Area Network)とは、オフィスや工場などの構内の限られた場所でデータ通信を行う構内通信網のことをいう。限られた場所での通信であるため、高速の通信網を容易に構築することができる。

LANの基本構成

LANの基本構成(LANトポロジ)には、代表的なものとしてスター型、バス型、およびリング型の3種類がある。この基本構成は論理的な形態(論理トポロジ)であり、物理的な接続形態(物理トポロジ)ではスター型の配線で構築されることが多い。

●スター型LAN

ネットワーク中央の制御装置(集線装置)に、ネットワークを構成する各通信機器(端末装置)を個別に接続した構成である。各機器から出力されるデータはすべて、制御装置によりいったん受信され、制御装置はデータの宛先を調べて該当する機器にそのデータを送出する。

●バス型LAN

バスと呼ばれる1本の伝送路に、ネットワークを構成する各通信機器を接続した構成である。各機器から出力されるデータは、バスに接続された他のすべての機器で受信されるが、各機器では受信したデータの宛先を調べて、自分宛のデータのみ処理する。ネットワーク上に送出された信号は、伝送路の両終端にあるターミネータ(終端装置)に到達し、吸収され消滅する。

この構成では、ネットワークの制御機能の大半を分散させるため、各機器から出される送信要求がバス上で衝突を引き起こすことになる。この問題を解決するため、衝突の回避や衝突した場合の再送処理を行うための仕組みが必要となる(135頁参照)。

●リング型LAN

ネットワークを構成する各通信機器を順次接続し、リング状にした構成である。各機器から出力されるデータは、ケーブル上を一方向にのみ伝送される。各機器では受信したデータの宛先を調べて自分宛のデータを処理し、他のデータは次の機器に転送する。このリング型LAN構成では、ある機器の故障がネットワーク全体に影響を及ぼす危険性が高いため、故障対策が重要となる。

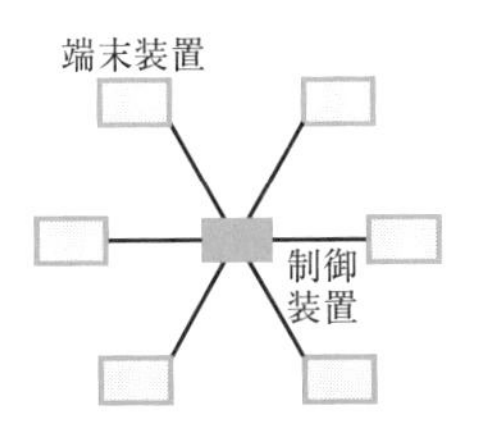

制御装置から各端末装置を放射状に接続
・大規模LANに対応可
・異常箇所の検出が容易
・障害の波及度が小
・集中制御が可能

(a) スター型LAN

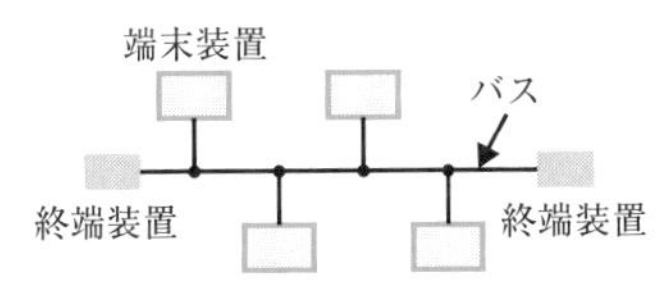

バス(伝送路)に、各端末装置を枝のように接続
・小規模LAN向き
・配線コストが安価
・装置の増設や撤去が容易
・異常箇所の検出が容易
・障害の波及度が大

(b) バス型LAN

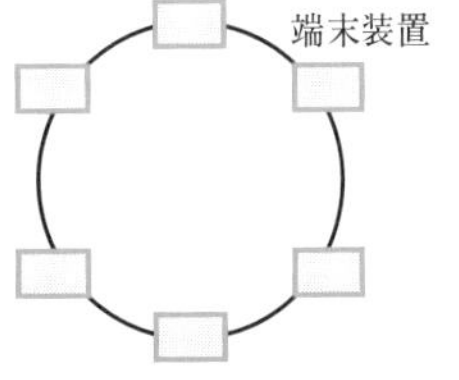

各端末装置を環状に接続
・大規模LANにも対応可
・異常箇所の検出が困難
・障害の波及度が大

(c) リング型LAN

図1・9　LANのトポロジ

LANの種類と特徴

多くの企業では、事業所や拠点内の通信を行うネットワークとしてLANが構築されている。現在主流となっているLANの種類には、**イーサネット(Ethernet)LAN**と**無線LAN**がある。

●イーサネットLAN

イーサネットLANは、現在の企業ネットワークにおいて、最も多く採用されているLANの形態である。イーサネットの物理的な接続形態には、1本のケーブルを複数のノード(PCやサーバなど)で共有するバス型と、制御装置を介してノードを接続するスター型がある。イーサネットLANが登場した初期の頃は、同軸ケーブルを使用したバス型が主流であったが、現在では、UTP(Unshielded Twisted Pair)ケーブルを使用した**スター型**が一般的である。

イーサネットの伝送速度としては10Mbit/s、100Mbit/s、1Gbit/s、および10Gbit/sといった多様なものが提供されている。

●無線LAN

無線LANは、ケーブルの代わりに**電波**を使用してデータの送受信を行う方式のLANであり、その最大伝送速度は、54Mbit/sや600Mbit/sなど、使用している規格により異なっている。

無線LANの通信形態には、無線LANアクセスポイントを介して通信する**インフラストラクチャモード**と、無線LANアクセスポイントを介さずに各ノードが直接通信する**アドホックモード**がある。アドホックモードを利用するには、通信を行うノードどうしで同一の識別子(**SSID**：Service Set Identifier)を設定しておく必要がある。

無線LANは、**無線LANアダプタ**や**無線LANアクセスポイント**などで構成される。無線LANアダプタは、PCなどのノードに、無線LANへの接続機能を追加するための機器である。以前はPCにカード形の無線LANアダプタを挿入する方式が主流であったが、現在では、無線LANアダプタ機能が内蔵されているPCが増えてきている。また、無線LANアクセスポイントは、無線によりノード間の通信を中継する機器である。家庭用としては、図1・10に示すように、無線LANアクセスポイントを内蔵したブロードバンドルータが普及している。

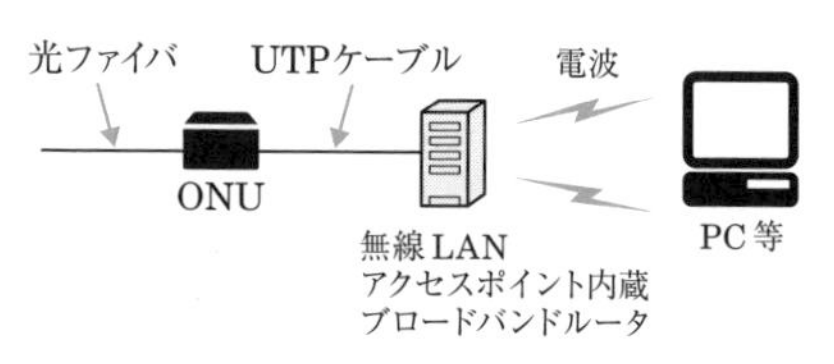

図1・10　家庭における無線LANの例

LANの規格

●有線LANの規格

LANの規格にはさまざまなものがあるが、IEEE（Institute of Electrical and Electronic Engineers：電気電子学会）の802委員会が審議・作成しているものが標準的である。この規格は、OSI参照モデル（158頁参照）のデータリンク層を2つの副層（サブレイヤ）に分けて標準化している。

下位の副層はMAC（Media Access Control：媒体アクセス制御）副層と呼ばれ、物理媒体へのアクセス方式の制御について規定している。また、上位の副層は、LLC（Logical Link Control：論理リンク制御）副層と呼ばれ、物理媒体に依存せず、各種の媒体アクセス方式に対して共通で使用するものとなっている。

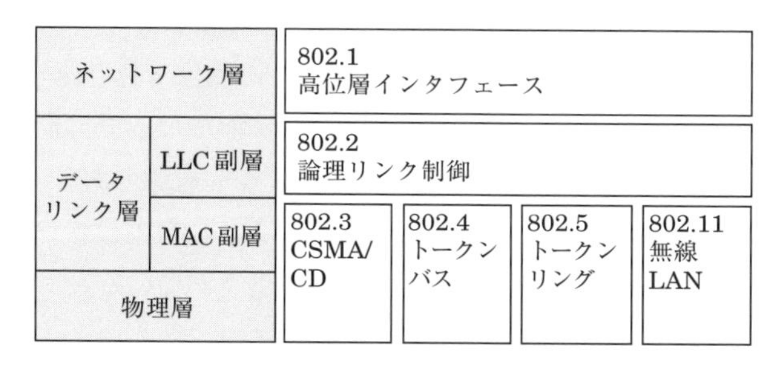

図1・11　LANの規格（抜粋）

●無線LANの規格

無線LANの規格には、表1・2に示すようにIEEE802.11a、b、g、n、acなどがある。いずれも有線LANと同様にIEEEの802委員会が定めたものである。

表1・2　無線LANの主な規格

	802.11a	802.11b	802.11g	802.11n	802.11ac	802.11ax
使用周波数帯域	5GHz	2.4GHz	2.4GHz	2.4GHz、5GHz	5GHz	2.4GHz、5GHz
最大伝送速度	54Mbit/s	11Mbit/s	54Mbit/s	600Mbit/s	6.93Gbit/s	9.6Gbit/s

IEEE802.11bやIEEE802.11gなどが使用する**2.4GHz帯**は、産業、科学、医療用の機器に利用されている免許不要の周波数帯域であり、一般に、**ISM**(Industrial, Scientific and Medical)**バンド**と呼ばれている。

ISMバンドは、コードレス電話や医療機器、電子レンジなど、さまざまな用途で利用されるので、他の機器との混信や干渉が発生しやすく、スループット(処理能力)が低下する場合がある。そこで、ISMバンドを使用する無線LANには、**スペクトル拡散変調方式**を用いてこれらの影響を最小限に抑えているものがある。

なお、**5GHz帯**を使用する無線LANでは、ISMバンドとの干渉問題はなく、近くで電子レンジなどを使用しているときでも安定したスループットが得られる。

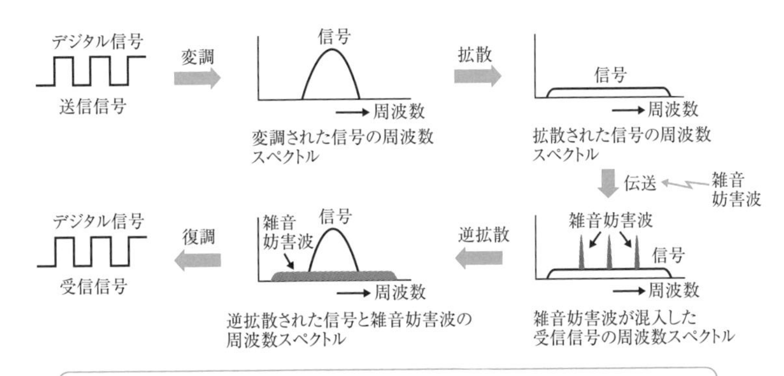

スペクトル拡散変調方式は、送信側で変調された信号の周波数スペクトルを、広い周波数帯域に拡散して伝送する。
伝送中、特定の周波数に妨害波が混入しても、混入した受信信号の周波数スペクトルを逆拡散し、その信号のスペクトルを元に戻す過程で妨害波のエネルギーを拡散する。

図1・12 スペクトル拡散変調方式

2.4GHz帯(ISMバンド)を使用する無線LANでは、干渉等によりスループットが低下することがある。

練習問題

【1】IEEE802.11nとして標準化された無線LANは、IEEE802.11a/b/gとの後方互換性を確保しており、(ア)の周波数帯を用いた方式が定められている。
[① 2.4GHz帯のみ ② 2.4GHz帯及び5GHz帯 ③ 5GHz帯のみ]

答 (ア) ②

4. LANの伝送媒体

有線LANの伝送媒体は、サーバやPCなどのノードと、LANスイッチなどの通信機器の間を接続するものであり、同軸ケーブルやツイストペアケーブル、光ファイバが代表例として挙げられる。これに対し無線LANでは、伝送媒体として電波を使用する。本節では、有線LANの伝送媒体について説明する。

LANで用いられる各種ケーブル

●同軸ケーブル

同軸ケーブルは、伝送を行うための導体が中心にあり、周囲を絶縁体で囲み、さらにその周囲を筒状の導体で覆ったものである。10BASE2や10BASE5のイーサネットにおけるバス配線に使用される。10BASE2では太さ5mmの細いケーブルが使用され、10BASE5では10mmの太いケーブルが使用されている。

現在では、UTPケーブルを使用したスター配線のイーサネットが多いため、同軸ケーブルが使用されることはほとんどなくなってきている。

●ツイストペアケーブル

ツイストペアケーブルは、2本1組の銅線をらせん状に撚(よ)り合わせたもの(撚り対線)が4組束ねられてできている。銅線を撚り合わせることにより、漏話(ろうわ)や雑音(ノイズ)の発生を抑えることができる。

ツイストペアケーブルには、ノイズを遮断(しゃだん)するためのシールド(遮(しゃ)へい)加工が施されているSTP(Shielded Twisted Pair：シールド付き撚り対線(シールド付きツイストペア))ケーブルと、シールド加工が施されていないUTP(Unshielded Twisted Pair：非シールド撚り対線(非シールドツイストペア))ケーブルがある。UTPケーブルは、ノイズの多い場所には適していないが、企業における通常のオフィス環境では使用に関して全く問題がなく、柔軟性が高くて敷設しやすいことから、現在最も一般的に使用されている。

UTPケーブルは、伝送性能別にカテゴリ1からカテゴリ7Aまでに分けられている。カテゴリ1は一般電話用、カテゴリ2は低速データ通信用である。また、カテゴリ3は最大周波数16MHz、カテゴリ4は最大周波数20MHz、カテゴリ5および5eは最大周波数100MHzである。さらに、カテゴリ6、6A、7、7Aはそれぞれ最大周波数250MHz、500MHz、600MHz、1,000MHzとなっている。なお、カテゴリ5eの「e」は、エンハンスト(enhanced：拡張された)という意味である。また、カテゴリ6Aおよび7Aの「A」は、オーグメンテッド(Augmented：増補版の)という意味である。

●光ファイバ

光ファイバは、レーザ光を通すガラスや樹脂の細い繊維でできており、大容量伝送が可能で伝送損失も極めて小さい。また、外部からの誘導の影響を受けにくく、漏話も実用上無視できる。光ファイバは、このような優れた特徴を持つ反面、引っ張りや曲げなどの外圧に弱いので敷設の際には注意を要する。

光ファイバには、光が通るコア(中心部)が細い**シングルモード光ファイバ**(**SMF**：Single Mode Fiber)と、コア部分が太い**マルチモード光ファイバ**(**MMF**：Multi Mode Fiber)の2種類がある。

シングルモード光ファイバでは、光信号は1つのモード(経路)のみ伝搬される。一方、マルチモード光ファイバでは、光信号は複数のモードに分かれて伝搬されるので、**モード分散**(伝搬時間に差異が生じてパルス幅が広がる現象)が発生する。

同軸ケーブル、ツイストペアケーブル、および光ファイバの外観を図1・13に示す。

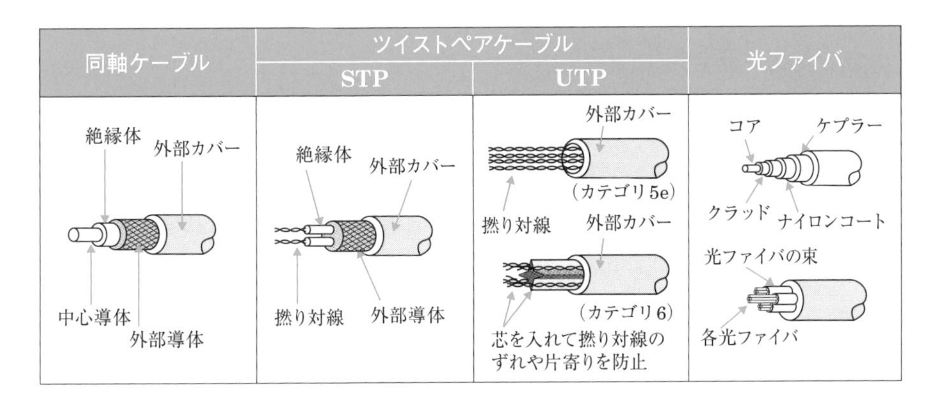

図1・13 LANケーブルの外観

練習問題

【1】 (ア) モード光ファイバは、光信号を1つのモード(経路)で伝送する。これに対し、(イ) モード光ファイバは、光信号を複数のモードで伝送する。

[① シングル ② マルチ ③ ツイスト]

答 (ア) ① (イ) ②

5. イーサネットLAN

イーサネット(Ethernet) LANの基本構成として、1本のケーブルを複数のノード(PCやサーバなど)で共有するバス型と、中心となる制御装置(集線装置)に各ノードを接続するスター型がある。現在では、スター型のイーサネットLANが一般的である。

イーサネットLANの概要

イーサネットLANは、1979年にXEROX社、Intel社、DEC社の3社が共同してイーサネット仕様を開発したのがはじまりである。その後、IEEE802委員会において、802.3ワーキンググループが仕様を策定し、IEEE802.3規格として標準化された。

当初、イーサネットLANの最大伝送速度は10Mbit/sであった。その後1990年代に入り、より高速なイーサネットLANとして、最大伝送速度が100Mbit/sのファストイーサネット(FE：Fast Ethernet)が開発された。さらに、1Gbit/sのギガビットイーサネット(GbE：Gigabit Ethernet)、10Gbit/sの10ギガビットイーサネット、100Gbit/sの100ギガビットイーサネットなどが登場している。

イーサネットLANでは、データを符号化したデジタル信号を変調せずにそのまま送受信する。このようなデータ伝送方式をベースバンド方式と呼ぶ。イーサネットの種類を表す'xxBASEy'規格におけるBASEはベースバンド(Baseband)方式を意味している。また、BASEの前に付いている数字は伝送速度を表し、BASEの後に付いている英字はケーブルの種類等(数字の場合はケーブルの最大長等)を表す。たとえば1000BASE－Tは、伝送速度が1,000Mbit/s (1Gbit/s)、ケーブルの種類がツイストペアケーブルのイーサネットLANである。

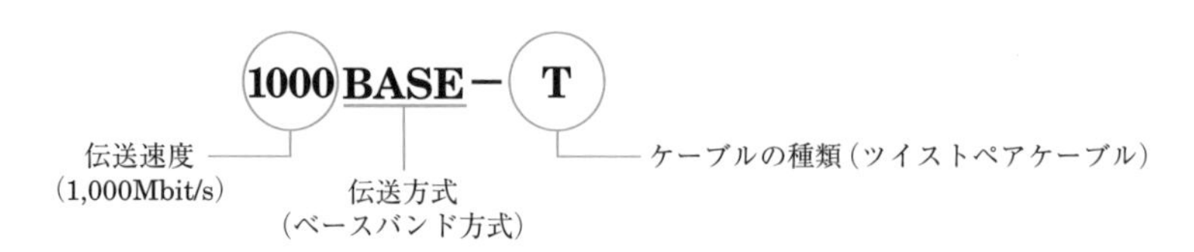

図1・14　イーサネットLANの表記例

イーサネットLANの種類

●イーサネット

イーサネットは**10Mbit/s**の伝送速度を提供するLAN規格であり、使用する伝送媒体により次のような種類がある。

・10BASE2と10BASE5

10BASE2と10BASE5の接続形態は、両端に終端装置(ターミネータ)といわれる抵抗器を取り付けた1本の**同軸ケーブル**に、複数の端末を接続する**バス型**である。伝送ケーブルの最大長は、10BASE2では185mである。また、10BASE2に比べて太い同軸ケーブルが使用される10BASE5では500mとなる。

なお、近年は、より高速な種類のLANに移行されることが多いため、これらのLAN構成は、あまり見かけなくなっている。

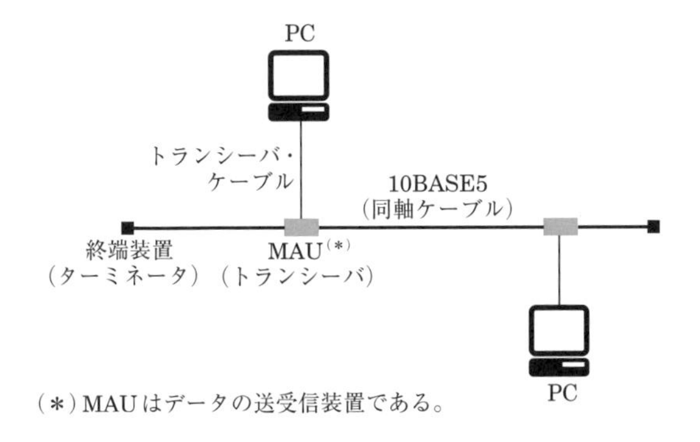

図1・15　10BASE5の接続形態

・10BASE－T

10BASE－Tは、撚(よ)り対線のLANケーブル(ツイストペアケーブル)を使用する。10BASE－Tでは、ケーブルを集線する機器(ハブ)を設置し、これに**カテゴリ3以上のUTPケーブル**を用いて端末を**スター型**に接続する。このとき、端末のLANカードからハブまでの最大ケーブル長は**100m**とされている。また、UTPケーブルの両端に取り付けられるコネクタには、一般に、**RJ－45**と呼ばれる**8ピン(8極8心)**の**モジュラプラグ**が用いられる。

10BASE－Tでは、10BASE2や10BASE5と異なり、個別の端末をネットワークに接続したり切り離したりしてもネットワーク全体が通信不可能になることはない。

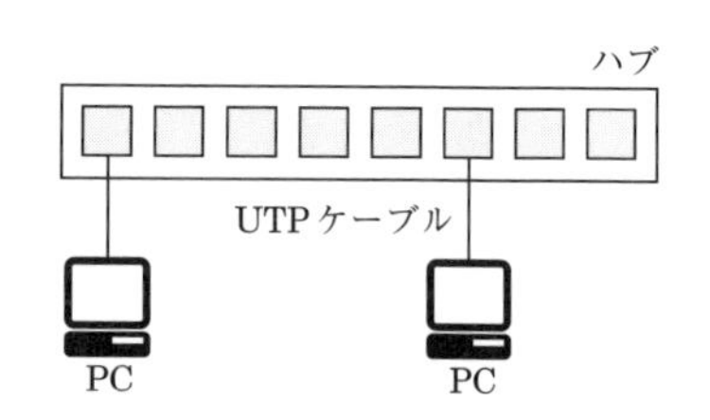

図1・16　10BASE－Tの接続形態

・10BASE－FL

10BASE－FLは、マルチモード光ファイバ(MMF)を使用してLANを構成する。具体的には、中心に光ファイバ対応のハブを設置し、スター型に接続する形態をとる。LAN配線に光ファイバを使用するため、配線の最大長は2kmと長くとれる。

表1・3　イーサネットの種類

伝送路規格		伝送速度	使用する伝送媒体	線路インピーダンス	最大延長距離	物理トポロジ
10BASE2	**802.3**	10Mbit/s	5mm径の同軸ケーブル	50Ω	185m	バス型
10BASE5	**802.3**	10Mbit/s	10mm径の同軸ケーブル(二重シールド)	50Ω	500m	バス型
10BASE－T	**802.3i**	10Mbit/s	カテゴリ3以上のUTPケーブル等	100Ω	100m	スター型
10BASE－FL	**802.3j**	10Mbit/s	マルチモード光ファイバ(MMF)	－	2km	スター型

●ファストイーサネット

ファストイーサネットは**100Mbit/s**の伝送速度を提供するLAN規格であり、1995年にIEEE802.3uとして標準化された。中心にハブなどの集線装置を設置するスター型の接続形態をとる。

ファストイーサネットは、使用する伝送媒体により次のような種類がある。

・100BASE－T4

100BASE－T4では一般に、カテゴリ3以上のUTPケーブルが使用され、その最大長は100mである。

・100BASE－TX

100BASE－TXでは一般に、カテゴリ5e以上のUTPケーブルが使用され、100BASE－T4と同様、その最大長は**100m**である。

- **100BASE－TXでは、一般に、カテゴリ5e以上のUTPケーブルが用いられる。**
- **UTPケーブルの両端には、RJ－45と呼ばれる8ピンのモジュラプラグが取り付けられる。**

・100BASE－FX

100BASE－FXでは光ファイバが使用される。マルチモード光ファイバの場合、その最大長は伝送モードにより異なり、半二重伝送では400m、全二重伝送では2kmである。また、シングルモード光ファイバの場合、その最大長は20kmである。

表1・4　ファストイーサネットの種類

伝送路規格		伝送速度	使用する伝送媒体	線路インピーダンス	最大延長距離	物理トポロジ
100BASE－T4	**802.3u**	100Mbit/s	カテゴリ3以上のUTPケーブル等	100Ω	100m	スター型
100BASE－TX	**802.3u**	100Mbit/s	カテゴリ5e以上のUTPケーブル等	100Ω	100m	スター型
100BASE－FX	**802.3u**	100Mbit/s	マルチモード光ファイバ(MMF)	−	400m(半二重) 2km(全二重)	スター型
			シングルモード光ファイバ(SMF)	−	20km	スター型

●ギガビットイーサネット

近年の著しいトラヒックの増加に対応するため、ファストイーサネットよりもさらに広帯域の高速なネットワークが必要とされるようになった。このような状況の下、伝送速度が**1Gbit/s(1,000Mbit/s)**のギガビットイーサネットが登場し、1998年にIEEE802.3zおよびIEEE802.3abとして標準化された。

ギガビットイーサネットはスター型の接続形態をとり、使用する伝送媒体により次のような種類がある。

・1000BASE－CX

1000BASE－CXは、2心の同軸ケーブル、またはSTPケーブルを用いてLANを構成する。最大伝送距離は25mと短い。

・1000BASE－LXと1000BASE－SX

いずれもマルチモード光ファイバを使用するが、光波長の違いにより区別されている。1000BASE－LXでは1,310nm(1.31μm帯)の長波長が使用され、1000BASE－SXでは850nm(0.85μm帯)の短波長が使用されている。この場合の最大伝送距離は550mである。なお、1000BASE－LXではシングルモード光ファイバも使用することができ、この場合の最大伝送距離は5kmである。

・1000BASE－T

1000BASE－Tは、10BASE－Tや100BASE－TXと同様にUTPケーブルを用いてLANを構成し、その最大伝送距離は100mである。10BASE－Tや100BASE－TXは、UTPケーブルの4対ある心線のうち2対の心線を使用するが、1000BASE－Tは、4対の心線をすべて使用する。これにより超高速データ伝送を実現している。

1000BASE－Tでは、4対(8心)の心線をすべて使用してデータを送受信する。

表1・5　ギガビットイーサネットの種類

伝送路規格		使用する伝送媒体
1000BASE－CX	802.3z	2心平衡型同軸ケーブルまたはSTPケーブル
1000BASE－LX	802.3z	マルチモード光ファイバ(MMF)またはシングルモード光ファイバ(SMF)
1000BASE－SX	802.3z	マルチモード光ファイバ(MMF)
1000BASE－T	802.3ab	カテゴリ5e以上のUTPケーブル等
(参考) 1000BASE－TX	ANSI/TIA-854	カテゴリ6以上のUTPケーブル等

MACアドレス

MACアドレス(Media Access Control address)は、ネットワークインタフェースカード(NIC：Network Interface Card)に固有に割り当てられた番号であり、一般に、物理アドレスとも呼ばれている。MACアドレスによって、イーサネットLAN上の各ノードを識別することができる。

MACアドレスの長さは6バイト(48ビット)であり、前半の3バイト(24ビット)は、製造メーカーを識別する番号としてIEEEが管理、割り当てを行っている。また、後半の3バイト(24ビット)は、製造メーカーが管理し、製品に固有に割り当てる。製造メーカーは、この2つを組み合わせたMACアドレスをあらかじめネットワークインタフェースカードに設定して出荷する。このような仕組みにより、MACアドレスは、世界に同じものはないユニークな(一意の)アドレスとなっている。

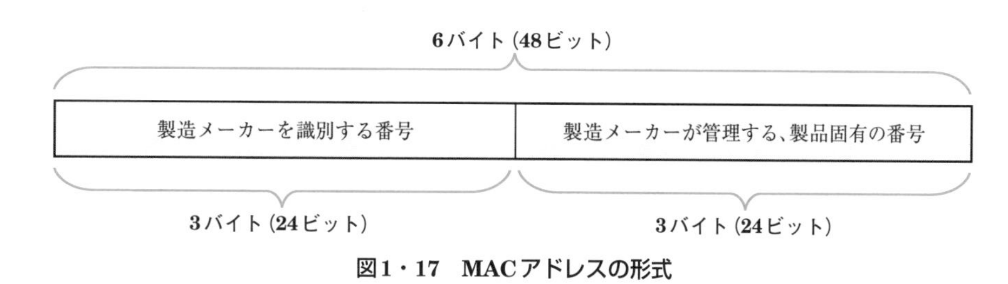

図1・17　MACアドレスの形式

重要

ネットワークインタフェースカード(NIC)に固有に割り当てられた物理アドレスは、一般に、MACアドレスといわれ、6バイト長で構成されている。

イーサネットLANで伝送されるフレームの構成

イーサネットLANでは、一般に、データ伝送にイーサネットⅡ(DIX)形式のフレームが使用される。このフレームは図1・18に示すように、プリアンブル、宛先アドレス、送信元アドレス、タイプ、データ、およびFCS(Frame Check Sequence)というフィールドで構成されている。

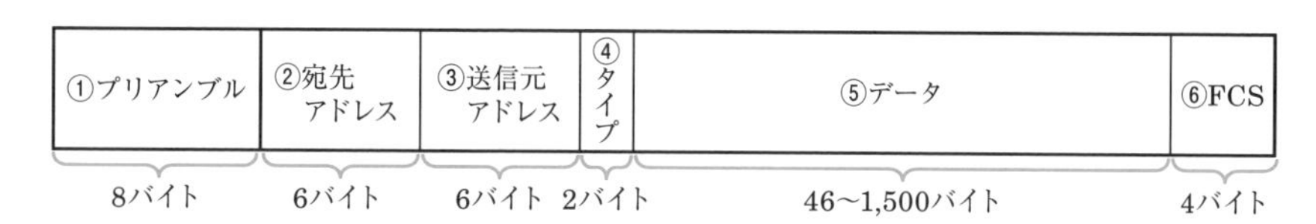

① **プリアンブル(PA：PreAmble)**
フレームの送信の開始を認識させ、同期をとるためのタイミング信号の役割を担っている。

② **宛先アドレス(DA：Destination Address)**
宛先ノードのLANインタフェースのMACアドレスが入る。

③ **送信元アドレス(SA：Source Address)**
送信元ノードのLANインタフェースのMACアドレスが入る。

④ **タイプ(Type)**
後続のデータに格納されているデータの上位層プロトコルを示したIDが設定される。たとえば、⑤データ部にカプセル化しているプロトコルがIPv4 (Internet Protocol version 4) であれば0x800が入る。

⑤ **データ(User Data)**
上位レイヤのデータが格納される。TCP/IPの場合は、IPヘッダ以下のIPパケットが格納される。46バイトに満たない場合はパディング(PAD)で埋める。

⑥ **FCS(フレーム検査シーケンス)**
フレームのエラーを検出するためのフィールド。

図1・18　イーサネットLANのフレーム構成(イーサネットⅡ形式)

イーサネットでは、プリアンブル部の8バイトを除いて、最小フレームサイズが64バイト、最大フレームサイズが1,518バイトと規定されている。ただし、実際に格納されるデータの最大長は、宛先アドレス、送信元アドレス、タイプ、FCSの各フィールドの長さを除いた**1,500バイト**である。このフレームサイズの規定はファストイーサネットでも同じであるが、ギガビットイーサネットでは最小フレームサイズが512バイトと規定されており、フレームサイズが512バイトに満たない場合はダミーデータを付加する。

PoE機能

●PoEの概要

イーサネットで使われるLANケーブル(UTPケーブルなど)を用いてネットワーク機器に電力を供給する機能を、**PoE**(Power over Ethernet)という。PoE機能を利用すると、電源が取りにくい場所にも機器を設置することができ、電力ケーブルの配線や管理が不要になるなど、多くのメリットが得られる。

PoEで電力を供給する機器を**PSE**(Power Sourcing Equipment)、電力を受ける機器を**PD**(Powered Device)と呼ぶ。PSEは、接続された相手機器がPoE対応のPDであるかどうか、一定の電圧を短時間印加して判定を行う。そして、PoE対応のPDである場合のみ電力を供給する。

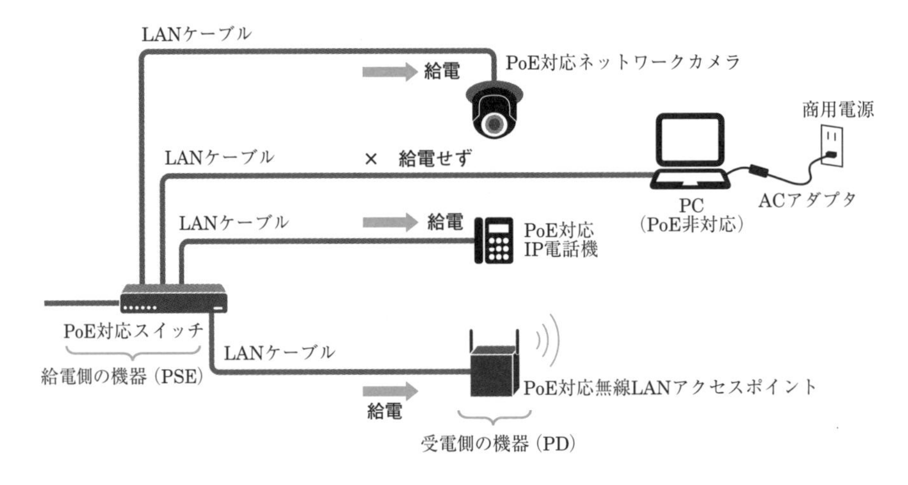

図1・19　PoEの構成例

●PoEの規格

2009年に標準化された**IEEE802.3at**では、PoEの最初の規格であるIEEE802.3afを受け継いだ**Type1**と、新たに設けられた**Type2**が規定されている。Type1の仕様では、PSEは1ポート当たり直流44〜57Vの範囲で最大15.4Wの電力をPDに供給することができ、PDの最大使用電力は直流37〜57Vの範囲で12.95Wとされている。また、Type2の仕様では、PSEの1ポート当たりの電力供給能力を拡張し、直流50〜57Vの範囲で最大30Wとしている。

表1・6 PoEの電力クラス

<table>
<tr><th rowspan="2">クラス</th><th colspan="4" rowspan="2">規格
(タイプ)</th><th rowspan="2">用途</th><th rowspan="2">対応
ケーブル</th><th rowspan="2">給電方法</th><th colspan="2">PSEの
最大出力</th><th colspan="2">PDの
最大使用</th><th rowspan="2">最大
電流
〔mA〕</th></tr>
<tr><th>電力
〔W〕</th><th>電圧
〔V〕</th><th>電力
〔W〕</th><th>電圧
〔V〕</th></tr>
<tr><td>**0**</td><td rowspan="4">1</td><td rowspan="5">2</td><td></td><td></td><td>デフォルト</td><td rowspan="4">カテゴリ
3/5e以上</td><td rowspan="5">オルタナティブA、Bのどちらか一方</td><td>15.4</td><td rowspan="4">44〜57</td><td>12.95</td><td rowspan="4">37〜57</td><td rowspan="4">350</td></tr>
<tr><td>**1**</td><td rowspan="6">3</td><td></td><td>クオータパワー</td><td>4.0</td><td>3.84</td></tr>
<tr><td>**2**</td><td></td><td>ハーフパワー</td><td>7.0</td><td>6.49</td></tr>
<tr><td>**3**</td><td></td><td>フルパワー</td><td>15.4</td><td>12.95</td></tr>
<tr><td>**4**</td><td></td><td></td><td>PoE＋</td><td rowspan="5">カテゴリ
5e以上</td><td>30</td><td>50〜57</td><td>25.5</td><td>42.5〜57</td><td rowspan="3">600</td></tr>
<tr><td>**5**</td><td></td><td></td><td></td><td rowspan="4">PoE＋＋</td><td rowspan="4">4対すべてを用いる</td><td>45</td><td rowspan="4">52〜57</td><td>40</td><td rowspan="4">51.1〜57</td></tr>
<tr><td>**6**</td><td></td><td></td><td></td><td>60</td><td>51</td></tr>
<tr><td>**7**</td><td></td><td></td><td></td><td rowspan="2">4</td><td>75</td><td>62</td><td rowspan="2">960</td></tr>
<tr><td>**8**</td><td></td><td></td><td></td><td>90</td><td>71.3</td></tr>
</table>

※電力等の数値は1ポート当たりの値。

IEEE802.3atにおいて標準化されたPoEによる給電は、イーサネットLANケーブルの4対8心のうち**2対4心**を用いて行われる。給電方式として、10BASE－Tまたは100BASE－TXにおける信号対である1・2番ペアおよび3・6番ペアを使用して給電する**オルタナティブ**(Alternative)**A方式**と、予備対(空き対)である4・5番ペアおよび7・8番ペアを使用して給電する**オルタナティブB方式**がある。

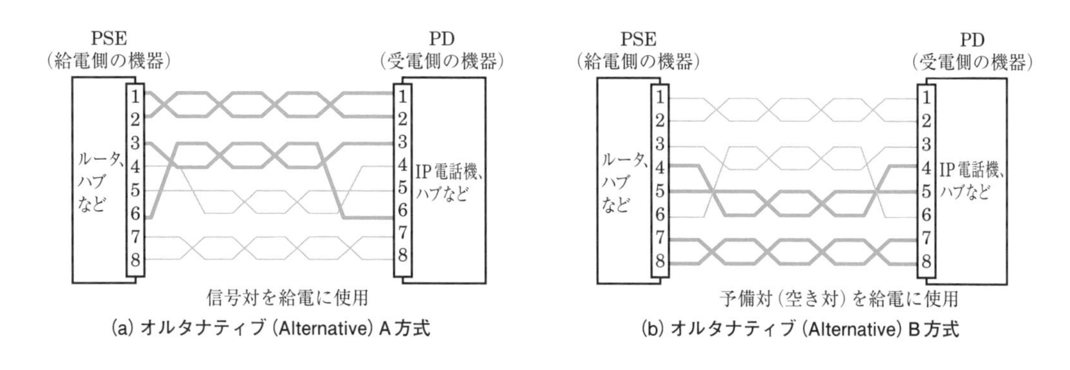

(a) オルタナティブ(Alternative) A方式
(b) オルタナティブ(Alternative) B方式

図1・20 PoEの給電方式(IEEE802.3at)

IEEE802.3atにおいて標準化されたPoE機能により、イーサネットで使用しているLANケーブルの2対4心を使って、PoE対応のネットワーク機器に給電することができる。

2018年に策定された**IEEE802.3bt**では、IEEE802.3atのType1およびType2をそのまま受け継ぎ、4対8心すべてを使用して最大60Wの電力供給を可能にしたType3と、最大90Wの電力供給を可能にしたType4が追加された。

練習問題

【1】100BASE－TXでは、一般に、カテゴリ (ア) 以上のUTPケーブルが用いられている。
[①3　②4　③5e]

【2】IP電話機を100BASE－TXのLAN配線に接続するためには、一般に、非シールド撚り対線ケーブルの両端に (イ) といわれる8ピン・モジュラプラグを取り付けたコードが用いられる。
[①RJ－11　②RJ－14　③RJ－45]

【3】IEEE802.3at Type1として標準化されたPoE機能を利用すると、100BASE－TXのイーサネットで使用しているLAN配線の信号対又は予備対(空き対)の (ウ) 対を使って、PoE機能を持つIP電話機に給電することができる。
[①1　②2　③4]

答 (ア) ③ (イ) ③ (ウ) ②

6. LANの媒体アクセス制御方式

LANの媒体アクセス制御方式とは、LANにおいてデータ転送を行うための制御方法のことをいい、有線LANではCSMA/CD方式、無線LANではCSMA/CA方式が用いられている。

CSMA/CD方式

CSMA/CD(Carrier Sense Multiple Access with Collision Detection：搬送波感知多重アクセス／衝突検出)方式は、イーサネットLANにおいて使用されている媒体アクセス制御方式である。

CSMA/CD方式では、データを送信したい端末は、衝突を回避するためにLAN上のキャリア・シグナル(搬送波)を監視し、通信路が空いている状態かどうかを判断する(図1・21の①)。空いている状態であれば、データの送信を開始する。このとき複数の端末が同時にデータを送信すると、パケットの衝突(コリジョン)が起こり、伝送媒体上に異常な電気信号が発生する。この異常な電気信号により、データが破損する(②)。データを送信したい端末は衝突を検知すると、LAN上の各端末に対して、データの送受信の中止を求める信号(ジャム信号)を送出する。そして、データの送信を中止し、一定の時間(バックオフ時間)が経過した後で再度送信を行う(③)。

このように、CSMA/CD方式では複数の端末が同時にデータ送信を行った場合は、データの破損が発生する。イーサネットLANでは、多数の端末が同一のLAN上に存在すると、コリジョンによるパケットの衝突が多発し、スループット(処理能力)が低下するおそれがある。

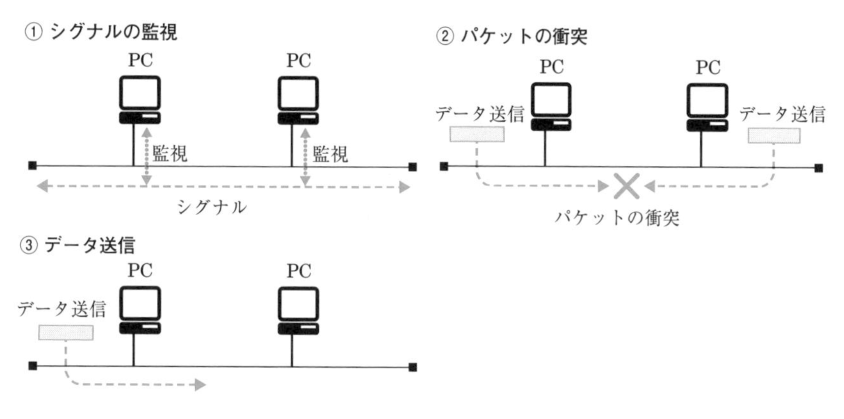

図1・21　CSMA/CD方式

CSMA/CA方式

●CSMA/CAの仕組み

無線LANでは、有線LANとは異なり、信号の送受信に電波を用いるので衝突を検知することが困難である。このため、IEEE802.11で規定される無線LANでは媒体アクセス制御方式として、他の無線端末が電波を送出していないかどうかを事前に確認する**CSMA/CA**(Carrier Sense Multiple Access with Collision Avoidance：**搬送波感知多重アクセス／衝突回避)方式**を使用している。

この方式では、データを送信しようとする無線端末は、まず、他の無線端末から使用周波数帯の電波(**キャリア**)が送出されていないかどうかチェック(**キャリアセンス**)を行う(図1・22の①)。そして、送出されていなければ、IFS(Inter－Frame Space：フレーム間隔)時間と呼ばれる一定の時間が経過した後、さらに端末ごとに発生させた乱数に応じたランダムな時間(バックオフタイム)だけ待ち、他の無線端末からの電波の送出がないことを確認してからデータを送信する(②)。

データを正常に送信できたかどうかは、アクセスポイント(AP)から送られてくる応答フレーム(**ACK**：Acknowledgement)によって確認する。具体的には、送信端末がアクセスポイント(AP)にデータを送信すると、APは正常に受信できたときACKを返す。このACKを受信することで、送信端末は、APにデータを正常に送信できたことを確認する。なお、送信端末がAPにデータを送信した後、一定時間が経ってもACKが送られてこなければ、衝突などによって通信が正常に行われなかったと判断してデータ再送信の手順に入る(③)。

① 無線チャネルの空きを確認
(他の無線端末から使用周波数帯の電波が送出されていないかチェックする。)

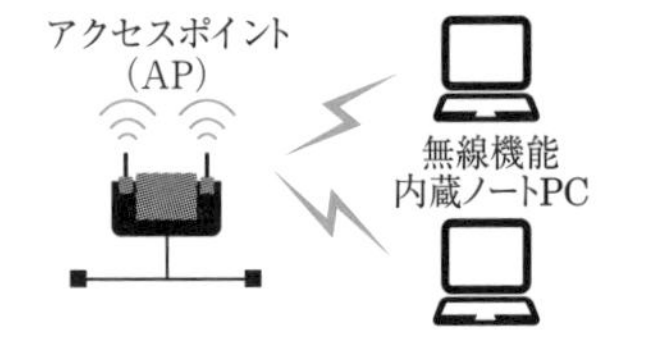

② データの送信
(IFS時間およびランダムな時間だけ待った後、データを送信する。)

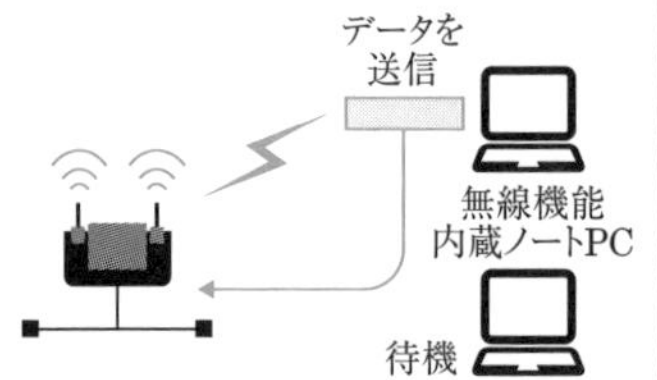

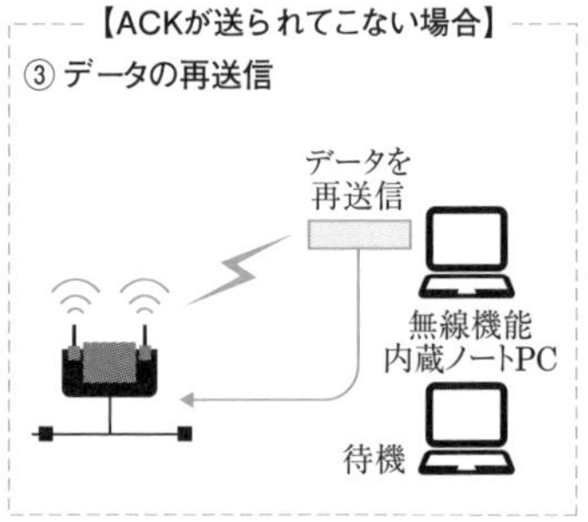

図1・22　CSMA/CA方式

CSMA/CA方式において送信端末は、ACKを受信することにより、アクセスポイントにデータを正常に送信できたことを確認する。

● 隠れ端末問題

CSMA/CA方式により衝突回避を行っていても、同じアクセスポイント(AP)を利用する複数の無線端末が、互いに通信できないような場所に配置されていると、データの衝突が生じることがある。これは、データ送信中の無線端末の存在を認識できないことが原因であり、一般に、**隠れ端末問題**と呼ばれている。

たとえば図1・23では、無線端末STA1やSTA2にとって、障害物の向こう側にあるSTA3が隠れ端末となる。また、STA3にとってはSTA1とSTA2が隠れ端末である。

この例の場合、STA1からアクセスポイント(AP)にデータを送信しているときに、STA1の存在を感知(キャリアセンス)できないSTA3がAPにデータを送信すると、そのAPにおいてデータの衝突が発生する。このように隠れ端末(ここではSTA1)が存在するとキャリアセンスができないため、データの衝突が起こる頻度が増加し、スループットが低下する場合がある。

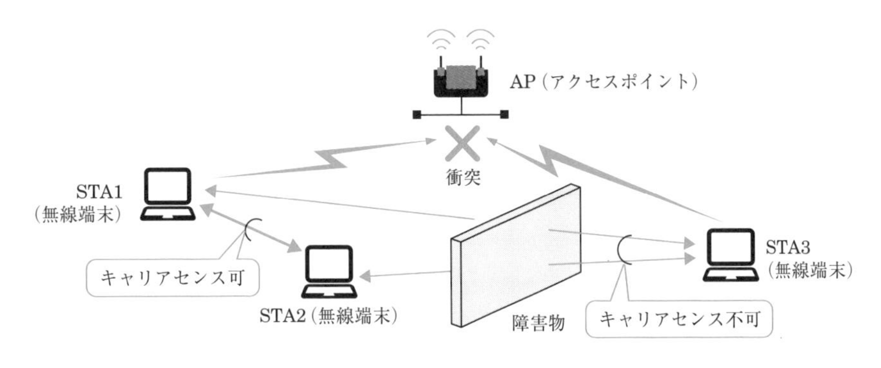

図1・23　隠れ端末

隠れ端末問題の対応策として、**RTS**(Request to Send:送信要求)**信号**および**CTS**(Clear to Send:送信可)**信号**という2つの制御信号を用いて、衝突を回避する方法がとられている。

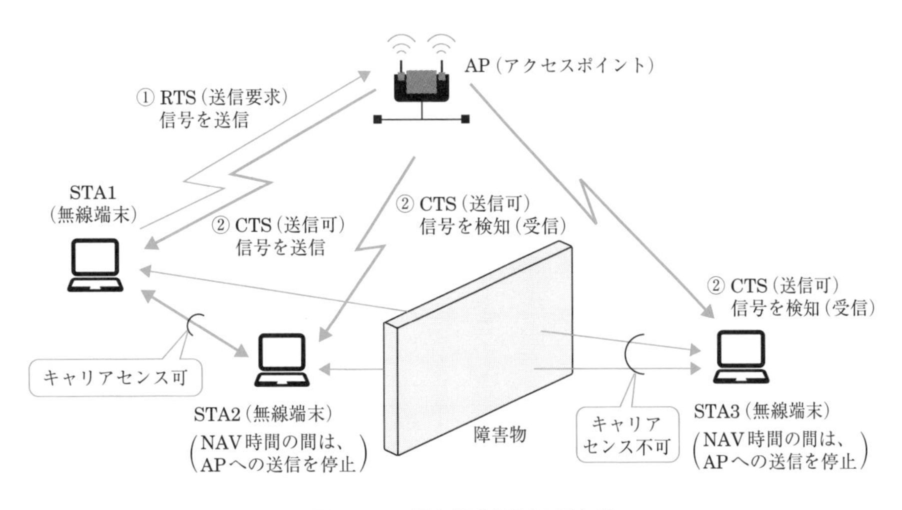

図1・24　隠れ端末問題の対応策

前頁に示した図1・24の例では、次のような制御を行う。

まず、無線端末STA1は、データ通信に先立ち、RTS信号を送信してAPに送信要求を行う。

次に、RTS信号を受信したAPは、CTS信号をSTA1に送って、データの送信を許可する旨を通知する。APからのCTS信号はSTA3も検知(受信)できるので、STA3は、データを送信しようとしている無線端末の存在を知ることができる。

ここでRTS信号およびCTS信号には、**NAV**(Network Allocation Vector)**時間**(アクセスポイントと送信要求をした無線端末の間で伝送媒体を占有する時間)が含まれており、これらの制御信号を受信した無線端末STA2およびSTA3は、通知された NAV時間の間、送信を停止して衝突の防止を図っている。

無線端末からRTS信号を受信したアクセスポイントは、送信を許可する場合、その無線端末にCTS信号を送信する。

練習問題

【1】 IEEE802.11において標準化された、CSMA/CA方式の無線LANにおいて、アクセスポイントにデータを送信した無線端末は、アクセスポイントから (ア) フレームを受信した場合、他の無線端末から電波が出ていないことを確認してから次のデータを送信する。
[① NAK　② RTS　③ ACK]

答 (ア) ③

7. LAN構成機器

LANを構成する機器には、集線装置としての機能を持つハブや、LANとLANとを接続するリピータ、ブリッジ、ルータなどがある。

集線装置

●ハブ(リピータハブ)

ハブは、単体で1つのLANセグメントを構成する機器であり、機能としてはリピータ(142頁参照)と同一なので、一般に、リピータハブとも呼ばれている。ハブは、スター型などのLANにおいて、LANに接続するノード(PCやサーバなど)の集線装置としての機能を持ち、OSI参照モデル(157頁参照)におけるレイヤ1(物理層)で動作する。LANに接続するノードは、LANケーブルによりハブに接続され、ハブを介して相互に通信を行う。

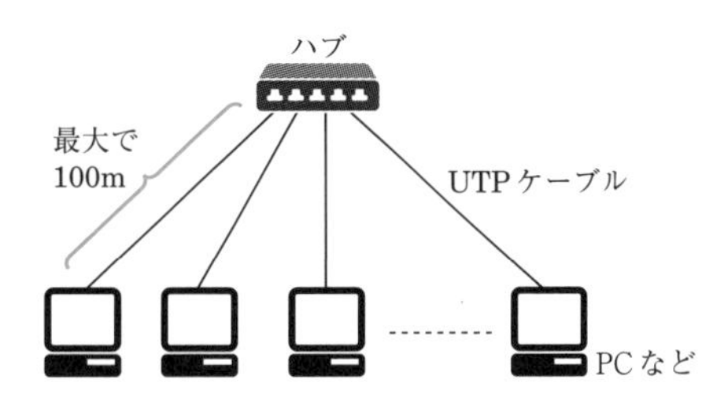

図1・25　10BASE−TのイーサネットLANにおけるハブの構成例

LANに接続するノード数が多い、あるいはノードを接続する場所が点在している場合は、ハブなどの集線装置どうしを接続(カスケード接続)してLANを構成する。このカスケード接続により、ネットワーク全体に接続可能なノードの数を増やすことができる。

ハブをカスケード接続した多段構成の場合、1つのLANセグメントで、10BASE−Tでは最大4台まで、100BASE−TXでは最大2台まで(*)のハブを接続することができる。

(*) 100BASE−TXでは、ハブにクラス1とクラス2がある。クラス1はカスケード接続が不可能であるが、クラス2は最大2台までのカスケード接続が可能である。

(a) 10BASE－Tの場合
最大4台までのハブを接続することができる。

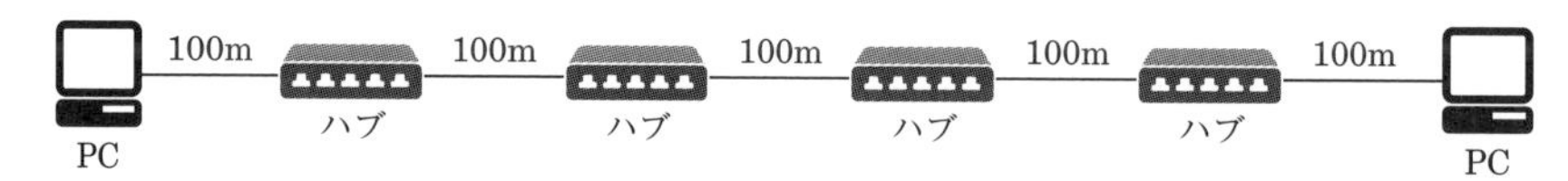

(b) 100BASE－TXの場合
クラス2の場合、最大2台までのハブを接続することができる(クラス1はカスケード接続不可)。

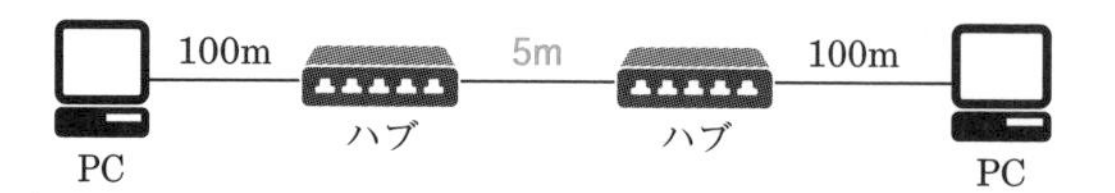

図1・26　ハブのカスケード接続

●LANスイッチ

LANスイッチは、ハブと同様に単体で1つのLANセグメントを構成する機器であり、LANに接続するノードの集線装置としての機能を持つ。LANに接続するノードは、LANケーブルによりLANスイッチに接続され、LANスイッチを介して相互に通信を行う。LANスイッチには、レイヤ2(データリンク層)の機能のみを持つレイヤ2スイッチ(スイッチングハブ、L2スイッチ)と、レイヤ2の機能に加えてレイヤ3(ネットワーク層)の経路選択制御機能、すなわちルーティング機能も持つレイヤ3スイッチ(L3スイッチ)がある。

LANスイッチは、受信したフレーム(*)の送信元MACアドレスを読み取り、自分が持つアドレステーブルに登録されているかどうかを調べる。そして、登録されていなければ、そのMACアドレスをアドレステーブルに登録する。この処理を繰り返して、各ポートに接続されたノードの情報がアドレステーブルに保持される。ここでアドレステーブルとは、ポートと、そのポートに接続されている機器のMACアドレスの対応表のことをいう。

(*)通常のデータ通信では、デジタル符号化した一連のデータを、伝送しやすい大きさに分割して転送する。この分割したデータの固まりを「データユニット」といい、OSI参照モデルのレイヤごとに異なった名称が付けられている。たとえば、レイヤ2では「フレーム」、レイヤ3では「パケット」と呼ばれている。

前項で説明したハブは、受信したフレームを受信ポート以外のすべてのポートに転送するため、ノード数が増えるとフレームの衝突頻度が高くなり、ネットワークに負荷がかかってしまう。これに対しLANスイッチは、受信したフレームを解析して、その宛先MACアドレスを検出し、必要なポートのみにフレームを転送するためネットワークの負荷を軽減することができる。

図1・27を例に説明すると、LANスイッチは、端末Bからフレームが送られてきたときに、その宛先MACアドレス(ここでは端末EのMACアドレス)と、自身が持つアドレステーブルとを比較する。この結果、端末EのMACアドレスは5番ポートのMACアドレスと一致するので、5番ポートにフレームを転送する。

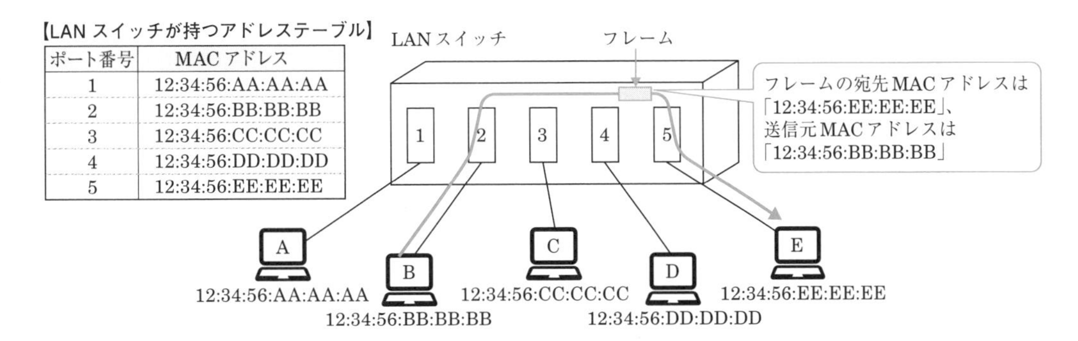

図1・27　フレーム転送の例

LANスイッチのフレーム転送方式には、フレーム転送の可否を判断するタイミングによって3種類あり、転送速度が大きい順に挙げると、カットアンドスルー方式、フラグメントフリー方式、ストアアンドフォワード方式となる。

これらのうちストアアンドフォワード方式は、有効フレーム(受信したイーサネットフレームから物理ヘッダを除いた部分)の先頭からFCS(Frame Check Sequence)までを読み取ってメモリ上にストア(格納)し、誤り検査を行って異常がなければ転送する方式である。有効フレームの全域について誤り検査を行うため信頼性が高く、また、速度やフレーム形式が異なるLAN相互を接続できることから、LANスイッチのフレーム転送方式の主流となっている。

表1・7　LANスイッチのフレーム転送方式

転送方式	説　明	誤り検査の範囲
ストアアンドフォワード方式	速度やフレーム形式が異なるLANどうしを接続することができる方式である。有効フレームの先頭からFCSまでを読み取り、メモリ上にストア(格納)する。そして、誤り検査を行って異常がなければ転送する。	有効フレームの全域
フラグメントフリー方式	有効フレームの先頭からイーサネットLANの最小フレーム長である64バイトを読み込んだ時点で誤り検査を行い、異常がなければフレームを転送する。有効フレーム長が64バイトより短い場合は破損フレームとして破棄する。	有効フレームの先頭から64バイト
カットアンドスルー方式	受信したフレームの宛先MACアドレス(つまり、有効フレームの先頭から6バイトまで)を読み込んだ時点で、そのフレームを転送する。この方式は処理遅延は小さいがエラーフレームもそのまま転送してしまうため、不要なトラヒックが増加する。	宛先MACアドレスのみ

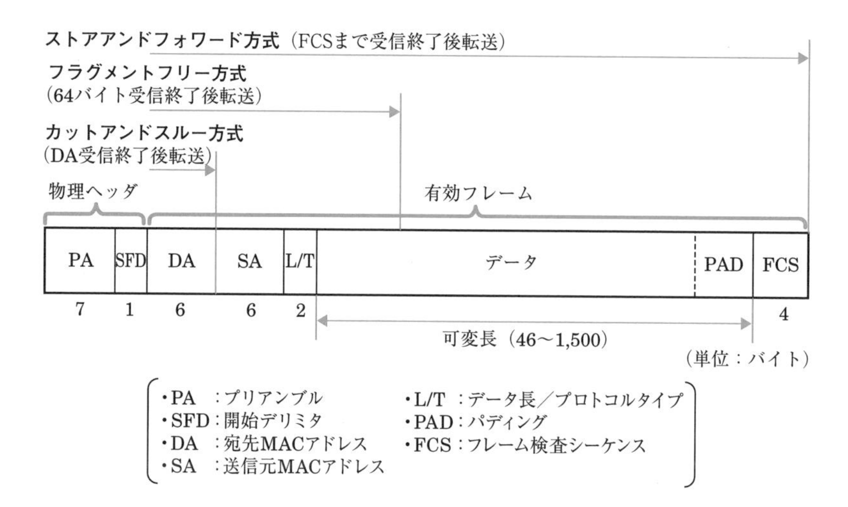

図1・28 LANスイッチのフレーム転送方式

●オートネゴシエーション機能

イーサネットLANにおいて、通信相手の機器の伝送速度や通信モード（半二重／全二重）などの違いを検知して、自分自身の設定を相手機器の設定に合わせて自動的に切り替える機能を、オートネゴシエーションという。この機能を用いることにより、規格が異なるLAN機器どうしでも、最適な設定で通信を行うことが可能になる。

オートネゴシエーション機能を実装しているLANスイッチとLANアダプタ（NIC：Network Interface Card）を接続すると、双方の機器が互いにFLP（Fast Link Pulse）信号を送信する。このFLP信号には、それぞれの機器がサポートするイーサネットの種類に関する情報が含まれており、双方がサポートするイーサネットのうち、最も優先度の高いものをポート設定に採用する。

LAN間接続装置

●リピータ

リピータは、OSI参照モデルにおけるレイヤ1（物理層）に位置する通信機器である。LANセグメントの距離を延長するために使用され、ケーブル上を流れる電気信号の増幅や整形、中継を行う。

接続する通信機器間の距離が長く、LANケーブルで接続しただけでは信号が減衰してしまって通信が行えない場合などに、リピータを使用して信号を中継する。

●ブリッジ

ブリッジは、レイヤ2（データリンク層）のMACアドレスを用いて、複数のLAN間でフレームを中継・転送する機器である。

ブリッジは、接続されている端末のMACアドレスをアドレステーブルに登録しておき、到着したフレームの宛先MACアドレスとアドレステーブルに登録されているMACアドレスを照合した後、該当するポートのみにフレームを転送する。宛先のMACアドレスが登録されていない場合は、到着したポート以外の全ポートにフレームを転送する。

●ルータ

ルータは、レイヤ3(ネットワーク層)において複数のLAN間を接続する機器である。ルータの基本的な機能として、IPなどのようなレイヤ3のプロトコルによるルーティング(経路選択制御)機能がある。ルーティングとは、データを宛先まで転送するために、網の伝送効率の向上と伝送遅延時間の短縮を図りながら、データごとに最適な経路を選択することをいう。

ルータは、このルーティング機能を使って、レイヤ3レベルの中継処理を行い、異なるLAN相互を接続することができる。

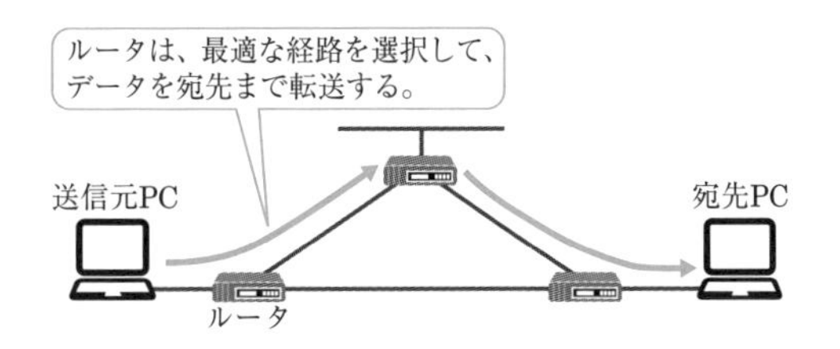

図1・29　ルーティング(経路選択制御)

ルータは、OSI参照モデルにおけるレイヤ3(ネットワーク層)が提供する機能を利用して、異なるLAN相互を接続する。

練習問題

【1】LANスイッチのフレーム転送方式における (ア) 方式は、速度やフレーム形式の異なるLAN相互を接続することができる。
[① カットアンドスルー　② フラグメントフリー　③ ストアアンドフォワード]

【2】LANを構成する機器である (イ) は、データごとに最適な経路を選択するルーティング機能を持つ。
[① ルータ　② ブリッジ　③ リピータ]

答 (ア) ③ (イ) ①

8. GE－PONシステム

GE－PONは、ポイント・ツー・マルチポイントすなわち「1対多」の光アクセス方式であり、ギガビットイーサネット技術を利用して高速通信を行う。

GE－PONシステムの概要

1心の光ファイバを光スプリッタなどの受動素子を用いて分岐し、複数のユーザで共用する光アクセスシステムを**PON**（Passive Optical Network）**システム**という。

PONシステムの1つに、ギガビットイーサネット技術を利用して通信を行う**GE－PON**（Gigabit Ethernet PON）がある。GE－PONは、LANで一般的に用いられている**イーサネットフレーム**形式で信号を高速に転送する方式であり、IEEE802.3ahとして標準化されている。

GE－PONでは、電気通信事業者側の**OLT**（Optical Line Terminal：光加入者線終端装置）とユーザ側の**ONU**（Optical Network Unit：光加入者線網装置）との間で、1心の光ファイバを**光スプリッタ**で分岐する。そして、OLT～ONU相互間を、上り方向（ユーザ側から電気通信事業者側への通信）、下り方向（電気通信事業者側からユーザ側への通信）ともに**最大1Gbit/s**（毎秒1ギガビット）で双方向通信を行う。

GE－PONシステムにおける通信

GE－PONシステムにおいて、OLTからONUへの下り方向の通信では、OLTが配下にあるすべてのONUに同一の信号を送信する。このときOLTは、どのONUに送信するフレームかを判別し、その宛先ONU用の識別子（**LLID**：Logical Link ID）をフレームの**プリアンブル**というフィールドに埋め込んでおく。このLLIDという識別子によって、各ONUは、受信したフレームが自分宛であるかどうかを判断し、取捨選択を行う仕組みになっている。

なお、ONUからOLTへの上り方向の通信では、ONUは自分に割り当てられたLLIDをフレームのプリアンブルに埋め込んで送信し、OLTはそのLLIDによって送信元のONUを判別している。

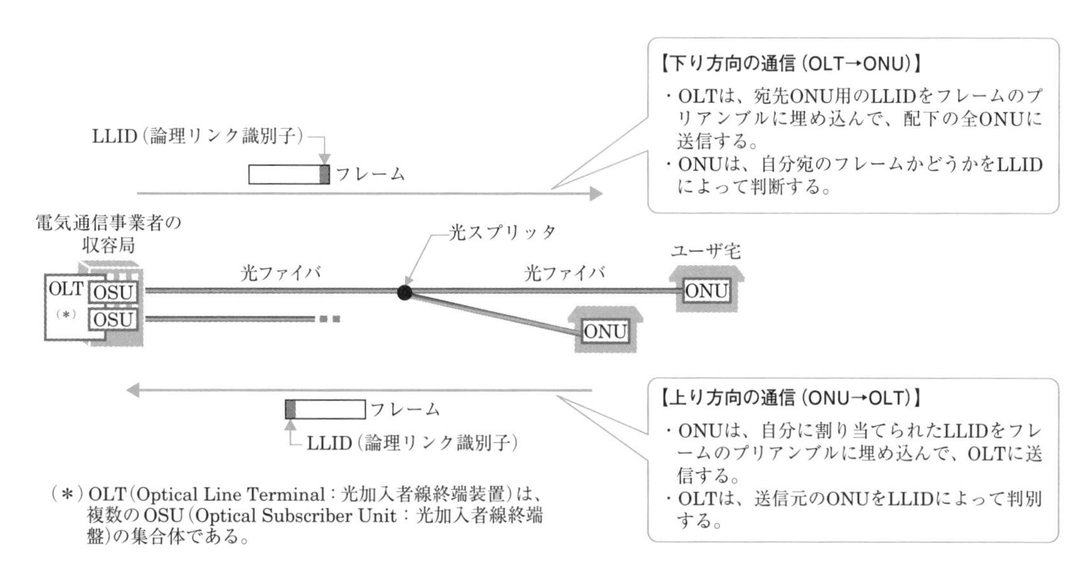

図1・30　GE－PONシステム

GE－PONでは、OLTとONUとの間において、1心の光ファイバを光スプリッタで分岐する。そして、OLT〜ONU相互間を、上り／下りともに最大1Gbit/sで双方向通信を行う。

GE－PONでは1つのOLTに複数のONUが接続されるため、各ONUがOLTへの信号を任意に送信すると、上り信号どうしが衝突するおそれがある。そこで、この対策として、OLTが各ONUに対して送信許可を通知することにより、各ONUからの上り信号を時間的に分離して衝突の回避を図っている。

また、OLTは、ONUがネットワークに接続されると、そのONUを自動的に発見して通信リンクを確立するが、この機能を**P2MP**（Point to Multipoint）**ディスカバリ**という。

練習問題

【1】GE－PONにおいて、OLTからの下り方向の通信では、OLTは、どのONUに送信するフレームかを判別し、送信するフレームの［（ア）］に送信先のONU用の識別子を埋め込んだものをネットワークに送出する。
［① 送信元アドレスフィールド　② 宛先アドレスフィールド　③ プリアンブル］

答（ア）③

実戦演習問題 1-1

次の各文章の［　　］内に、それぞれの[　　]の解答群の中から最も適した ものを選び、その番号を記せ。

1 GE－PONは、OLTとONUの間において、光信号を光信号のまま分岐する受動素子である［（ア）］を用いて、光ファイバの1心を複数のユーザで共用するシステムである。

[① VDSL　② RT　③ 光スプリッタ]

2 アナログ電話回線を使用してADSL信号を送受信するための機器である［（イ）］は、データ信号を変調・復調する機能を持ち、変調方式にはDMT方式が用いられている。

[① ADSLスプリッタ　② ADSLモデム　③ DSU(Digital Service Unit)]

3 スイッチングハブのフレーム転送方式におけるストアアンドフォワード方式について述べた次の記述のうち、正しいものは、［（ウ）］である。

[① 有効フレームの先頭からFCSまでを受信した後、異常がなければフレームを転送する。
② 有効フレームの先頭から64バイトまでを受信した後、異常がなければフレームを転送する。
③ 有効フレームの先頭から宛先アドレスの6バイトまでを受信した後、フレームが入力ポートで完全に受信される前に、フレームを転送する。]

4 IEEE802.11において標準化された無線LANについて述べた次の二つの記述は、［（エ）］。

A　5GHz帯の無線LANでは、ISMバンドとの干渉によるスループットの低下がない。

B　CSMA/CA方式では、送信端末からの送信データが他の無線端末からの送信データと衝突しても、送信端末では衝突を検知することが困難であるため、送信端末は、アクセスポイント(AP)からのACK信号を受信することにより、送信データが正常にAPに送信できたことを確認する。

[① Aのみ正しい　② Bのみ正しい　③ AもBも正しい　④ AもBも正しくない]

5 LANを構成する機器である［（オ）］は、OSI参照モデルにおけるネットワーク層が提供する機能を利用して、異なるLAN相互を接続することができる。

[① リピータハブ　② ブリッジ　③ ルータ]

実戦演習問題 1-2

次の各文章の □ 内に、それぞれの[　]の解答群の中から最も適したものを選び、その番号を記せ。

1 GE－PONシステムでは、OLT～ONU相互間を上り／下りともに最速で毎秒 (ア) ギガビットにより双方向通信を行うことが可能である。

[① 1　② 2　③ 10]

2 アナログ電話サービスの音声信号などとADSLサービスの信号を分離・合成する機器である (イ) は、受動回路素子で構成されている。

[① メディアコンバータ　② ADSLモデム　③ ADSLスプリッタ]

3 IEEE802.11において標準化された (ウ) 方式の無線LANにおいて、アクセスポイントにデータフレームを送信した無線LAN端末は、アクセスポイントからのACKフレームを受信した場合、一定時間待ち、他の無線端末から電波が出ていないことを確認してから次のデータフレームを送信する。

[① CSMA/CA　② CSMA/CD　③ CDMA]

4 IP電話機を100BASE－TXのLAN配線に接続するためには、一般に、 (エ) の両端にRJ－45といわれる8ピン・モジュラプラグを取り付けたコードが用いられる。

[① 非シールド撚(よ)り対線ケーブル　② 3C－2V同軸ケーブル
③ 0.65mm2対カッド形PVC屋内線]

5 IEEE802.3atにおいて標準化されたPoEの機能などについて述べた次の二つの記述は、 (オ) 。

A　1000BASE－Tのイーサネットで使用しているLAN配線の4対8心の信号対のうち2対4心を使って、PoE機能を持つIP電話機に給電することができる。

B　100BASE－TXのイーサネットで使用しているLAN配線の2対4心の信号対を使ってPDに給電する方式は、オルタナティブAといわれ、予備対(空き対)の2対4心を使用する方式は、オルタナティブBといわれる。

[① Aのみ正しい　② Bのみ正しい　③ AもBも正しい　④ AもBも正しくない]

ネットワークの技術

1. データ通信の伝送方式等

データ通信とは、電気通信設備を使って情報(データ)を伝送することをいう。情報は"1"と"0"の2元符号(ビット)の組合せで表される。これらのビット列の通信方式や伝送方式などは、システムにより異なっている。

通信方式

●単方向通信方式

送信側と受信側が決まっていて常に一方向のみに情報を伝送する方式である。この方式はデータ通信ではあまり使用されていない。

●半二重通信方式

双方向の通信はできるが、片方の端末が送信状態のとき他方の端末は受信状態となり、同時には双方向の通信を行うことができない方式である。この方式は、1本の通信回線で双方向の通信を行う場合に用いられる。

●全二重通信方式

送信と受信、それぞれの方向の通信回線を設定し、同時に双方向の通信を行えるようにした方式である。この方式は、装置間で通信回線が2本必要となるため経済性は劣るが伝送効率が良い。コンピュータ相互間や通信制御装置相互間の通信に多く利用されている。

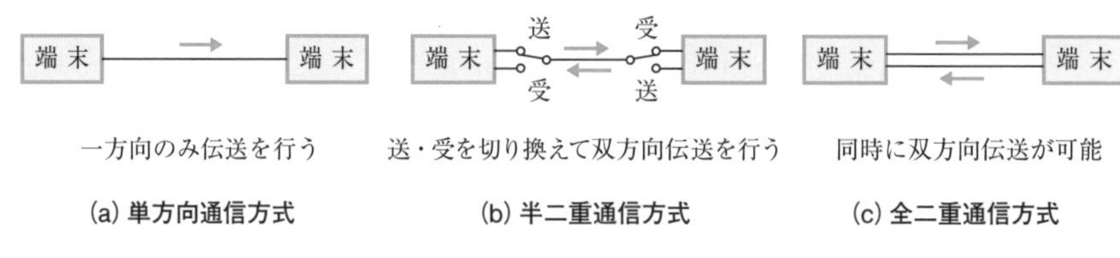

図2・1　通信方式

直列伝送方式と並列伝送方式

●直列伝送方式

符号を構成するビットを、1ビットずつ順番に伝送する方式である。この方式では、ビット列の区切りを受信側に知らせるために同期をとる必要がある。1本の通信回線でデータを伝送することができるため、通常、長距離のデータ伝送に用いられる。

●並列伝送方式

符号を構成する各ビットに1本ずつ通信回線を割り当て、同時に伝送する方式である。この方式は、通信回線の数が多くなるためコスト高になるが、伝送効率が良く、多量のデータを伝送する場合に適している。

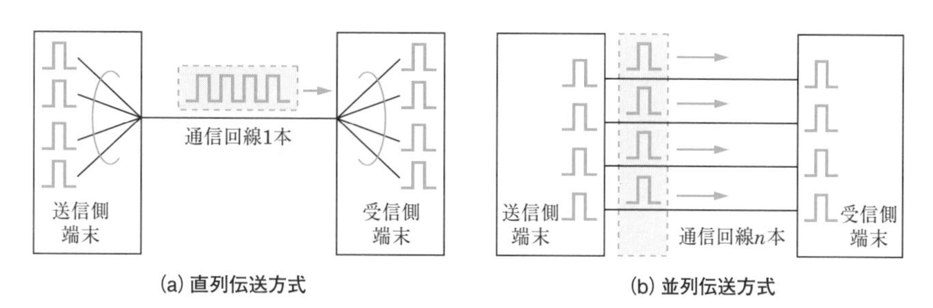

(a) 直列伝送方式　(b) 並列伝送方式

図2・2　伝送方式

回線接続方式

●ポイント・ツー・ポイント接続方式

2地点間を1本の通信回線で結び、1対1の関係で接続する方式である。この方式は、2地点間で伝送すべきデータ量が多い場合に効果的である。

●ポイント・ツー・マルチポイント接続方式

1本の通信回線を各地点で分岐し、複数個の端末を接続する方式である。この方式は、多数の端末と通信を行う場合に経済的である。

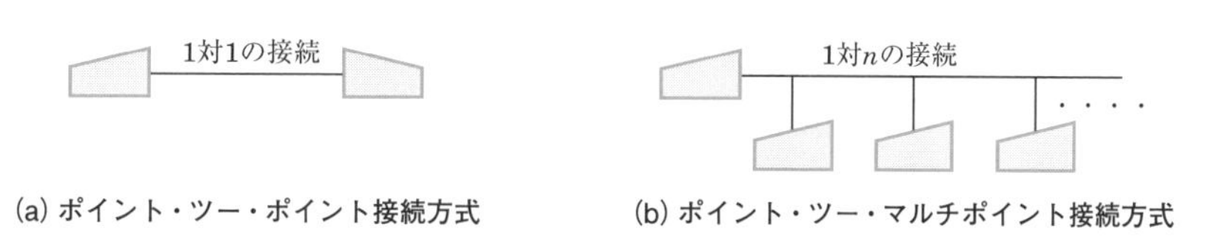

(a) ポイント・ツー・ポイント接続方式　(b) ポイント・ツー・マルチポイント接続方式

図2・3　回線接続方式

通信形態

●コネクション型通信

データを送信するときに、あらかじめ、相手端末との間で論理的な通信路(リンク)を設定する通信方式である。呼の発生・終結のたびに相手端末との間でリンクを設定・解放するための手続きが必要になるが、呼ごとに送達確認や順序制御、誤り発生時の再送制御などが可能であるため、信頼性が高い。

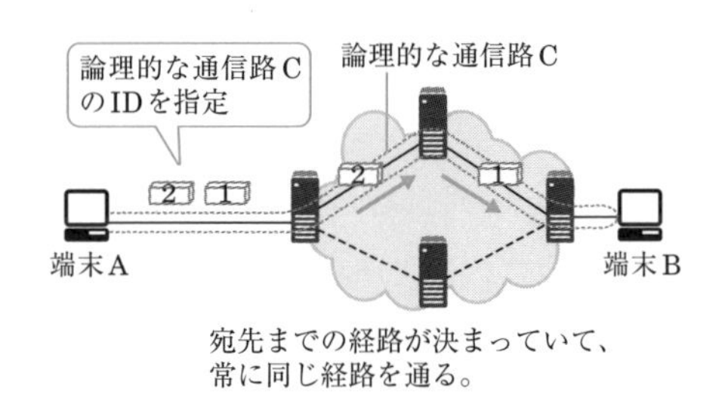

図2・4　コネクション型通信

●コネクションレス型通信

相手端末との間に論理的な通信路を設定せずに、相手の宛先情報(アドレス)を指定してデータを転送する通信方式である。相手端末の存在や状態を認識しないままデータを送信するので信頼性は劣るが、呼設定や解放の手続きが不要なため、高速通信が可能となる。

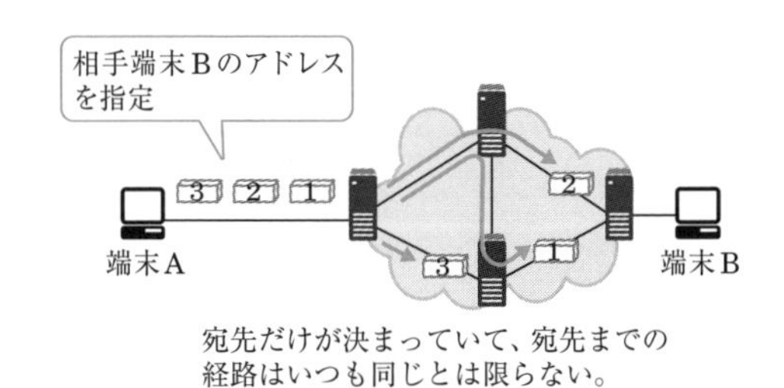

図2・5　コネクションレス型通信

データ通信の速度

●データ信号速度

1秒間に伝送できるビット数であり、単位は**ビット/秒(bit/s)**で表す。

たとえば、1秒間に1,200個のビットを伝送できたとすると、そのデータ信号速度は1,200ビット/秒となる。

●データ転送速度

単位時間に伝送するデータ量の平均値をいう。単位時間としては、1秒、1分、1時間のいずれかが使われており、文字数/分、文字数/時、ブロック数/分、ブロック数/時などで表される。

●変調速度

1秒間に信号が変調された回数(状態が変化した回数)を示すもので、単位はボー(Baud)で表す。1ビットごとに信号を変調する場合は、変調速度とデータ信号速度は同じになるが、**4相PSK**や**8相PSK**のように、2ビット、3ビットごとに1回の変調を行う場合は変調速度とデータ信号速度が異なる。一般に、1回の変調操作で伝送するビット数をnとすると、次式が成り立つ。

データ信号速度＝n×変調速度

たとえば、データ信号速度9,600ビット/秒の信号を8相PSKで伝送する場合、$n=3$なので変調速度は3,200ボーとなる。

なお、PSK(Phase Shift Keying)は位相変調方式の一種で、ビット列に対応して正弦波信号の位相を変化させる変調方式である。

練習問題

【1】データ伝送において (ア) 通信方式では、送信と受信それぞれの方向の通信回線を設定し、同時に双方向の通信を行う。
[① 単方向 ② 半二重 ③ 全二重]

【2】データ伝送において、符号を構成する各ビットを複数の通信路に分配して伝送する方式は、(イ) 伝送方式といわれる。
[① 直 列 ② 複 合 ③ 並 列]

答 (ア) ③ (イ) ③

2. デジタル伝送路符号化方式

デジタル信号を送受信するためには、伝送路の特性に合わせた符号形式に変換する必要がある。これを符号化といい、LANなどにおいて、さまざまなデジタル伝送路符号が使用されている。

デジタル伝送路符号化方式の種類

●RZ符号

“0”や“1”のビットに与えられたタイムスロットに、パルスが占有する時間率のことを、パルス占有率という。RZ(Return to Zero)符号は、パルス占有率が100%未満であり、1パルスの周期中に必ず低レベルに戻る符号である。

●NRZ符号

NRZ(Non-Return to Zero)符号は、パルス占有率が100%である。この符号は、送信データが“0”のときに低レベル、“1”のときに高レベルとする。なお、一般に光信号の伝送においては、出力が高レベルのときに発光、低レベルのときに非発光となる。

●NRZI符号

NRZI(Non-Return to Zero Inversion)符号も、NRZ符号と同様にパルス占有率が100%である。高レベルと低レベルという2つのレベルの変化で表す符号であり、一般に、送信データが“0”のときはレベルを維持し、“1”のときにレベルを反転させる。

●Manchester符号

Manchester(マンチェスタ)符号は、1ビットを2分割し、送信データが“0”のときビットの中央で高レベルから低レベルへ、送信データが“1”のときビットの中央で低レベルから高レベルへ反転させる符号である。

●MLT－3符号

MLT－3(Multi Level Transmit-3 Levels)符号は、高レベル、中レベル、低レベルという3つのレベルに変化させる符号である。送信データが“0”のときはレベルは変化せず、“1”のときにレベルが変化する。

表2・1 LANで使用される主なデジタル伝送路符号化方式

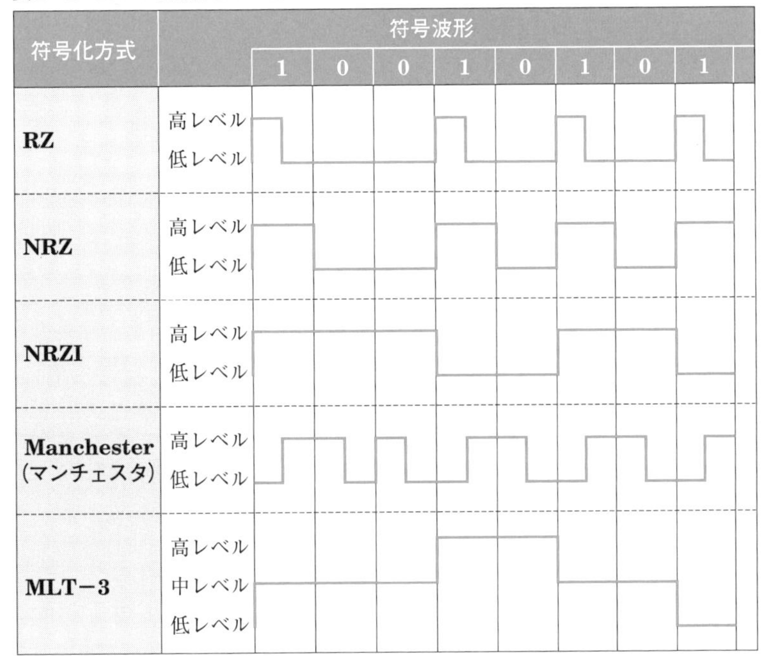

練習問題

【1】デジタル信号を送受信するための符号化方式のうち （ア） 符号は、送信データが0のときは信号レベルを変化させず、送信データが1のときに、信号レベルを低レベルから高レベルへ、又は高レベルから低レベルへ変化させる符号である。

[① MLT − 3 ② NRZI ③ Manchester]

【2】デジタル伝送に用いられる伝送路符号には、伝送路の帯域を変えずに情報の伝送速度を上げることを目的とした （イ） 符号がある。

[① 直流分抑圧 ② 多 値 ③ 零連続抑圧]

解説 【2】デジタル伝送路符号は、2値符号と多値符号に大別される。2値符号は、伝送するパルスの高レベルと低レベルという2つのレベルでデジタル符号の0と1を表す。これに対し多値符号は、伝送するパルスのレベル数を3つ以上に増やすことで、伝送路の帯域を変えずに、情報の伝送速度を上げることを目的にしている。たとえば、「+0−」の信号レベルで「1100」という4ビットを、また、「−0+」の信号レベルで「1111」という4ビットをそれぞれ表すことができる。

答 (ア) ② (イ) ②

3. 伝送制御手順

通信回線を介して情報を確実かつ効率的に伝送するためには、通信相手との回線の接続・切断の手続きや、データを正しく届けるための誤り制御などを行う必要がある。このようなデータ伝送に付帯する制御や手続きを**伝送制御**といい、この一連の手順を**伝送制御手順**という。

ここでは、代表的な伝送制御手順である**HDLC手順**について説明する。

HDLC手順の概要

HDLC(High-level Data Link Control：**ハイレベルデータリンク制御**)**手順**は、データを**フラグシーケンス**(**フラグ**)という特定のビットパターンで包んだ**フレーム単位**で伝送する方式である。フレームの区切りを示すフラグシーケンスのビットパターンは、ユーザが伝送するデータと区別できるように工夫されているため、任意のビットパターンのデータを伝送することができ、**情報伝達の透過性**(**トランスペアレンシー**)を確保している。

HDLC手順では、各フレームに**順序番号**(**シーケンス番号**)を付与してフレーム管理を行っている。このため、一つ一つ送達を確認しながら伝送する必要がなく、まとまった数のフレームを連続して伝送できるので、データの転送効率が良い。また、**CRC**(Cyclic Redundancy Check)**方式**による厳密な誤り制御を行っているため、高い信頼性を確保している。

CRC方式とは、データのブロック単位を高次の多項式とみなし、これをあらかじめ定めた**生成多項式**で割ったときの余りを検査用ビット(CRC符号)として、データの末尾に付けて送出する方式である。この検査用ビットは、n次の多項式を用いるときnビット長となる。受信側では、受信したデータを同じ生成多項式で割り算を行い、割り切れなければ誤りとする。CRC方式は高度な誤り検出方式であり、バースト誤り(一定時間密集して発生する誤り)に対しても厳密にチェックすることができる。

HDLC手順のフレーム構成

HDLC手順の伝送単位であるフレームは、図2・6のような構成になっている。

伝送方向 ←　　|←―フレーム―→|

……	フラグシーケンス	……	フラグシーケンス	フラグシーケンス	……	フラグシーケンス

フラグシーケンス (F)	アドレスフィールド (A)	制御フィールド (C)	情報フィールド(*) (I)	フレーム検査シーケンス (FCS)	フラグシーケンス (F)
01111110	8ビット	8ビット	任意長	16ビット	01111110

(*)情報フィールドを持たない場合もある。
F : Flag　A : Address　C : Control　I : Information　FCS : Frame Check Sequence

図2・6　HDLC手順のフレーム構成

●フラグシーケンス

フレームの同期をとるためのフィールドであり、**"01111110"**の特定のビットパターンが規定されている。受信側では、このビットパターンを抽出することによりフレームの開始と終了を認識する。

なお、フラグシーケンス以外の箇所でこのビットパターンが現れると、フレームの同期がとれなくなってしまう。そこで、送信側では、データ中に**"1"が5個連続**したとき、その直後に**"0"を挿入**してフラグシーケンスと同じビットパターンが現れないようにしている。なお、受信側では、開始フラグシーケンス(*)である"01111110"を受信後に、"1"が5個連続して次のビットが"0"であった場合、その"0"を除去して元のデータに復元する。

(*)送信するフレームの先頭に付加するフラグシーケンスを「開始フラグシーケンス」、フレームの末尾に付加するフラグシーケンスを「終結フラグシーケンス」という。

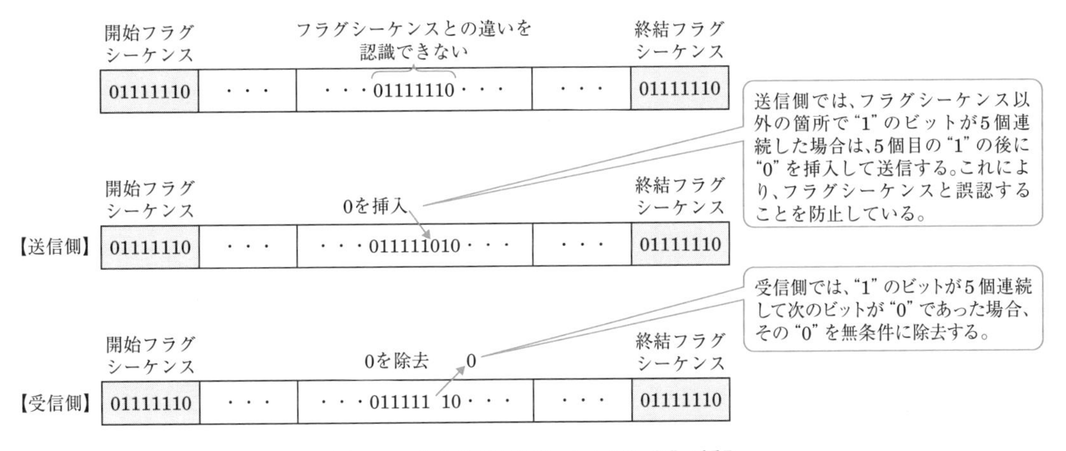

図2・7　"1"が5個連続したときの"0"の挿入

●アドレスフィールド（アドレス部）

8ビットで構成され、コマンドの宛先またはレスポンスの送信元を示すものである。このアドレスフィールドは、さらに8ビット単位で拡張することができる。

●制御フィールド（制御部）

8ビットで構成され、フレームの種別、コマンド／レスポンスの種別、送受信順序番号などの制御情報を設定する。

●情報フィールド（情報部）

送信するデータそのものが入る部分であり、そのビット長は任意である。

●フレーム検査シーケンス（FCS：Frame Check Sequence）

誤り制御を行うためのフィールドである。16ビットで構成され、CRC符号が使用されている。誤り制御の対象範囲は、アドレスフィールドから情報フィールドまでであり、フラグシーケンスの誤り制御は行っていない。

HDLC手順では、受信側において、開始フラグシーケンスである"01111110"を受信後に"1"が5個連続したとき、その直後の"0"は除去される。

練習問題

【1】HDLC手順は、（ア）単位での伝送制御機能、誤り検出・再送機能などにより、伝送効率や伝送品質が高く、また、任意のビットパターンのデータ伝送ができるなどの特徴がある。
［① フレーム　② キャラクタ　③ ビット］

【2】HDLC手順の伝送誤りの検出には、CRC方式が採用されていて、送信側と受信側で同じ（イ）を用いている。この方式の誤り検出能力は、（イ）に依存しているといわれる。
［① ハミング符号　② 生成多項式　③ パリティビット］

答（ア）①（イ）②

4. OSI参照モデル

コンピュータシステム相互間を接続し、データ交換を行うためには、両者間で通信方式に関する約束事(プロトコル)を標準化しておく必要がある。

通信プロトコルを標準化するため、各プロトコルを機能ごとに分類したのがOSI参照モデルである。

ネットワークアーキテクチャ

通信に必要な機能には、物理的なコネクタの形状、電気的条件、データ伝送制御手順、データの解読など、さまざまな機能があるが、これらを一定のまとまった機能に分類することができ、また、分類された機能を階層構造の体系としてとらえることができる。このように通信機能を階層化し、それらの機能を実現するためのプロトコルを体系化したものを、ネットワークアーキテクチャという。

ネットワークアーキテクチャで標準化すべきものは、相手側のシステムの同一層間の「プロトコル」と、自分のシステム内の上下の層の間の「サービス」である。プロトコルを階層化することにより、各層の独立性を高めることができ、各層は新技術や新方式の導入に対して柔軟性が確保される。

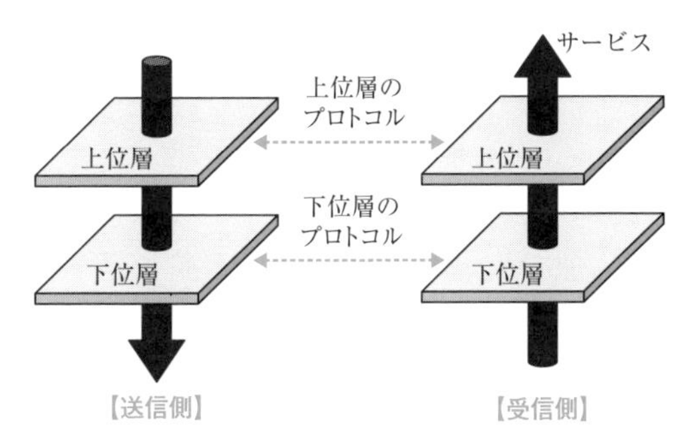

図2・8 ネットワークアーキテクチャ

OSI参照モデル

●OSI参照モデルの概要

OSI参照モデルは、ITU－T(国際電気通信連合の電気通信標準化部門)勧告X.200などで規定されている標準的なネットワークアーキテクチャである。OSIは、Open Systems Interconnectionの略で、開放型システム間相互接続という。

OSI参照モデルは、システム間を**物理層**、**データリンク層**、**ネットワーク層**、**トランスポート層**、**セション層**、**プレゼンテーション層**、**アプリケーション層**という7つの階層(**レイヤ**)にして、それぞれの層ごとにプロトコルを規定している。

第7層	アプリケーション層	ファイル転送やデータベースアクセスなどの各種の適用業務に対する通信サービスの機能を規定する。
第6層	プレゼンテーション層	端末相互間の符号形式、データ構造、情報表現方式などの管理を行う。
第5層	セション層	両端末間で同期のとれた会話の管理を行う。会話の開始、区切り、終了などを規定する。
第4層	トランスポート層	端末相互間でデータの転送を確実に行うための機能、すなわちデータの送達確認、順序制御、フロー制御などを規定する。
第3層	ネットワーク層	データの通信経路の設定・解放を行うための呼制御手順、最適な通信経路を選択する機能(ルーティング機能)などを規定する。
第2層	データリンク層	隣接するノード間(伝送装置間)でデータが誤りなく伝送できるように、データのフレーム構成、データの送達確認、誤り検出方法などの伝送制御を規定する。フレーム単位でデータを伝送している。
第1層	物理層	最下位に位置づけられる層であり、コネクタの形状、電気的特性、信号の種類、伝送速度などの物理的機能を提供する。情報の授受はビット単位で行われる。

図2・9　OSI参照モデル

OSI参照モデルの7層のうち、通信網(ネットワーク)が提供するのは、第1層(物理層)から第3層(ネットワーク層)までの機能であり、この3つの層の機能により相手側との間に伝送路が設定される。なお、第4層以上については、基本的には端末間のプロトコルであり、通信網は関与しない。

●各層の定義

JIS X 0026：1995「情報処理用語(開放型システム間相互接続)」では、OSI参照モデルの各層について表2・2のように定義づけを行っている。

表2・2 OSI参照モデルの各層の定義(JIS X 0026)

	レイヤ名	JIS X 0026で規定されている内容
第7層	アプリケーション層(＊1)	応用プロセスに対し、OSI環境にアクセスする手段を提供する層。
第6層	プレゼンテーション層	データを表現するための共通構文の選択及び適用業務データと共通構文との相互変換を提供する層。
第5層	セション層	協同動作しているプレゼンテーションエンティティ(＊2)に対し、対話の構成及び同期を行い、データ交換を管理する手段を提供する層。
第4層	トランスポート層	終端間に、信頼性の高いデータ転送サービスを提供する層。
第3層	ネットワーク層	開放型システム間のネットワーク上に存在するトランスポート層内のエンティティに対し、経路選択及び交換を行うことによってデータのブロックを転送するための手段を提供する層。
第2層	データリンク層	ネットワークエンティティ間で、一般に隣接ノード間のデータを転送するためのサービスを提供する層。
第1層	物理層	伝送媒体上でビットの転送を行うための物理コネクションを確立し、維持し、解放する機械的、電気的、機能的及び手続き的な手段を提供する層。

(＊1) JIS X 0026では、アプリケーション層を「応用層」と呼んでいる。
(＊2) OSI参照モデルにおいて「エンティティ」とは、一般に、各層の通信を実現するための機能モジュールを意味する。

練習問題

【1】 OSI参照モデル(7階層モデル)において、伝送媒体上でビットの転送を行うための物理コネクションを確立し、維持し、解放する機械的、電気的、機能的及び手続き的な手段を提供するのは、第 (ア) 層である。

[① 1　② 2　③ 3]

【2】 OSI参照モデル(7階層モデル)のネットワーク層について述べた次の記述のうち、正しいものは、 (イ) である。

① 異なる通信媒体上にある端末どうしでも通信できるように、端末のアドレス付けや中継装置も含めた端末相互間の経路選択などを行う。
② どのようなフレームを構成して通信媒体上でのデータ伝送を実現するかなどを規定する。
③ 端末からビット列を回線に送出するときの電気的条件、機械的条件などを規定する。

答 (ア) ① (イ) ①

5. IPネットワークの概要

IPネットワークとは、IP(Internet Protocol)技術を基盤とした通信網の総称である。ここでは、IPネットワークの種類やデータ伝送方式などについて説明する。

IPネットワークの種類

IPネットワークは、目的や用途によって次のように大別することができる(*)。

・**インターネット(Internet)**
世界中のネットワークが相互に接続された巨大で開かれたIPネットワークである。

・**イントラネット(Intranet)**
企業や団体など、組織の閉ざされた環境で利用することを目的としたIPネットワークである。WWWや電子メールなどの技術を導入することによって、さまざまな業務を効率的に行うことができる。イントラネットは、組織の情報通信基盤となっている。

・**エクストラネット(Extranet)**
イントラネットをさらに拡張したIPネットワークである。具体的には、複数の組織間で電子商取引(EC：Electronic Commerce)や電子データ交換(EDI：Electronic Data Interchange)などを行うために、それぞれのイントラネットを直接あるいはインターネット経由で、相互接続したネットワークである。

(*)上記3つの他、IP電話サービスを提供するために構築されたIP電話網もIPネットワークの1つである。

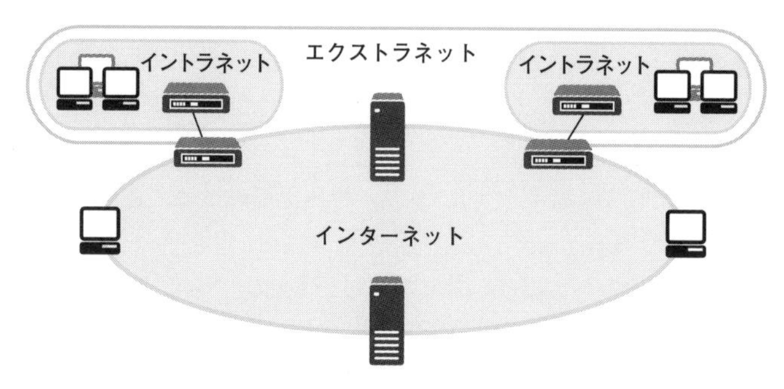

図2・10　IPネットワークの種類

IPパケット

IPネットワークでは、IP(Internet Protocol)というレイヤ3(ネットワーク層)のプロトコルを使用して**IPパケット**を転送する。ここでは、IPパケットの概要を説明する。

●パケットとは

通常のデータ通信では、デジタル符号化した一連のデータを、伝送しやすい大きさの断片に分割して転送する。この分割したデータの固まりを**データユニット**という。

データユニットは、データと制御情報(ヘッダ)とで構成され、OSI参照モデルのレイヤごとに異なった名称が付けられている。一般に、レイヤ4(トランスポート層)のデータユニットを**セグメント**といい、レイヤ3(ネットワーク層)のデータユニットを**パケット**またはデータグラムという。また、レイヤ2(データリンク層)のデータユニットを**フレーム**という。

表2・3　レイヤとデータユニット名

レイヤ	データユニットの名称
レイヤ4(トランスポート層)	セグメント
レイヤ3(ネットワーク層)	パケット(またはデータグラム)
レイヤ2(データリンク層)	フレーム

上表に示したとおり、パケットとは、レイヤ3のデータユニットのことをいう。

●IPパケットとは

IPネットワークで伝送されるデータユニットを**IPパケット**という。IPパケットは、制御情報である**IPヘッダ**と、転送するデータが格納されている**データフィールド**で構成されている。

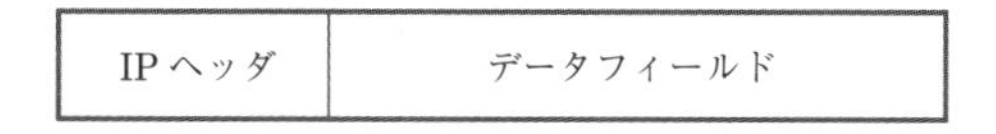

図2・11　IPパケット

IPパケットの制御情報(IPヘッダ)のフォーマットは、次頁の図2・12および図2・13のとおりである。IPには、アドレス空間が32ビットの**IPv4**(IPバージョン4)と、アドレス空間を128ビットに拡張した**IPv6**(IPバージョン6)がある。

IPv6のヘッダは、IPv4のヘッダに比べて簡素な構造であるため、高速通信に対応できるようになっている。なお、IPv6のヘッダには、必要に応じてオプション情報を格納する拡張ヘッダを付けることができる。

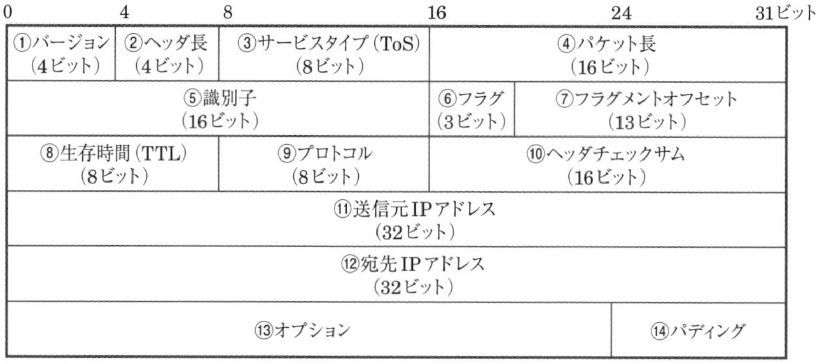

0　4　8　16　24　31ビット

①バージョン（4ビット）	②ヘッダ長（4ビット）	③サービスタイプ（ToS）（8ビット）	④パケット長（16ビット）	
⑤識別子（16ビット）			⑥フラグ（3ビット）	⑦フラグメントオフセット（13ビット）
⑧生存時間（TTL）（8ビット）		⑨プロトコル（8ビット）	⑩ヘッダチェックサム（16ビット）	
⑪送信元IPアドレス（32ビット）				
⑫宛先IPアドレス（32ビット）				
⑬オプション				⑭パディング

①バージョン：IPのバージョン番号（IPv4は「4」）
②ヘッダ長：32ビットを単位としたヘッダ部分の長さ
③サービスタイプ（ToS（Type of Service））：パケット転送の優先度
④パケット長：パケットの全体の長さ（バイト単位）
⑤識別子、⑥フラグ、⑦フラグメントオフセット：いずれもパケットの分割と組み立てに関わる情報
⑧生存時間（TTL（Time To Live））：パケットの寿命（ルータを1台通過するたびにカウントダウンする）
⑨プロトコル：上位プロトコル（TCPは16進数で「06」、UDPは「11」、ICMPは「01」）
⑩ヘッダチェックサム：IPヘッダのエラーチェック
⑪送信元IPアドレス：送信元のIPアドレス
⑫宛先IPアドレス：宛先のIPアドレス
⑬オプション：レコードルート（ルートの追跡に使用）、タイムスタンプ（ラウンドトリップ遅延時間の計算に使用）、ソースルーティング（経路の指定に使用）などのオプションがある
⑭パディング：IPヘッダを4バイトの整数値に整える

図2・12　IPv4ヘッダのフォーマット

0　4　12　16　24　31ビット

①バージョン（4ビット）	②トラヒッククラス（8ビット）	③フローラベル（20ビット）	
④ペイロード長（16ビット）		⑤次ヘッダ（8ビット）	⑥ホップリミット（8ビット）
⑦送信元IPアドレス（128ビット）			
⑧宛先IPアドレス（128ビット）			

①バージョン：IPのバージョン番号（IPv6は「6」）
②トラヒッククラス：パケット転送の優先度
③フローラベル：QoS（Quality of Service）で使用するトラヒックフローに付けるタグ
④ペイロード長：ヘッダを含まないIPペイロードの長さ
⑤次ヘッダ：IPデータグラム内の次のヘッダ
⑥ホップリミット：通過可能なルータ等の数
⑦送信元IPアドレス：送信元のIPアドレス
⑧宛先IPアドレス：宛先のIPアドレス

図2・13　IPv6ヘッダのフォーマット

IPネットワークにおけるデータ伝送

●IPネットワークのデータ伝送方式（パケット交換方式）

ここでは、IPネットワークのデータ伝送方式である**パケット交換方式**について説明する。また、IPネットワークの特徴をより理解できるように一般の電話網のデータ伝送方式である**回線交換方式**についても解説する。回線交換方式では、ネッ

トワーク上にある交換機が適切な回線を選択し、送信端末と受信端末の間を接続する。端末どうしは、接続された回線を占有し、データを送受信する。そして通信が終了すると、交換機は接続していた回線を元通りに開放する。回線交換方式は回線を占有するため、大量のデータを連続して伝送する場合には有効である。また、遅延も少なく、他の通信からの影響もほとんど受けない。しかし、少量のデータを交互にやりとりする会話型の通信では、回線の使用効率は悪くなる。

一方、パケット交換方式では、送信端末は、データに宛先情報などの**制御情報(ヘッダ)**を添付して送信する。ネットワーク上にある交換機は、添付された制御情報を調べ、データを適切な回線へ転送する。複数の交換機を経由する場合は、この転送動作を繰り返し、最終的に受信端末へデータが伝送される。

パケット交換方式は、制御情報を確認してデータを転送するため、回線交換方式より遅延は大きくなる。また、回線を占有しないため、他の通信の影響を受けて、遅延がさらに大きくなることもある。しかし、転送するデータがあるときだけ回線を使用するうえ、一連のデータを伝送しやすい大きさの断片に分割して転送するため、回線の使用効率が良い。さらに、転送中に発生するビットエラーをチェックする情報を、データに添付することができるため、信頼性が必要なデータ転送に有効である。

IPネットワークは、このようなパケット交換方式のネットワークであり、**ルータ**が交換機の役割を担っている。

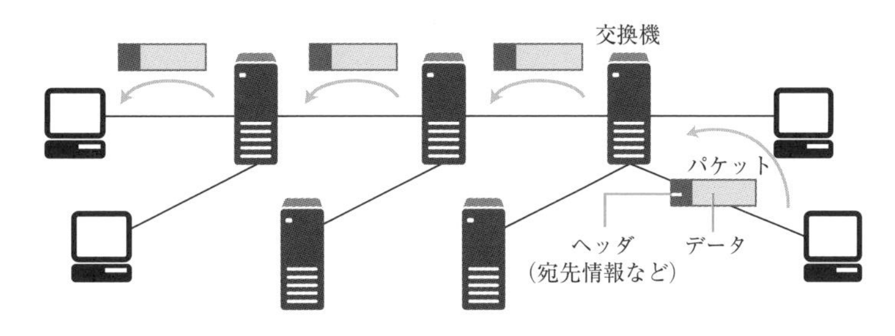

図2・14　パケット交換方式

●IPネットワークの構成

IPネットワークは、経路制御を行うルータと、ホストやサーバなどの各種端末で構成される。

宛先の端末が、送信する端末と異なるネットワークに属している場合、送信端末から転送されたIPパケットは、ネットワークとネットワークとの境界に位置するルータに転送される。ルータは、IPパケットのヘッダに記されている宛先IPアドレス(166頁参照)を調べる。そして、最適な経路を選択して、宛先端末または次のルータへIPパケットを転送する。

このようにパケットの最適な転送経路を選択することを、**ルーティング(経路選択制御)**という。

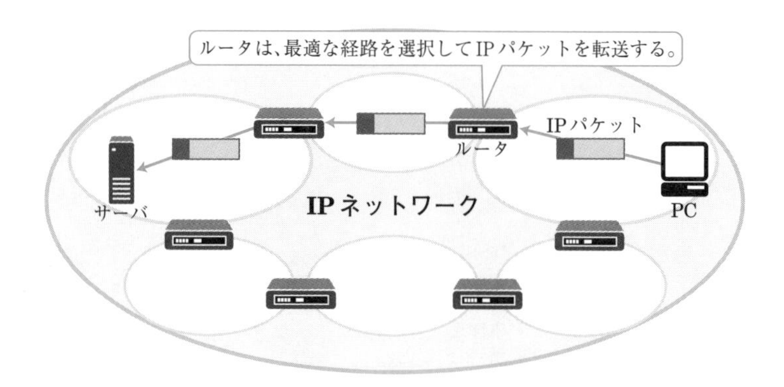

図２・15　IPネットワークの構成例

【参考：データのカプセリング】

インターネットやイントラネットで通信を行うとき、コンピュータのデータやデジタル符号化された音声・画像などのデータは、図２・16の①～⑥の過程を経て、ネットワークへ転送される。

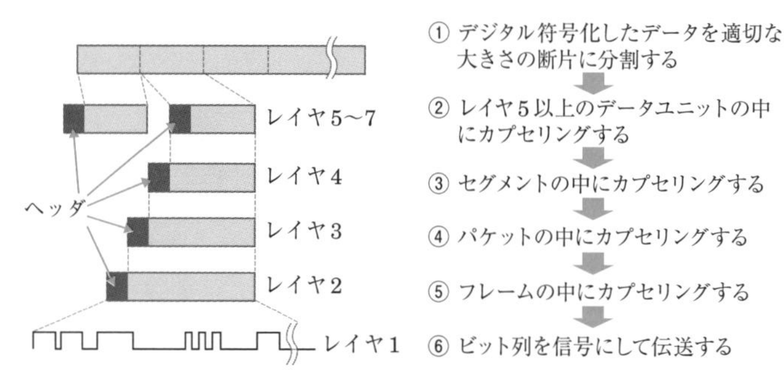

図２・16　データのカプセリング

① コンピュータのデータや、デジタル符号化された音声・画像などのデータは、伝送しやすい適切な大きさの断片に分割される。
② 分割されたデータにレイヤ５～７のプロトコルの制御情報（ヘッダ）を付加して、レイヤ５以上のデータユニットを形成する。
③ レイヤ５以上のデータユニットは、TCPやUDPというレイヤ４のプロトコルのヘッダを付加して、セグメントを形成する。
④ レイヤ４のセグメントは、IPのヘッダを付加して、IPパケットを形成する。
⑤ レイヤ３のIPパケットは、イーサネットなどのLANプロトコルや、PPPなどのWANプロトコルのヘッダを付加して、フレームを形成する。
⑥ レイヤ２のフレームは「１」と「０」のビット列である。レイヤ１では、フレームのビット列を、電気、光、電波などの信号に変換し、伝送媒体を通じて伝送する。

このように、上位のデータユニットにヘッダを付加して下位のデータユニットを形成することを、カプセリング（カプセル化）という。

転送データの最大長(MTU)

ネットワーク上で1回の転送(イーサネットの場合は1フレーム)で送信できるデータの最大長(ヘッダを含む)を、**MTU**(Maximum Transmission Unit)という。

MTUはデータリンク技術により異なっており、たとえば標準(DIX規格)のイーサネットのMTUは**1,500バイト**、PPPoE(PPP over Ethernet)のMTUは1,492バイトである。PPPoEとは、電話回線を通じてインターネットへダイヤルアップ接続する際に使用するPPP(Point to Point Protocol)機能を、イーサネット上で利用するためのプロトコルであり、RFC2516で標準化されている。

ルータなどの通信機器がIPパケットを中継する場合、受信したIPパケットのサイズが出力側インタフェースのMTUを超えていると、そのままでは宛先に到達することができない。このため、IPv4では、IPパケットのサイズが出力側インタフェースのMTU以下となるように分割(フラグメント)し、IPパケットを再構成して転送できるようになっている。この処理を**フラグメント化**という。

なお、MTUを超える大きさのIPパケットを受け取ったルータなどの機器に、フラグメント化禁止の設定がされていると、その機器は、転送されてきたIPパケットを破棄し、エラーメッセージを送信元に返す。

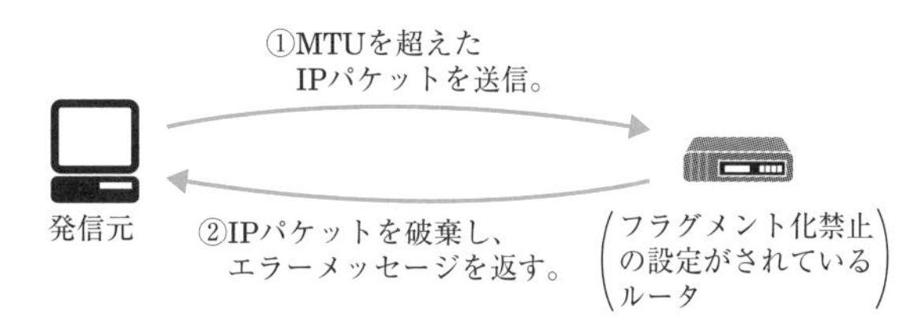

図2・17 MTUの超過

練習問題

【1】データリンク層において、一つのフレームで送信可能なデータの最大長は (ア) といわれ、一般に、イーサネットでは1,500バイトである。
[① RWIN ② MSS ③ MTU]

答 (ア) ③

6. IPアドレス

IPアドレスの概要

IPネットワークを使用して通信を行うコンピュータは、それぞれを識別するための固有のアドレスを持つ必要がある。このアドレスがIPアドレスであり、IPネットワーク上でコンピュータを識別するための「住所」の役割を担っている。

IPパケットの中のIPヘッダには、パケットの送信元IPアドレスと宛先IPアドレスが含まれており、これにより、どのコンピュータがパケットを送信したか、どこにパケットを届けるのかを識別している。IPv4（IPバージョン4）の場合、このIPアドレスは32ビットの長さで構成されている。一方、IPv6（IPバージョン6）では、IPアドレスは128ビットである（168頁参照）。

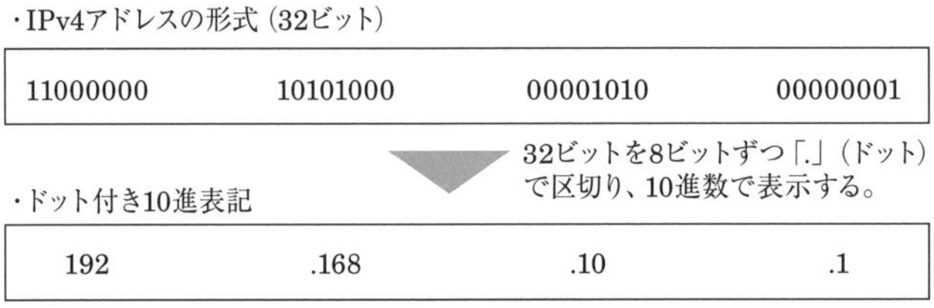

・IPv4アドレスの形式（32ビット）

11000000	10101000	00001010	00000001

32ビットを8ビットずつ「.」（ドット）で区切り、10進数で表示する。

・ドット付き10進表記

192	.168	.10	.1

コンピュータの中では0と1で表現される2進数で処理が行われるが、人が見ても簡単に理解し、また管理を容易にするために、IPv4では8ビットずつに分けて10進数に変換し「.」（ドット）で区切る方法がとられている。なお、これは「ドット付き10進表記」と呼ばれている。

図2・18　IPv4アドレスの表記

ネットワークIDとホストID

IPv4で使用する32ビットのIPアドレスは、個々のネットワークを識別するためのネットワークID（ネットワークアドレス）部分と、そのIPネットワーク内のコンピュータを識別するためのホストID（ホストアドレス）部分で構成されている。

このため、IPネットワークではすべてのコンピュータのIPアドレスを登録するのではなく、ネットワークIDだけを登録すれば、通信したいコンピュータが存在する場所（エリア）を探し出すことができ、IPネットワークを容易に管理できるようになっている。

また、ネットワークIDは、規模に応じて柔軟にアドレスの割り当てを行えるようにするために、複数のクラスに分けて管理されている。たとえば、クラスAは上位8ビットがネットワークID、下位24ビットがホストIDとして使用される。

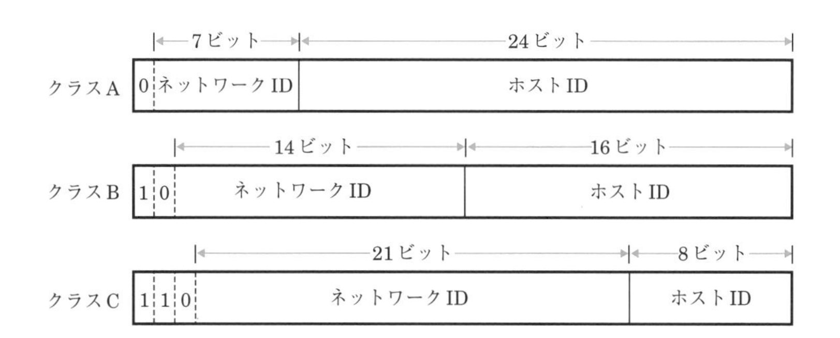

図2・19　IPv4アドレスの主なクラス

図2・19に示すように、先頭ビットはクラスごとに異なっており、クラスAは“0”、クラスBは“10”、クラスCは“110”である。また、クラスA～Cの他に、マルチキャスト通信で使用するクラスDや、実験で使用するクラスEがある。マルチキャスト通信とは、特定のグループ内のすべての端末へ同じデータを同時に送信する「1対多」の通信をいい、一般に、映像や音楽のストリーミング配信などに用いられている。

グローバルIPアドレスとプライベートIPアドレス

現在、インターネット上で使用されているIPアドレスは、ICANN（Internet Corporation for Assigned Names and Numbers）という国際的に組織された民間の非営利法人が一元的に管理している。この管理されているIPアドレスをグローバルIPアドレスと呼び、インターネット上の各コンピュータに一意に割り当てられている。

一方、企業内の閉じたネットワーク（イントラネット）でのみ利用し、独自にIPアドレスを設定できるようにするためにプライベートIPアドレスが定義されている。現在、多くの企業のイントラネットでは、このプライベートIPアドレスを利用してネットワークシステムが構築されている。

ただし、プライベートIPアドレスは、閉じたネットワークでのみ用いられるため、インターネット上の他のネットワークやコンピュータと直接通信することができない。そのため、企業内のイントラネットとインターネットの接続部分においてプライベートIPアドレスとグローバルIPアドレスを相互に変換する方法がとられている。これをNAT（Network Address Translation）という。

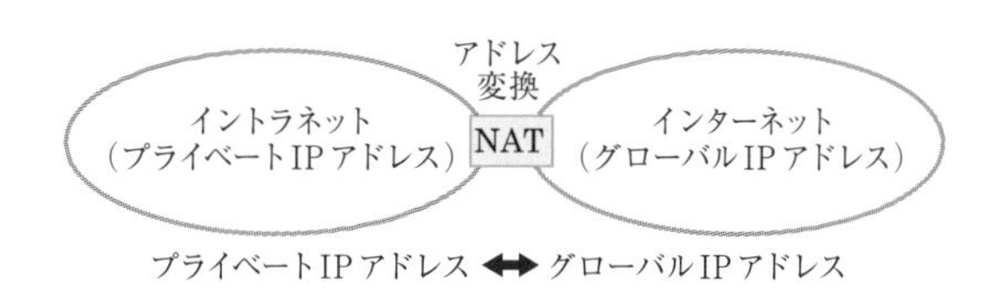

図2・20　NATによるアドレス変換

プライベートIPアドレスとグローバルIPアドレスの変換技術には、この他に**NAPT**(Network Address Port Translation)がある。NAPTは、一般に、**IPマスカレード**とも呼ばれており、IPアドレスだけでなくポート番号も変換し、1つのグローバルIPアドレスに対して複数のプライベートIPアドレスを割り当てることができる。

IPv6アドレス

従来広く使われてきたIPv4アドレスは32ビットのアドレス空間であるため、最大でも世界人口より少ない43億(≒2^{32})個程度しか使えず、アドレス枯渇が問題となっている(*)。そこで、この問題を解決するために、アドレス空間を128ビットに拡張したIPv6の仕様が策定された。IPv6では、2^{128}≒340澗(かん)(340兆の1兆倍の1兆倍)個という、ほぼ無限のIPアドレスを使うことができる。

(*)アドレス資源をグローバルに管理しているICANNにおいて、新規に割り当てできるIPv4アドレスの在庫が2011年2月に枯渇した。

●IPv6アドレスの表記

IPv6アドレスの表記を図2・21に示す。IPv4アドレスが32ビットを8ビットずつドット(.)で区切って、その内容を10進数で表示するのに対し、IPv6アドレスは、**128ビット**を**16ビット**ずつコロン(:)で区切って、その内容を**16進数**で表示する。また、IPv6アドレスは一定のルールにしたがって、表記を次のように簡略化することができる。

0100000001100000　0001001011011110　0010000010101100　0000000000000000
0000000000000000　0000000000000000　0000110010110000　1000000000101100

▼ 128ビットを16ビットずつ「:」(コロン)で区切り、16進数で表示する。

4060：12DE：20AC：0000：0000：0000：0CB0：802C

▼ 「:」で区切った単位において上位桁が「0」から始まる場合は、次のように省略することができる。

4060：12DE：20AC：0：0：0：CB0：802C

▼ 「0」が連続する部分は、1つのIPv6アドレスにつき1回に限り、「::」に省略することができる。

4060：12DE：20AC：：CB0：802C

図2・21　IPv6アドレスの表記

IPv6アドレスは、128ビットを16ビットずつコロン(:)で区切り、16進数で表示する。

IPv6アドレスの種類

IPv6アドレスは宛先の指定方法により、ユニキャストアドレス、マルチキャストアドレス、およびエニーキャストアドレスの3種類に大別される。

・ユニキャストアドレス

単一の宛先を指定するアドレスであり、1対1の通信に使用される。このユニキャストアドレスには、全世界でただ1つのグローバルユニキャストアドレスの他、同一リンク(ルータ越えをしない範囲)内でのみ有効なリンクローカルユニキャストアドレスなどがある。

グローバルユニキャストアドレスは、128ビット列のうちの上位(先頭)3ビットが"001"、リンクローカルユニキャストアドレスは上位10ビットが"1111111010"となっている。

・マルチキャストアドレス

グループを識別するアドレスである。マルチキャストアドレスは、送信された1つのデータをグループに属するすべての端末が受信するマルチキャスト通信に使用される。128ビット列のうちの上位8ビットがすべて1(すなわち"11111111")であり、IPv6アドレスの表記法である16進数では「ff」と表される。

・エニーキャストアドレス

マルチキャストアドレスと同様にグループを識別するアドレスである。送信されたデータをグループの中で一番近くにある端末だけが受信する点が、マルチキャストアドレスの場合とは異なっている。

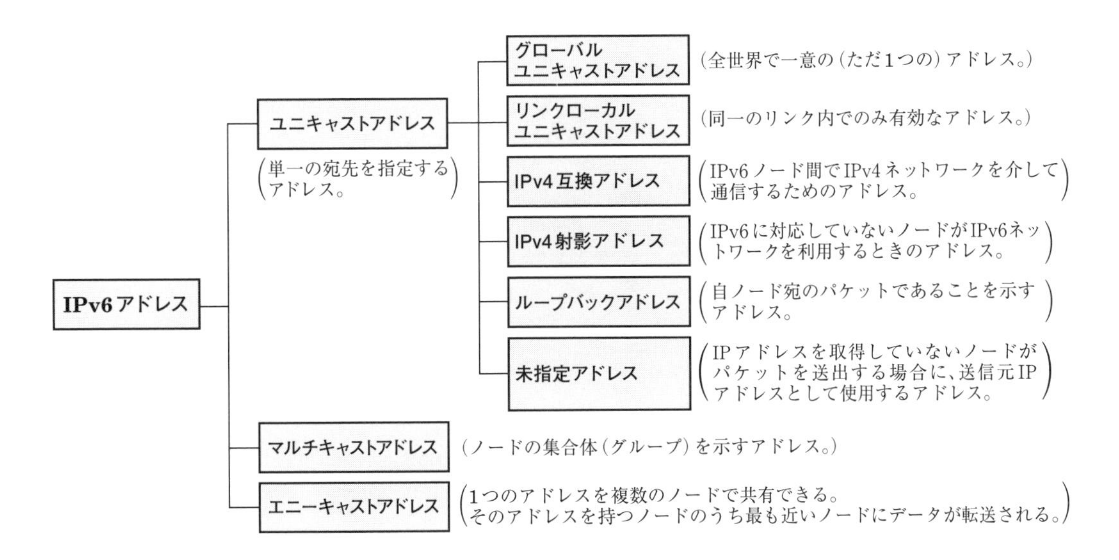

図2・22 IPv6アドレスの種類

【参考：プレフィックス部とインタフェースID】

IPv6アドレスの表記について補足して説明する。IPv6アドレスの上位部分は「プレフィックス部」と呼ばれ、ネットワークを識別するために使用される。この部分は、IPv4アドレスのネットワークIDに相当する。また、IPv6アドレスの下位部分は「インタフェースID」と呼ばれ、ホストを識別するために使用される。この部分は、IPv4アドレスのホストIDに相当する。

以下に示すIPv6アドレスは、省略および簡略化された表記の一例である。この例において/32は、上位32ビットがプレフィックス部であることを表している。

2001：db8：：/32

練習問題

【1】IPv6アドレスの表記は、128ビットを［（ア）］に分け、各ブロックを16進数で表示し、各ブロックをコロン(：)で区切る。
[① 4ビットずつ32ブロック　② 8ビットずつ16ブロック　③ 16ビットずつ8ブロック]

【2】IPv6アドレスは、［（イ）］、マルチキャストアドレス及びエニーキャストアドレスの3種類のタイプが定義されている。
[① ユニキャストアドレス　② プライベートIPアドレス　③ グローバルIPアドレス]

答（ア）③（イ）①

7. IPネットワークのプロトコル

通信を行うための取り決めや手順のことをプロトコルという。ここでは、IPネットワークで使用されるプロトコルについて解説する。

TCP/IPの概要

IPネットワークで使用されるIP(Internet Protocol)やTCP(Transmission Control Protocol)などのプロトコルを総称してTCP/IPという。IPネットワークではさまざまなプロトコルが用いられるが、その中核となるのがIPとTCPである。

●IP

IPは、後述するTCP/IP階層モデルにおけるインターネット層の通信プロトコルである。送受信データは、IPパケットのヘッダに宛先情報として設定されたIPアドレスに従い、ネットワークを経由して相手側のコンピュータに届けられる。

IPは、通信相手のコンピュータに向けてパケットを転送する枠組みだけを提供し、パケットが相手にきちんと届いたかどうかを確認する仕組みを持たない、いわゆるコネクションレス型の通信プロトコルである。そのため、コンピュータ内の処理が少なくて済み、通信の高速化を実現できる。しかし、その一方で、パケット伝送の誤り制御機能や再送機能は持っていないため、これらの機能は、上位層のプロトコルに委(ゆだ)ねられている。

●TCPとUDP

TCPは、IPの直近上位(トランスポート層)のプロトコルである。TCPは、送信するすべてのデータに対して一定時間内に確認応答を受信するようにしており、送達の確認ができなかったデータに関しては再送を行い、確実に相手にデータを届けることを保証している。

具体的に説明すると、TCPは「コネクション」という通信路を相手のコンピュータとの間で設定し、このコネクションの開始や維持、終了を行う。そして、送受信データを含むパケットは、このコネクションを通って確実に相手先に届けられる。このようにTCPは、信頼性の高いコネクション型の通信プロトコルである。

IPの直近上位のプロトコルには、TCPの他にUDP(User Datagram Protocol)がある。UDPは、TCPとは異なりコネクションレス型のプロトコルであり、データの送達確認や再送は行わない。しかし、TCPに比べてコンピュータの処理負荷が小さく、高速で効率の良い通信を行うことができる。

TCP/IPの階層構造

TCP/IPのプロトコル群は、OSI参照モデルと同様に、階層モデルを基盤にしている。階層モデルでは各階層の機能を分離し、ある階層の機能を変更しても上位層や全体の動作には影響を与えない仕組みになっている。

TCP/IPのプロトコル群は、ネットワークインタフェース層、インターネット層、トランスポート層、アプリケーション層という4階層で構成されている。階層化アーキテクチャとしては、7階層を持つOSI参照モデルと同様であるが、制定された時期も異なり、各階層の役割が全く同じというわけでもない。しかし、共通点が多いので、2つの階層構造を比較することは可能である。図2・23に示すように、たとえばTCP/IP階層モデルのインターネット層は、OSI参照モデルのネットワーク層に相当する。

OSI参照モデル	TCP/IP階層モデル	該当するプロトコルの例	
アプリケーション層 プレゼンテーション層 セション層	アプリケーション層	HTTP :Hyper Text Transfer Protocol SMTP :Simple Mail Transfer Protocol POP :Post Office Protocol FTP :File Transfer Protocol SNMP:Simple Network Management Protocol DNS :Domain Name System DHCP:Dynamic Host Configuration Protocol など	(右頁「アプリケーション層のプロトコル」参照)
トランスポート層	トランスポート層	TCP :Transmission Control Protocol UDP :User Datagram Protocol	
ネットワーク層	インターネット層	IP :Internet Protocol ICMP :Internet Control Message Protocol	→(ICMP：IPネットワーク上で検知されたエラーの状況やIPの経路確認など各種情報の調査を行う)
データリンク層 物理層	ネットワークインタフェース層(リンク層)	イーサネット PPP :Point-to-Point Protocol PPPoE :PPP over Ethernet など	→(イーサネット：126頁「5. イーサネットLAN」参照) →(PPP：電話回線を通じてインターネットへダイヤルアップ接続する際、使用する) →(PPPoE：PPP機能をイーサネット上で利用するためのプロトコル)

図2・23　OSI参照モデルとTCP/IP階層モデル

表2・4　TCP/IP階層モデルにおける各層の役割

階層名	説　明
アプリケーション層	トランスポート層の直近上位に位置する階層であり、アプリケーションが用いる各種サービスのデータのやりとりについて規定している。
トランスポート層	インターネット層の直近上位に位置する階層であり、コンピュータ間のデータ転送を制御し、上位のアプリケーション層とのデータの受け渡しを行う。TCPとUDPは、この層のプロトコルである。
インターネット層	ネットワークインタフェース層の直近上位に位置する階層である。この層で現在最も普及しているのがIPである。
ネットワークインタフェース層	物理メディアへの接続や、隣接する他のノードと通信を行うためのデータリンクレベルでのアドレスやフレームフォーマットなどが規定されている。

TCP/IP階層モデルにおけるネットワークインタフェース層は、OSI参照モデルの物理層とデータリンク層に相当する。また、インターネット層は、OSI参照モデルのネットワーク層に相当する。

アプリケーション層のプロトコル

TCP/IP階層モデルにおけるアプリケーション層の主なプロトコルは、次のとおりである。なお、SIPもアプリケーション層のプロトコルであるが、これについては次項「IP電話関連プロトコル」で説明する。

●HTTP (Hyper Text Transfer Protocol)

クライアントPCのWebブラウザとWebサーバ間でハイパーテキストをやりとりするためのプロトコルである。HTTPでWebブラウザが取得する情報は、HTMLなどのハイパーテキスト形式で記述されていることから、画像などのマルチメディア情報を利用することができる。また、情報内に埋め込まれたリンク情報を用いて他のサーバに容易にアクセスすることもできる。この機能により、インターネット上での世界的規模の情報検索が可能となっている。

●SMTP (Simple Mail Transfer Protocol)、POP (Post Office Protocol)、IMAP (Internet Message Access Protocol)

電子メールのやりとりに使用されるプロトコルである。ユーザがメールを送信すると、メールはまず最寄りのメールサーバに到達し、その後はいくつものサーバを経由して相手先に転送される。SMTPは、送信端末(メールクライアント)とメールサーバ間、および各メールサーバ間でやりとりされるプロトコルであり、メールの送信元および相手先情報を読み取って最適なサーバに転送していく。

SMTPにより最寄りのメールサーバまで転送されたメールは、相手先端末の操作により受信される。その際、メールをサーバから取り出すためのプロトコルには、一般にPOPやIMAPが使われている。IMAPはPOPとは異なり、メールサーバ上でメールを検索したり、フォルダを作成してメールを管理したりすることができる。

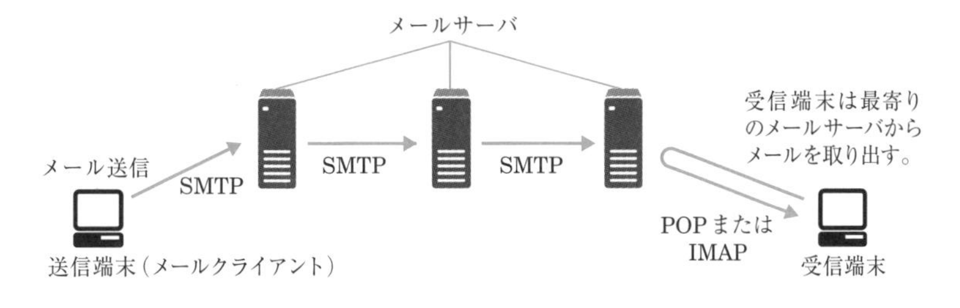

図2・24　電子メールで用いられるプロトコル(SMTP、POP、IMAP)

●FTP (File Transfer Protocol)

インターネット上でコンピュータ間のファイルを転送するプロトコルである。ユーザはPC上のFTPクライアントソフトを使用して、ISP(インターネットサービスプロバイダ)や企業が設置したFTPサーバにアクセスし、FTPサーバに保存されたファイルの転送を行う。

●SNMP (Simple Network Management Protocol)

ネットワークに接続された通信機器(ルータやPCなど)を監視し管理するためのプロトコルである。SNMPでは、管理対象となる機器はエージェントと呼ばれ、管理側であるマネージャとの間でMIB(Management Information Base)という管理情報を交換する。

●DNS (Domain Name System)

IPネットワーク上のホスト名とIPアドレスとの対応付けを行うプロトコルをDNSといい、この機能を持つサーバをDNSサーバという。なお、ホスト名とは、人間が識別しやすいようにネットワーク上のコンピュータに付けられている名前のことを指す。

●DHCP (Dynamic Host Configuration Protocol)

IPアドレスなどを一元的に管理し、端末の起動時にIPアドレスを自動的に割り当てるプロトコルである。

このDHCP機能を持つサーバをDHCPサーバという。クライアントとなる端末側でDHCPサーバ機能を有効にしている場合、その端末は、起動時にDHCPサーバ機能にアクセスしてIPアドレスを取得する。そのため、個々の端末にIPアドレスを設定する必要がない。

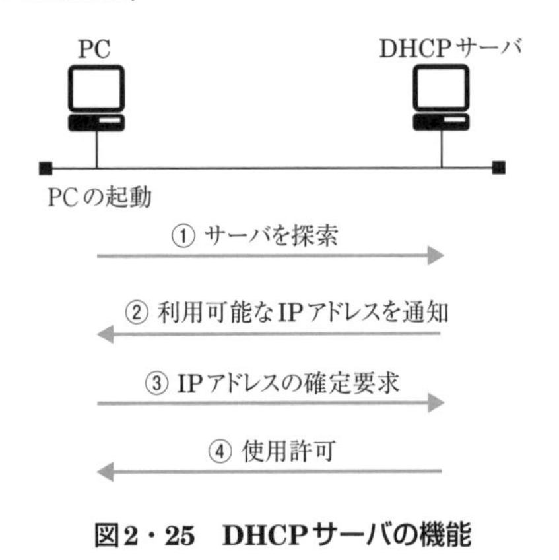

図2・25　DHCPサーバの機能

重要

DHCPは、端末の起動時にIPアドレスを自動的に割り当てるプロトコルである。

IP電話関連プロトコル(SIP)

音声データや呼制御のデータをIPパケットで伝送する技術を、**VoIP**(Voice over Internet Protocol)という。**IP電話**はVoIP技術を使用した通話システムであり、IP電話で使用するIPネットワークを**IP電話網**という。

IP電話で通信を行うには、回線交換方式の加入電話と同様に端末間で通信相手を確認して呼び出し、通話するための条件や環境を整え、また、通話の終了後に元に戻すことが必要である。このような制御を行うプロトコルを**呼制御プロトコル**または**シグナリングプロトコル**という。

IP電話では、呼制御プロトコルとして**SIP**(Session Initiation Protocol)が主に用いられている。SIPは、IPネットワーク上で音声や動画などを双方向でリアルタイムにやりとりするために、クライアント/サーバ間におけるセッションを設定するプロトコルとして開発され、IETF(インターネット技術標準化委員会)のRFC3261として標準化されている。

SIPは、TCP/IP階層モデルにおける**アプリケーション層**のプロトコルであり、IPやTCPなどの他のプロトコルと組み合わせて通信を実現する。IPなどのインターネット層のプロトコルに依存しないため、IPv4およびIPv6の両方で動作することができる。また、拡張性に優れているうえ、インターネット技術をベースにしているのでWebブラウザなどの技術とも親和性が高い。

このように、SIPはさまざまな利点を有していることから、現在、IP電話の呼制御プロトコルとして広く普及している。

SIPは、IP電話で用いられる呼制御プロトコルであり、IPv4およびIPv6の両方で動作する。

練習問題

【1】IPネットワークで使用されているTCP/IPのプロトコル階層モデルは4層から構成されており、このうちの (ア) は、OSI参照モデル(7階層モデル)のネットワーク層に相当する。
[① アプリケーション層　② トランスポート層　③ インターネット層]

【2】IP電話のプロトコルとして用いられているSIPは、IETFのRFC3261において標準化された (イ) プロトコルであり、IPv4及びIPv6の両方で動作する。
[① ネットワーク管理　② 呼制御　③ 経路制御]

答 (ア) ③ (イ) ②

8. ネットワーク管理コマンド

ネットワークを管理するために、ICMPやpingコマンド、tracertコマンドなどが一般によく用いられている。

ICMP

●ICMPの概要

ICMP(Internet Control Message Protocol)は、TCP/IP階層モデルのインターネット層(OSI参照モデルのネットワーク層に相当)のプロトコルであり、IPネットワーク上で検知されたエラーの状況やIPの経路確認など、各種情報の調査を行う。

ICMPは、たとえばIPパケットを受信したネットワーク上のルータが、そのIPパケットを次に転送すべきネットワークへの経路情報を持っていない場合に、「net unreachable:ネットワーク到達不可」というエラーメッセージを、IPパケットの送信元のコンピュータに返信する。

●ICMPv6

IPv6で用いられるICMPをICMPv6という。IETFの技術仕様RFC4443では、ICMPv6は、IPv6を構成する一部分として不可欠なものであり、すべてのIPv6ノードは完全にICMPv6を実装しなければならないと規定されている。

ICMPv6メッセージには、ICMPと同様に、「到達不可」や「時間超過」などのエラーメッセージの他、「エコー要求」や「エコー応答」などの情報メッセージがある。

ICMPv6メッセージは、大きく分けてエラーメッセージと情報メッセージの2種類がある。

pingコマンド

●pingコマンドの概要

pingコマンドは、LANに接続されたコンピュータの接続状況を、ICMPメッセージを用いて診断するプログラムである。

Windowsのコマンドプロンプトから、「ping△IPアドレス」と入力(「△」は半角スペース。「IPアドレス」には調べたいIPアドレスを入力)して「Enter」キーを押すことによって、指定したIPアドレスの端末のネットワーク接続状況を調べることができる。このとき送信するデータの初期設定値は、Windowsでは32バイト、macOSやLinuxなどでは56バイトとなっている。接続が正常な場合は「IPアドレス からの応答」、正常でない場合は「要求がタイムアウトしました。」と画面上に表示される。

●pingコマンドのオプション

pingコマンドは、基本的にはpingの後に、調査したい宛先のIPアドレスやホスト名を指定する。これに加えて、ハイフン"－"の後、オプション(t、a、n、l、f、等)を指定して付加的な機能を実行することができる。このオプションを使いこなすことによって、ネットワークの不良箇所を特定するなど、より幅広いトラブル対策が可能となる。

Windowsのコマンドプロンプトから、オプションを指定せずにpingコマンドを実行すると、指定可能なオプションのリストが図2・26のように表示される。

```
Microsoft Windows [Version 10.0.18363.1016]
(c) 2019 Microsoft Corporation. All rights reserved.

C:¥Users>ping

使用法：ping [-t] [-a] [-n 要求数] [-l サイズ] [-f] [-i TTL] [-v TOS]
            [-r ホップ数] [-s ホップ数] [[-j ホスト一覧] | [-k ホスト一覧]]
            [-w タイムアウト] [-R] [-S ソースアドレス] [-c コンパートメント]
            [-p] [-4] [-6] ターゲット名

オプション：
    -t              中断されるまで、指定されたホストを Ping します。
                    統計を表示して続行するには、Ctrl+Break を押してください。
                    停止するには、Ctrl+C を押してください。
    -a              アドレスをホスト名に解決します。
    -n 要求数       送信するエコー要求の数です。
    -l サイズ       送信バッファーのサイズです。
    -f              パケット内の Don't Fragment フラグを設定します (IPv4 のみ)。
    -i TTL          Time To Live です。
    -v TOS          Type Of Service(IPv4 のみ。この設定はもう使用されておらず、IP ヘッダー
                    内のサービス フィールドの種類に影響しません)。
    -r ホップ数     指定したホップ数のルートを記録します (IPv4 のみ)。
    -s ホップ数     指定したホップ数のタイムスタンプを表示します (IPv4 のみ)。
    -j ホスト一覧   一覧で指定された緩やかなソース ルートを使用します (IPv4 のみ)。
    -k ホスト一覧   一覧で指定された厳密なソース ルートを使用します (IPv4 のみ)。
    -w タイムアウト 応答を待つタイムアウトの時間 (ミリ秒) です。
    -R              ルーティング ヘッダーを使用して逆ルートもテストします (IPv6 のみ)。
                    RFC 5095 では、このルーティング ヘッダーは使用されなくなりました。
                    このヘッダーが使用されているとエコー要求がドロップされるシステムも
                    あります。
    -S ソースアドレス 使用するソース アドレスです。
    -c コンパートメント ルーティング コンパートメント識別子です。
    -p              Hyper-V ネットワーク仮想化プロバイダー アドレスを ping します。
    -4              IPv4 の使用を強制します。
    -6              IPv6 の使用を強制します。
```

図2・26 pingコマンドの使用方法(Windowsの画面例)

pingコマンドには、上の画面例で示すとおり、さまざまなオプションがある。たとえば-l(letter：文字数)は、pingで送信するテストデータのサイズ(バイト数)を指定するオプションである。また、-f(fragment：断片)は、パケット内のフラグメント化禁止フラグを"1"(オン)に設定するオプションである。

tracertコマンド等

●tracertコマンド

　パケットが特定のホストコンピュータへ到達するまでの経路を調べるために用いられるコマンドである。この**tracertコマンド**は、ICMPの**TTL**(Time To Live：生存時間)超過による到達不能メッセージを利用する。TTLは、パケットの生存時間(ルータを何回通過できるか)を示すもので、送信元がパケットを送信する際にIPヘッダのTTLフィールドに値を設定する。TTLの値は、パケットがルータを経由するたびに1ずつ減っていき、値が0になると、そのパケットは破棄される。

　もう少し具体的に説明すると、tracertコマンドでは、図2・27のようにTTLフィールドに設定する値を1ずつ増やしながら、調査対象となっている宛先にパケットを次々と送信していく。パケットが宛先に到達しないまま次々と転送されTTLが0になれば、そのときに当該パケットを処理したルータは、TTL超過のため宛先に到達できない旨のエラーメッセージ(Time Exceeded：時間超過)を送信元に返す。パケットが宛先に到達すれば「Echo Reply」というメッセージが返ってくるので、この時点でパケットの送出を終了する。

　このようにtracertコマンドを用いることで、パケットが宛先に到達するまでに経由するルータと往復時間を調査することができる。

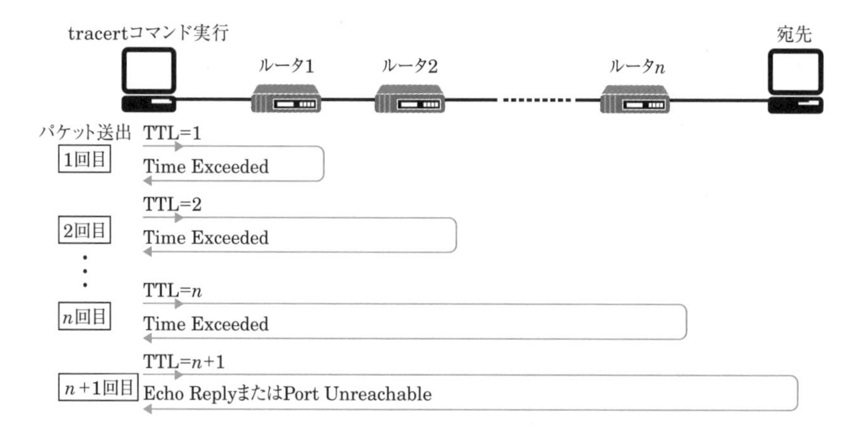

図2・27　tracertコマンド

tracertコマンドは、パケットが特定のホストコンピュータへ到達するまでに通る経路を調べるために用いられる。

● ipconfigコマンド

ホストコンピュータの構成情報であるIPアドレスや、デフォルトゲートウェイなどを表示するコマンドである。この**ipconfigコマンド**のオプションの1つに「/all」があり、このオプションを付加すると、ホスト名、DHCPの有効／無効、MACアドレスなどを確認することができる。

● netshコマンド

ネットワークの設定情報の表示や、設定変更などを行うコマンドである。この**netshコマンド**は、「コンテキスト」という設定のためのコマンド空間を持っている。コンテキストは設定項目が広範囲のため、コンテキストの配下にサブのコンテキストを設けることで階層を分けている。

Windowsのコマンドプロンプトで、netshコンテキストから、たとえばinterface ipv6コンテキストの**show routeコマンド**を用いてIPv6ノードの経路情報を表示させることができる。interface ipv6コンテキストのコマンドには、この他にも、ホストコンピュータのIPv6アドレスを表示させるshow addressesコマンドなどがある。

練習問題

【1】 パーソナルコンピュータがネットワークに正常に接続されていることを確認するためには、Windowsのコマンドプロンプトを用いて、 (ア) コマンドにより、IPパケットの到達確認などを行う。
[① ping　② netsh　③ ipconfig]

【2】 Windowsコマンドプロンプトを使った (イ) コマンドは、ホストコンピュータの構成情報であるIPアドレス、サブネットマスク、デフォルトゲートウェイなどを確認することができる。
[① tracert　② ipconfig　③ telnet]

答 (ア) ① (イ) ②

9. ブロードバンドアクセスの技術

ブロードバンド(広帯域)回線を利用することによって、映像や音楽といった大容量のデータを高速に送受信することができる。ここでは、ブロードバンドを実現する**メタリックアクセス技術**、**光アクセス技術**、および**CATVシステム技術**について説明する。

メタリックアクセス技術

●xDSL

電話用に敷設されたメタリック伝送路を用いて高速デジタル通信を実現する技術を、**DSL**(Digital Subscriber Line)という。ADSLやVDSLなどいくつかの規格があり、一般に、これらを総称して**xDSL**と呼んでいる。

従来の電話回線は、音声情報をアナログ信号として伝送し、その使用帯域幅は0〜約3.4kHzである。一方、xDSLでは、4 kHzを超える高い周波数帯域を利用してデジタル信号を高速伝送している。

●ADSLの概要

ADSL(Asymmetric DSL)はxDSLの一種で、伝送速度が上り方向(ユーザ側から電気通信事業者側への通信)よりも下り方向(電気通信事業者側からユーザ側への通信)のほうが速い**非対称型**となっている。

一般固定電話は4kHz帯域を使用して音声信号を伝送するが、ADSLは4kHzを超える高い周波数帯域を使用するため、一般固定電話とADSLとで同一の加入者線を共用することができる。また、ADSLは、広い周波数帯域を利用している(たとえば、G.992.1では25.875kHz〜1,104 kHzの帯域を周波数分割して使用する)ため、高速な情報転送が可能である。

ADSLは、変調方式の違いにより2つの方式に大別される。1つは、上り方向と下り方向の各信号に、広い周波数帯域の搬送波を1つずつ割り当てるもので、CAP(Carrierless Amplitude Phase)方式という。もう1つは、上り方向と下り方向の各信号に、比較的狭い周波数帯域の搬送波(サブキャリア)を複数個割り当てる方式で、**DMT**(Discrete Multi-Tone)**方式**という(図2・28)。

ITU－Tでは、これらのうちDMT方式を標準化している。たとえばDMT方式のG.992.1規格のADSLでは、モデムは1秒間に4,000回(250 μ秒周期)の変調を行い、最大255バイト(誤り訂正符号を含む)のフレームを生成する。このデータフレームを分割し、多数のサブキャリアに載せて伝送する。1つのサブキャリアは帯域幅が4kHzで、最大15ビットのデータが載せられる。このサブキャリアが4.3125kHzごとに配置され、ユーザ側から電気通信事業者側に向かう上り信号に25個、その逆方向の下り信号に223個割り当てられる。

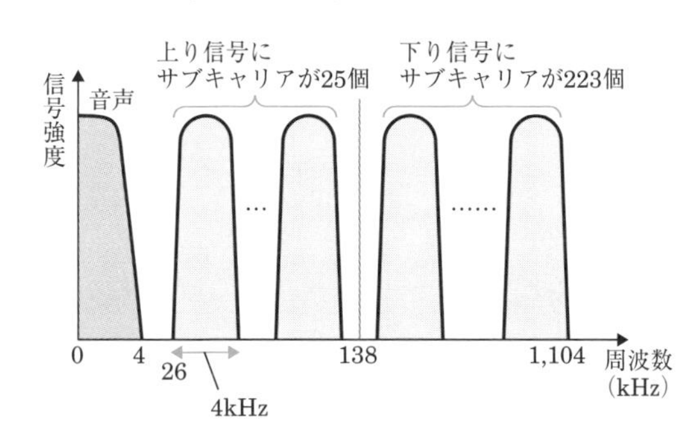

図2・28　DMT方式のADSL(G.992.1規格)

●ADSLの伝送品質

ADSLはメタリック伝送路を使用し高い周波数の信号を利用しているため、伝送距離に対する減衰が大きく、電気通信事業者の収容局から遠くなるほど通信速度が低下するというデメリットを抱えている。

さらに、メタリックケーブルを用いたアクセス回線には、ユーザの増加などに柔軟に対応するため、幹線ケーブルの心線と分岐ケーブルの心線がマルチ接続され、幹線ケーブルの心線が下部側に延長されている箇所(ブリッジタップ)がある。ブリッジタップではADSL信号が減衰し、また、分岐したケーブルに流れた信号が反射して折り返し、伝送品質が劣化する場合がある。

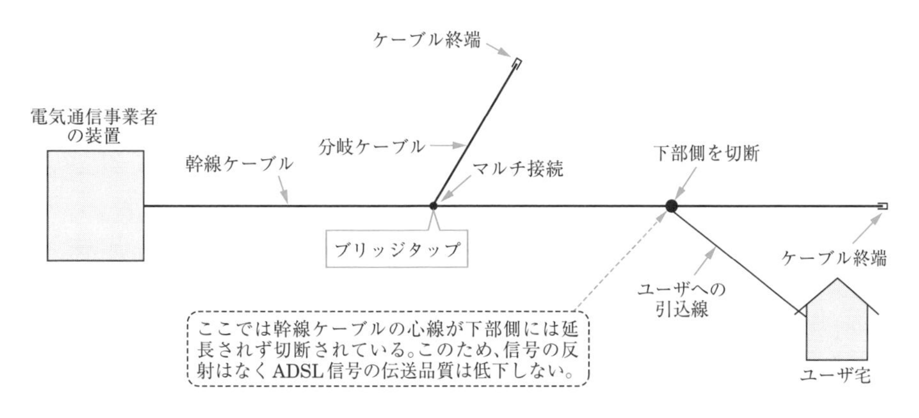

図2・29　ブリッジタップの例

伝送距離が長い場合や、伝送路上にブリッジタップがある場合、ADSLの伝送品質が劣化することがある。

●VDSL

VDSL(Very high bitrate DSL)は、ADSLに比べて伝送距離は短いが、より高速なブロードバンドサービスを提供できる。VDSLでは、一般に、電気通信事業者のビルから大規模集合住宅などのMDF(主配線盤)室までの区間に光ファイバケーブルを敷設し、集合メディア変換装置(メディアコンバータ)により光信号を電気信号に変換して各住戸に分配する。なお、MDF室から各住戸への配線には、通信用PVC屋内線を用いた既設の電話用の宅内配線を利用する。

光アクセス技術

●FTTxの概要

光ファイバを利用するアクセス方式を総称して**FTTx**という。「x」の部分で、光ファイバがどこまで敷設されているかを表している。FTTxの代表的なものに**FTTH**(Fiber To The Home)がある。

FTTHは、電気通信事業者が提供する**光ファイバ**による家庭向けの大容量・常時接続の高速データ通信サービスである。ユーザ宅に設置した**ONU**(Optical Network Unit：**光加入者線網装置**)と、電気通信事業者の収容局の**OSU**(Optical Subscriber Unit：**光加入者線終端盤**)を光ファイバで接続する。なお、複数のOSUをまとめて1つの装置に収容したものを**OLT**(Optical Line Terminal：**光加入者線終端装置**)という。通常、電気通信事業者の収容局からの距離があるため、単一モード(シングルモード)の光ファイバが使用される。

FTTxには、この他、オフィスビルなどの建物内に設置したONUまで光ファイバを敷設し、そこから先はメタリックケーブルを使用する**FTTB**(Fiber To The Building)や、ONUを電柱などに設置し、ユーザ宅まではメタリックケーブルを使用する**FTTC**(Fiber To The Curb)がある。

●光アクセスネットワークの設備構成

光アクセスネットワークの設備構成は、次の3つに分類される。

・SS(Single Star)

SSは、ユーザ宅内のONUである光メディアコンバータ(MC)と電気通信事業者の収容局のOSUであるMCが**ポイント・ツー・ポイント(1対1)**で接続された構成をとる。この構成は、回線と収容局側の保守・管理を容易に行えるというメリットがあるが、光ファイバの敷設の設備投資が必要となる。

・ADS(Active Double Star)

ADSは、**ポイント・ツー・マルチポイント(1対多)**の形態をとる。ユーザ宅の近くにONUの機能(電気信号と光信号との相互変換機能)を持つ**RT**(Remote

Terminal：遠隔多重装置）を設置し、ユーザ宅内のDSU（Digital Service Unit：デジタル回線終端装置）をメタリックケーブルで収容する。また、RTから電気通信事業者の収容局のOSUまでは、光ファイバによって接続される。複数のユーザから送られてくる電気信号は、RTで多重化され、光信号に変換されてOSUまで届けられる。

この構成は、1本の光ファイバを効率的に使えるというメリットがある反面、RTの設置場所を確保する必要があるなどデメリットも抱えている。

・PON（Passive Optical Network）

PONは、ADSと同様にポイント・ツー・マルチポイント（1対多）の形態をとるが、中継路にすべて光ファイバを利用しているのが特徴である。各ユーザ宅からの光ファイバ回線は、電気通信事業者の収容局との間に設置された光スプリッタで1本の光ファイバに集線され、収容局内のOSUで終端される。

光スプリッタは、光信号を電気信号に変換することなく合波・分波し、ユーザ側のONUと電気通信事業者側のOSU間を光信号のまま中継する。なお、PONで使用されている光スプリッタでは、光スターカプラというパッシブ素子（受動素子）が用いられていることから、PONは一般に、PDS（Passive Double Star）とも呼ばれている。PONは効率性が高いため、現在、光アクセス方式の主流となっている。

SS構成

ユーザ宅の装置と収容局の装置を、光ファイバで1対1で接続する。

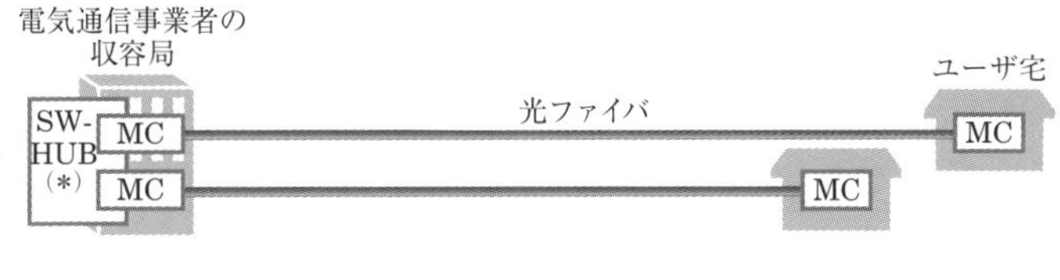

ADS構成

1本の光ファイバを複数のユーザで共有。RT（Remote Terminal：遠隔多重装置）からユーザ宅まではメタリックケーブルを使用する。

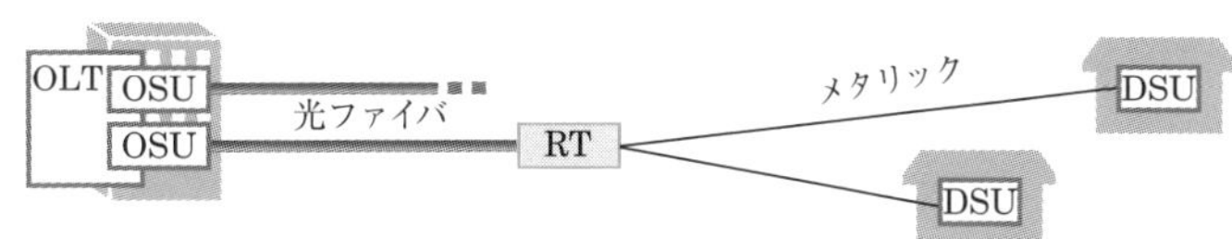

PON（PDS）構成

OSUとONUの間に光スプリッタを設置して光信号を分岐する。

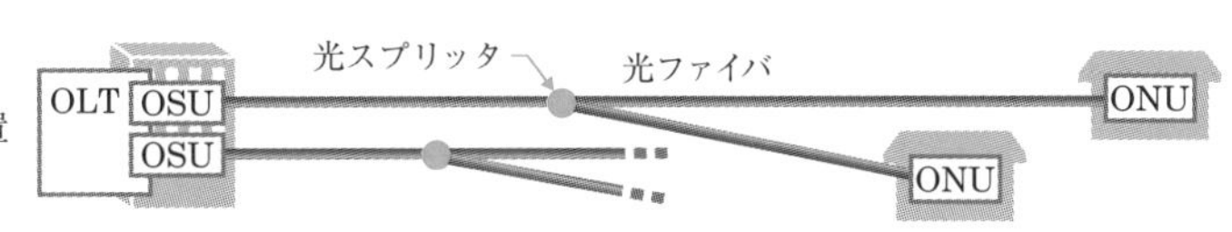

（*）SW-HUB：スイッチングハブ。 MC：メディアコンバータ。

図2・30　光アクセスネットワークの設備構成

PON方式では、ユーザ側のONUと電気通信事業者側のOSU間を、光信号のまま伝送する。

PON方式の代表的なものに、IEEE802.3ahとして標準化されている**GE－PON**(Gigabit Ethernet PON)がある。GE－PONでは、ユーザ側のONUと電気通信事業者側のOLTとの間で、**イーサネットフレーム**形式により信号を高速に伝送する。その伝送速度は、上り方向、下り方向ともに、最大1Gbit/s(毎秒1ギガビット)である。

CATVシステム技術

●CATVの概要

CATV(Cable Television)は、テレビの有線放送サービスである。初期のCATVは、山間部や離島など地上波テレビ放送の電波を受信しにくい地域にテレビ放送を送信するための、難視聴(なんしちょう)解消を目的としていた。しかし現在、CATVは、インターネット通信やIP電話サービスなど、放送だけではなく通信にも空きチャンネルを利用するという、フルサービス化へと進化している。

●CATVインターネットのネットワーク構成

CATVの空きチャンネルを利用して高速なインターネット通信を行うサービスを**CATVインターネット**という。CATVインターネットでは、CATVセンタとユーザ宅間の映像配信用の伝送路を利用して、ブロードバンドサービスを実現している。

CATVインターネットのネットワーク構成は、一般に、光ファイバと同軸ケーブルを組み合わせた**HFC**(Hybrid Fiber Coaxial)**方式**をとっている。HFC方式では、CATVセンタからユーザ宅付近に設置された光ノード(光メディアコンバータ)までは光ファイバ、光ノードからユーザ宅までは同軸ケーブルという2つの異なった媒体を使用している。

インターネットに接続するため、ユーザ宅内には一般に、**ケーブルモデム**が設置される。ケーブルモデムは、CATVセンタ内のCMTS(Cable Modem Termination System：ケーブルモデム終端装置)と同様にインターネットデータの変調および復調を行う。なお、ケーブルモデムのCATVセンタ側インタフェースには、同軸ケーブルを接続するF型コネクタが付き、PC側インタフェースには、UTP(Unshielded Twisted Pair：非シールド撚(よ)り対線)ケーブルを接続するRJ－45のコネクタが付いている。

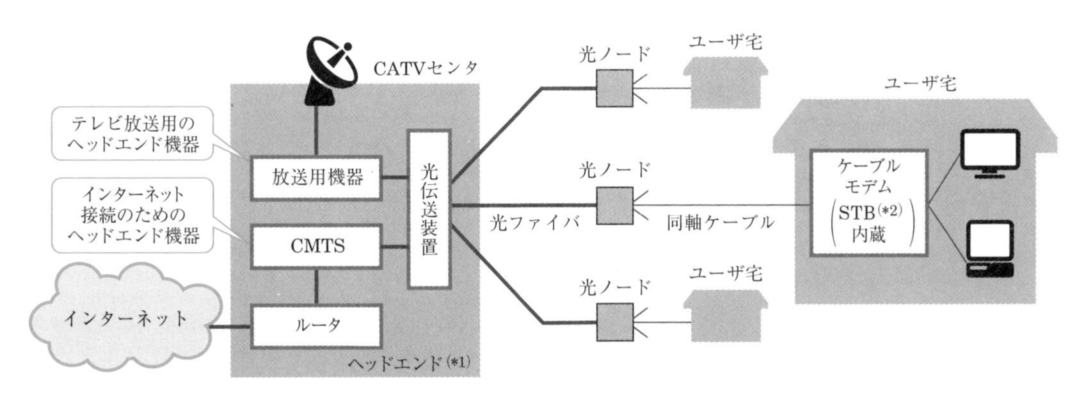

(＊1) ヘッドエンド：放送・通信サービスを提供するための各種機器が収容されている施設。
(＊2) STB：セットトップボックス。CATV放送信号等を受信して、一般のテレビ等で視聴可能な信号に変換する装置。

図2・31　CATVインターネットのネットワーク構成(概略図)

練習問題

【1】光アクセスネットワークの設備構成のうち、電気通信事業者の設備から配線された光ファイバ回線を分岐することなく、電気通信事業者の光加入者線終端装置とユーザ側の光加入者線終端装置との間を1対1で配線する構成は、（ア）といわれる。
[① SS　② ADS　③ PDS]

【2】CATVセンタとユーザ宅間の映像配信用ネットワークの一部に同軸伝送路を使用しているネットワークを利用したインターネット接続サービスにおいて、ネットワークに接続するための機器としてユーザ宅内には、一般に、（イ）が設置される。
[① ブリッジ　② ケーブルモデム　③ DSU]

答 (ア) ① (イ) ②

実戦演習問題 2-1

次の各文章の［　　］内に、それぞれの[　　]の解答群の中から最も適したものを選び、その番号を記せ。

1 HDLC手順では、フレーム同期をとりながらデータの透過性を確保するために、受信側において、開始フラグシーケンスである［（ア）］を受信後に、5個連続したビットが1のとき、その直後のビットの0は除去される。

[① 10101010　② 01111110　③ 11111111]

2 デジタル信号を送受信するための伝送路符号化方式のうち［（イ）］符号は、図1－aに示すように、ビット値1のときはビットの中央で信号レベルを低レベルから高レベルへ、ビット値0のときはビットの中央で信号レベルを高レベルから低レベルへ反転させる符号である。

[① Manchester　② MLT－3　③ NRZI]

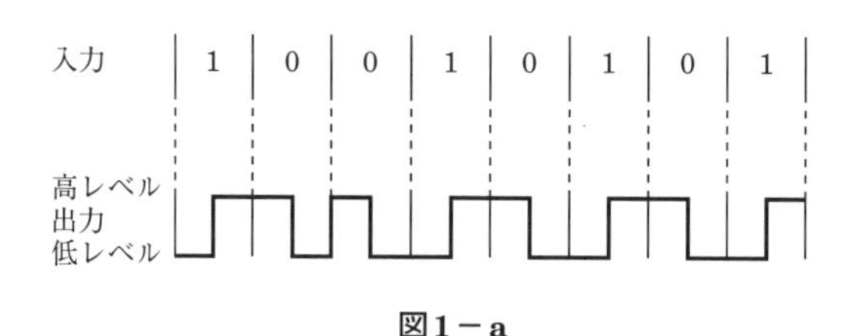

図1－a

3 IPネットワークで使用されているTCP／IPのプロトコル階層モデルは、一般に、4階層モデルで表され、OSI参照モデル(7階層モデル)の物理層とデータリンク層に相当するのは［（ウ）］層といわれる。

[① トランスポート　② アプリケーション
③ インターネット　④ ネットワークインタフェース]

4 IPv6アドレスの表記は、128ビットを16ビットずつ8ブロックに分け、各ブロックを［（エ）］で表示し、各ブロックはコロン(：)で区切られる。

[① 8進数　② 12進数　③ 16進数]

5 光アクセスネットワークの設備構成のうち、電気通信事業者のビルから配線された光ファイバの1心を光スプリッタを用いて分岐し、個々のユーザにドロップ光ファイバケーブルで配線する構成を採る方式は、［（オ）］方式といわれる。

[① SS　② ADS　③ PDS]

実戦演習問題 

次の各文章の［　　］内に、それぞれの[　　]の解答群の中から最も適したものを選び、その番号を記せ。

1 OSI参照モデル(7階層モデル)の物理層について述べた次の記述のうち、正しいものは、（ア）である。

[① 端末が送受信する信号レベルなどの電気的条件、コネクタ形状などの機械的条件などを規定している。
② 異なる通信媒体上にある端末どうしでも通信できるように、端末のアドレス付けや中継装置も含めた端末相互間の経路選択などの機能を規定している。
③ どのようなフレームを構成して通信媒体上でのデータ伝送を実現するかなどを規定している。]

2 IPv4ネットワークにおいて、IPv4パケットなどの転送データが特定のホストコンピュータへ到達するまでに、どのような経路を通るのかを調べるために用いられるWindowsのtracertコマンドは、（イ）メッセージを用いる基本的なコマンドの一つである。

[① HTTP　② ICMP　③ DHCP]

3 光アクセスネットワークの設備形態のうち、電気通信事業者側の設備とユーザ側に設置されたメディアコンバータなどとの間で、1心の光ファイバを1ユーザが専有する形態を採る方式は、（ウ）方式といわれる。

[① SS　② ADS　③ PDS]

4 IP電話のプロトコルとして用いられているSIPは、IETFのRFC3261として標準化された呼制御プロトコルであり、（エ）で動作する。

[① IPv4のみ　② IPv6のみ　③ IPv4及びIPv6の両方]

5 光アクセスネットワークには、電気通信事業者のビルから集合住宅のMDF室などまでの区間には光ファイバケーブルを使用し、MDF室などから各戸までの区間には（オ）方式を適用して既設の電話用配線を利用する方法がある。

[① HFC　② PLC　③ VDSL]

第3章
情報セキュリティの技術

1. 情報システムに対する脅威

情報システムに対する代表的な脅威には、コンピュータウイルスや不正アクセスなどがある。

情報セキュリティとは

JIS Q 27000「情報技術－セキュリティ技術－情報セキュリティマネジメントシステム－用語」では、情報セキュリティを、「情報の機密性、完全性および可用性を維持すること」と定義している。

●機密性

正当な者のみが情報にアクセスできることをいう。機密性を損（そこ）なう行為の例として、ネットワーク上の盗聴などが挙げられる。

●完全性

情報の内容が正しい状態で維持されることをいう。完全性を損なう行為の例として、Webページの改ざんなどが挙げられる。

●可用性

正当な者が必要なときに情報を使用できる状態であることをいう。たとえば、システム障害によりサーバが停止すると、可用性は損なわれてしまう。

表3・1　情報セキュリティの3要素(機密性・完全性・可用性)

特性	JIS Q 27000による定義
機密性	認可されていない個人、エンティティまたはプロセスに対して、情報を使用させず、また、開示しない特性。
完全性	正確さおよび完全さの特性。
可用性	認可されたエンティティが要求したときに、アクセスおよび使用が可能である特性。

コンピュータウイルス

●コンピュータウイルスの定義、分類

コンピュータウイルスは、通商産業省(現在の経済産業省)が告示した「コン

ピュータウイルス対策基準」において、次のように定義されている。

「コンピュータウイルスは、第三者のプログラムやデータベースに対して意図的に何らかの被害を及ぼすように作られたプログラムであり、自己伝染機能、潜伏機能、発病機能のいずれかを1つ以上有するものをいう。」

コンピュータウイルス(以下、「ウイルス」と略記)は、一般に、ファイルからファイルに感染してプログラムやデータを破壊するなど、コンピュータの動作に悪影響を及ぼす。感染源として、Webサイトや電子メール、USBメモリなどの外部記憶媒体の他、アプリケーションソフトウェアのマクロ機能を利用するものなどが挙げられる。

ウイルスは、感染対象や行動により、表3・2のように分類される。

表3・2　コンピュータウイルスの分類

分類		概要
狭義のウイルス(*)	ファイル感染型	主としてプログラム実行ファイル(例：拡張子が“.exe”や“.com”のファイル)に感染する。プログラム実行時に発病し自己増殖する傾向がある。
	システム領域感染型	コンピュータのシステム領域(OS (Operating System)起動時に読み込まれるブートセクタなど)に感染する。OS起動時に実行され、電源を切るまでメモリに常駐する。
	複合感染型	ファイル感染型とシステム領域感染型の両方の特徴を持つ。
ワーム		他のファイルに感染することなく、単独のプログラムとして動作し、自己増殖する。ネットワークを利用して自分自身をコピーしながら、電子メールソフトウェアに登録されているメールアドレスに勝手にメールを送付し、自己増殖を繰り返す。
トロイの木馬		単独のプログラムとして動作し、有益なプログラムのように見せかけて不正な行為をする。たとえば、個人情報を盗み取ったり、コンピュータへの不正アクセスのためのバックドア(裏口。システムへの不正侵入者が、再び容易に侵入するために設ける接続方法のこと。)を作ったりする。ただし、他のファイルに感染するといった自己増殖機能は持たない。

(*)「狭義のウイルス」とは、ウイルスを感染対象別に分類したものを指す。広義のウイルスは行動別に分類され、上表のように、狭義のウイルス(感染行動型)、ワーム(拡散行動型)、トロイの木馬(単体行動型)となる。

ウイルス、ワーム、トロイの木馬など、不正な活動を行うために作られた悪意のあるソフトウェアは、一般に、マルウェアと総称されている。

●ウイルス対策

ウイルスの感染を防ぐためには、ウイルス対策ソフトウェアの導入が有効である。ただし、ウイルスの新種が日々発生しているので、ウイルス対策ソフトウェアで使用するウイルス定義ファイル(ウイルスを検出するために必要なデータベースファイル)を常に最新の状態にしておく必要がある。また、OSやアプリケーションソフトウェアのセキュリティ上の脆弱(ぜいじゃく)な部分(セキュリティホール)を突く攻撃もあるので、バージョンアップや修正プログラムの適用などを速やかに行うことが重要である。

さらに、最近のウイルスは電子メールを主要な感染経路としているものが多いため、電子メールを閲覧する際は、特に以下の点に注意する。

・電子メールソフトウェアのプレビュー機能をオフに設定する。
・HTML（Hyper Text Markup Language）形式ではなく、テキスト形式でメールを閲覧する。
・メール本文で記述できるものは、テキスト形式などのファイルで添付しない。
・見知らぬ相手から届いた添付ファイル付きのメールは、削除することが望ましい。

上記について補足して説明すると、HTML形式のメールは、文字の色やサイズを変更したり画像などを埋め込んだりする機能を持っており、閲覧者がメールを開くと、それらも自動的に表示される。このとき、悪意のあるプログラムが仕組まれているとウイルスに感染してしまうおそれがある。

なお、ウイルスに感染したと疑われる場合に最初にすべきことは、感染拡大を防ぐために、**コンピュータを物理的にネットワークから切り離す**ことである。ウイルスの特徴や影響範囲を確認する前にコンピュータを再起動してしまうと、ウイルスの手掛かりが消えるだけでなく、感染が拡大する場合がある。

●ウイルスの検出方法

ウイルス対策ソフトウェアで用いられている主な検出方法としては、パターンマッチング方式、チェックサム方式、ヒューリスティックスキャン方式がある。

・パターンマッチング方式

既知のウイルスの特徴（パターン）が登録されているウイルス定義ファイルと、検査の対象となるファイルなどを比較して、パターンが一致するか否かでウイルスかどうかを判断する。この方式では、既知のウイルスの亜種については検出できる場合もあるが、未知のウイルスは検出できない。

・チェックサム方式

ファイルが改変されていないかどうか、ファイルの完全性をチェックする。この方式では、未知のウイルスを検出できるが、検出自体はウイルスに感染してファイルが改変された後になる。

・ヒューリスティックスキャン方式

ウイルス定義ファイルに頼ることなく、ウイルスの構造や動作、属性を解析することにより検出する。このため、未知のウイルスの検出も可能である。

不正アクセス等

情報システムに対する脅威には、ウイルスだけでなく不正アクセスなどさまざまな不正行為がある。

表3・3　不正アクセス等の例

名称	説明
盗聴	通信回線上を流れるデータなどを不正な手段で入手する。盗聴による情報漏えいの防止策として、データの内容を第三者が読み取れないようにする暗号化が挙げられる。
改ざん	管理者や送信者の許可を得ずに、通信内容を勝手に変更する。
なりすまし	他人のユーザIDやパスワードなどを入手して、正規の使用者に見せかけて不正な通信を行う。スプーフィングともいう。
フィッシング	金融機関などの正規の電子メールやWebサイトを装い、暗証番号やクレジットカード番号などを入力させて個人情報を盗む。
スパイウェア	ユーザの個人情報やアクセス履歴などの情報を許可なく収集する。
キーロガー	キーボードから入力される情報を記録(ログ)に残して、IDやパスワードなどを不正に入手する。
ポートスキャン	コンピュータに侵入するために、通信の出入口であるポートに順次アクセスし、セキュリティホールを探す。
バナーチェック	サーバが提供しているサービスに接続して、その応答メッセージを確認することで、当該サーバが使用しているソフトウェアの種類やバージョンを推測する。バナーチェックは、サーバの脆弱性を調べる手法の1つである。
辞書攻撃	パスワードとして正規のユーザが使いそうな文字列(辞書に載っている単語など)のリストを用意しておき、これらをパスワードとして機械的に次々に指定して、ユーザのパスワードを解析し、不正侵入を試みる。
ブルートフォース攻撃	考えられるすべての暗号鍵や文字の組合せを試みることにより、暗号の解読やパスワードの解析を実行する。この攻撃への対策として、パスワードを一定の回数以上連続して間違えた場合に、一時的にログオンができないようにするアカウントロックが有効とされている。
踏み台攻撃	侵入に成功したコンピュータを足掛かりにして、さらに別のコンピュータを攻撃する。このとき、足掛かりにされたコンピュータのことを「踏み台」という。 踏み台の例としては、他人のメールサーバを利用して大量のメールを配信するスパムメールの不正中継がある。
DoS (Denial of Service：サービス拒絶) 攻撃	特定のサーバなどに、電子メールや不正な通信パケットを大量に送信することによって、システムのサービス提供を妨害する。なお、多数のコンピュータを踏み台にして、特定のサーバなどに対して同時に行う攻撃を、特にDDoS (Distributed Denial of Service：分散型サービス拒絶)攻撃という。
バッファオーバフロー攻撃	システムがあらかじめ想定しているサイズ以上のデータを送りつけて、バッファ（データを一時的に保存しておく領域)をあふれさせてシステムの機能を停止させたり管理者権限を奪取したりする。
ゼロデイ攻撃	コンピュータプログラムのセキュリティ上の脆弱性が公表される前、あるいは脆弱性の情報は公表されたがセキュリティパッチがまだない状態において、その脆弱性をねらって攻撃する。
SQLインジェクション	データベースと連動したWebアプリケーションに悪意のある入力データを与えて、データベースへの問合せや操作を行う命令文を組み立てて、データベースを改ざんしたり情報を不正に入手したりする。
セッションハイジャック	攻撃者が、Webサーバとクライアント間の通信に割り込んで正規のユーザになりすますことによって、やりとりしている情報を盗んだり改ざんしたりする。
ブラウザクラッシャー	Webブラウザや OSの脆弱性を突いて、新しいウインドウを次々に開くなど、コンピュータに異常な動作をさせる。
DNSキャッシュポイズニング	DNS (Domain Name System)サーバの脆弱性を利用し、偽りのドメイン管理情報を書き込むことにより、特定のドメインに到達できないようにしたり、悪意のあるWebサイトに誘導したりする。

2. 端末設備とネットワークのセキュリティ

端末設備とネットワークの主なセキュリティ対策には、ウイルス対策と不正アクセス対策がある。

ウイルス対策では、前項で解説したように**ウイルス対策ソフトウェア**の導入などが有効である。また、不正アクセス対策では、本項で説明する**ユーザ認証**や**ファイアウォール**などが有効である。

ユーザ認証

本人であること(つまり、なりすましではないこと)を証明することを、本人認証または**ユーザ認証**という。たとえばサーバへのアクセス時において、アクセスしようとしているユーザが本人であるかどうかを確認するために、一般に、**ユーザIDとパスワードの組合せ**による認証方法が用いられている。

なお、近年は、より安全性の高い認証方法として、認証用のパスワードが1回しか使えない、いわゆる使い捨てパスワードを用いる**ワンタイムパスワード方式**が普及してきている。

ファイアウォール

ファイアウォール(Firewall)は、不正アクセスを防ぐためにアクセス制御を実行するソフトウェア、機器、またはシステムであり、外部ネットワーク(インターネット)と内部ネットワーク(イントラネット)の境界に設置される。そして、特定の種類のパケットのみを通過させるような規則(**フィルタリングルール**)を設定する。ファイアウォールは、このルールにもとづいてインターネットとイントラネット間を流れるパケットを制御し、不正なパケットの侵入を阻止する。このようにファイアウォールは、外部ネットワークから内部のコンピュータやサーバなどを守るための「防火壁」の役割を果たしている。

ウイルスの侵入や不正アクセスを監視、発見するための基本的な方法として**アクセス記録**の分析があるが、ファイアウォールには、このアクセス記録を残しておく機能がある。アクセス記録は、一般に、**ログ**または**アクセスログ**と呼ばれている。

ファイアウォールを導入することにより、ネットワークは、外部ネットワーク(インターネット)からのアクセスに対してバリアのような役割を果たす**外部セグメント**、外部にアドレスを公開するWebサーバ、DNSサーバ、メールサーバなどを配置する**DMZ**(De-Militarized Zone：非武装地帯)、外部の脅威から守るべき**内部セグメント**の3つのゾーンに分けられる。

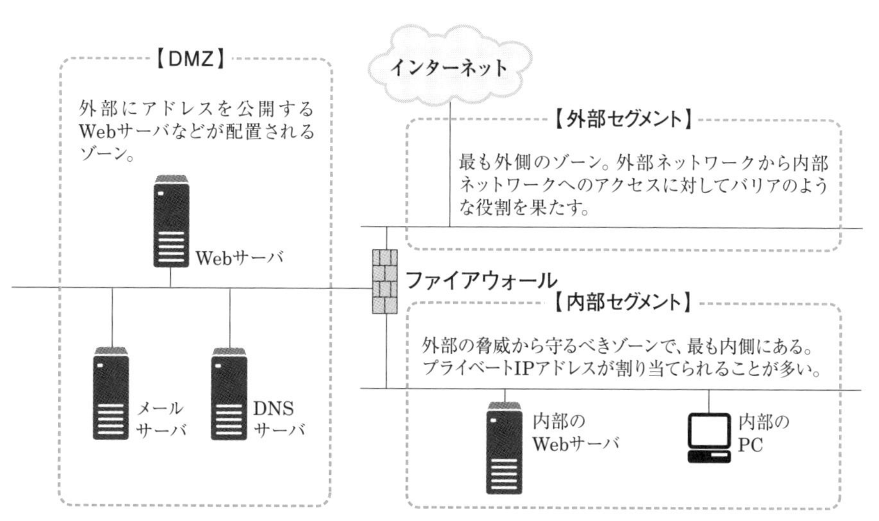

図3・1　ファイアウォールによる3つのゾーン分割

ファイアウォールによって、外部ネットワーク(インターネット)からも内部ネットワーク(イントラネット)からも隔離された区域は、一般に、DMZと呼ばれている。

VPN

VPN(Virtual Private Network：仮想私設網)とは、インターネットのような公衆網を利用して仮想的に構築する独自ネットワークのことをいう。もともとは、公衆電話網を専用網のように利用できる電話サービスの総称であった。

しかし最近では、ネットワーク内に点在する各拠点内のLANをインターネット経由で接続し、暗号化や認証などのセキュリティを確保した専用線のように利用する通信形態をVPNと呼ぶことが多くなった。なお、これまでのVPNと区別するため、**インターネットVPN**と呼ぶこともある。

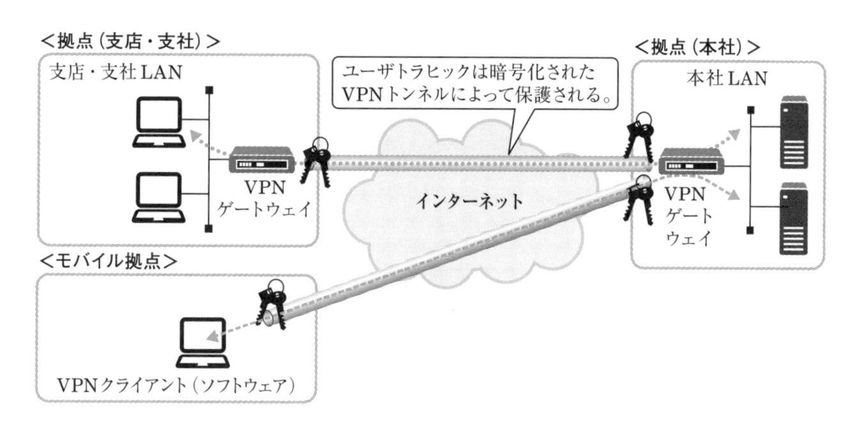

図3・2　インターネットVPNの利用形態

NAT、シンクライアントシステム等

●NAT

167頁で述べたように、インターネット上の各コンピュータに一意に割り当てられている「グローバルIPアドレス」と、企業内の閉じたネットワーク（イントラネット）でのみ利用する「プライベートIPアドレス」を相互に変換する機能を**NAT**（Network Address Translation）という。

NATを用いることで、インターネットなどの外部ネットワークから、企業が内部ネットワークで使用しているIPアドレスを隠すことができるため、セキュリティレベルを高めることが可能である。

●シンクライアントシステム

コンピュータからの情報漏えいを防止する対策の1つに、**シンクライアントシステム**（thin client system）の導入がある。シンクライアントシステムでは、ユーザが利用するコンピュータには表示や入力などの必要最小限の処理しかさせず、サーバ側が、アプリケーションやデータファイルなどの資源の管理を行う。このようにシンクライアントシステムでは、クライアント側の機能を少なくしている。ちなみにシンクライアントの「シン（thin）」は、英語で、薄い、やせ細ったなどの意味を持つ。

●ハニーポット

不正アクセスやウイルスの振る舞いなどを調査・分析するために意図的に脆弱性（ぜいじゃくせい）を持たせて、インターネット上に設置されるシステムのことを、一般に、**ハニーポット**という。ハニーポット（honey pot）は、「甘い蜜入りの壺（つぼ）」という意味であり、この呼び名のとおり、サーバなどにセキュリティ上の欠陥を作り込んで不正侵入者をおびき寄せ、その行動を記録する。

無線LANの情報セキュリティ

無線LANは伝送媒体に電波を使用するため、有線LANよりも盗聴などの危険性が高い。そのため、アクセスポイントと無線LAN端末間でやりとりされるデータを**暗号化**したり、認証した端末のみ通信を許可する**端末認証技術**を用いるなどしてセキュリティを確保している。

無線LANの主な端末認証方式には、**SSID**（Service Set Identifier）**方式**、**MAC**（Media Access Control）**アドレスフィルタリング方式**、および**IEEE802.1X方式**がある。

・SSID方式

SSIDは、無線LANのネットワーク識別子であり、アクセスポイントに設定さ

れる。アクセスポイントのSSIDと同一のSSIDが設定された無線LAN端末のみが通信可能となる。ただし、アクセスポイントは、ビーコン信号と呼ばれるSSIDを含む信号を一定時間間隔ごとに送出しているため、正規のユーザ以外にアクセスポイントが検知されネットワークに接続されてしまう危険性がある。そこで、これを防ぐ方法の1つとして、**ANY接続**を拒否する設定にしておく。ここでANY接続とは、不特定多数の無線LAN端末からの接続を許可するために設けられている仕様をいう。

・MACアドレスフィルタリング方式

無線LAN端末のMACアドレスをあらかじめアクセスポイントに登録しておく。そして、登録した端末のみに接続を許可し、未登録の端末からの接続は拒否する。

・IEEE802.1X方式

IEEE802.1X規格に対応するクライアントPC、アクセスポイントなどのLAN機器、およびRADIUS (Remote Authentication Dial-In User Service) サーバが連携して、ユーザ認証を行う。そして、認証が成功した端末のみ、アクセスポイントとの通信を許可する。なお、RADIUSサーバの「RADIUS」とは、ユーザ認証や課金管理の機能を持つプロトコルのことをいう。

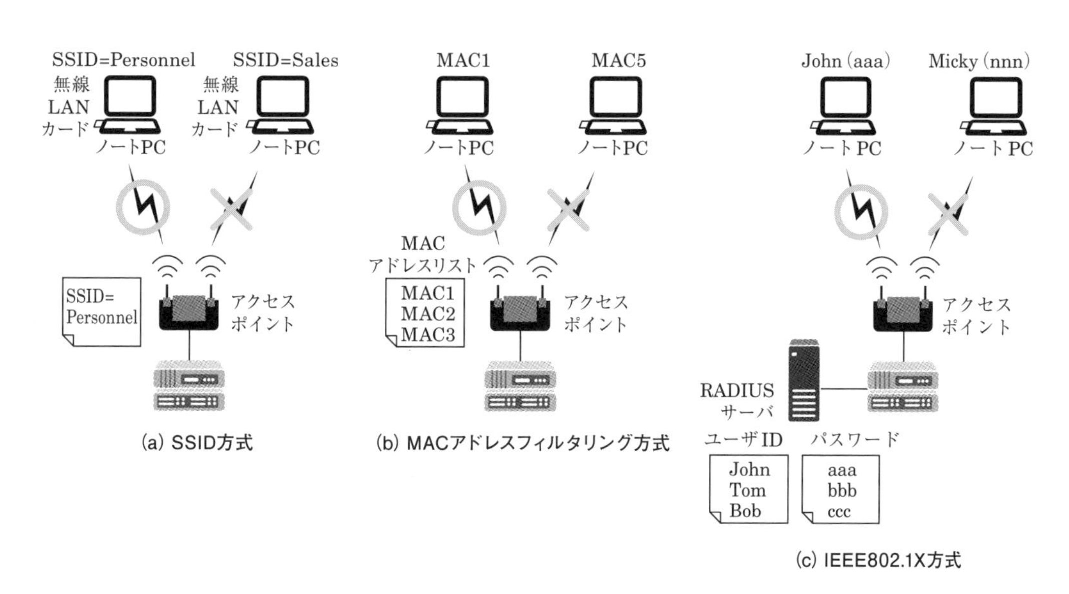

図3・3　無線LANの認証方式

練習問題

【1】インターネットなどへのコンピュータウイルス侵入や不正アクセスの監視、発見の一般的な方法として、アクセス記録の分析がある。ファイアウォールには、アクセス記録を残しておく機能があり、この記録は、一般に、 (ア) といわれる。
[①ロ　グ　②タ　グ　③アラームリスト]

答（ア）①

実戦演習問題 3-1

次の各文章の［　　］内に、それぞれの［　］の解答群の中から最も適したものを選び、その番号を記せ。

1 考えられる全ての暗号鍵や文字の組合せを試みることにより、暗号の解読やパスワードの解析を実行する手法は、一般に、［（ア）］攻撃といわれる。
［① バッファオーバフロー　② DDoS　③ ブルートフォース］

2 ネットワークを介してサーバに連続してアクセスし、セキュリティホールを探す場合などに利用される手法は、一般に、［（イ）］といわれる。
［① スプーフィング　② ポートスキャン　③ スキミング］

3 情報セキュリティの3要素のうち、認可された利用者が、必要なときに、情報及び関連する情報資産に対して確実にアクセスできる特性は、［（ウ）］といわれる。
［① 可用性　② 完全性　③ 機密性］

4 電子メール利用時におけるウイルス対策として、添付ファイルの取扱いなどについて述べた次の二つの記述は、［（エ）］。

A　見知らぬ相手先から届いた添付ファイル付きのメールは、一般に、無条件で削除することが望ましいとされている。

B　メール本文でまかなえるものは、一般に、ファイルで添付しないことが望ましいとされている。

［① Aのみ正しい　② Bのみ正しい　③ AもBも正しい　④ AもBも正しくない］

5 グローバルIPアドレスとプライベートIPアドレスを相互変換する機能は、一般に、［（オ）］といわれ、インターネットなどの外部ネットワークから企業などが内部で使用しているIPアドレスを隠すことができるため、セキュリティレベルを高めることが可能である。
［① DMZ　② IDS　③ NAT］

実戦演習問題

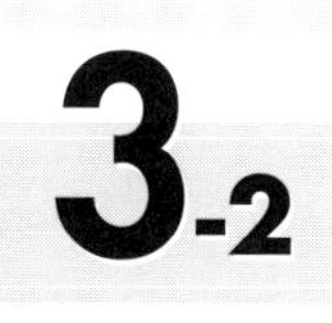

次の各文章の［　　］内に、それぞれの[　　]の解答群の中から最も適したものを選び、その番号を記せ。

1 DNSサーバの脆(ぜい)弱性を利用し、偽りのドメイン管理情報に書き換えることにより、特定のドメインに到達できないようにしたり、悪意のあるサイトに誘導したりする攻撃手法は、一般に、DNS［（ア）］といわれる。

[① キャッシュクリア　② キャッシュポイズニング　③ ラウンドロビン]

2 攻撃者が、Webサーバとクライアントとの間の通信に割り込んで、正規のユーザになりすますことにより、その間でやり取りしている情報を盗んだり改ざんしたりする行為は、一般に、［（イ）］といわれる。

[① SYNフラッド攻撃　② コマンドインジェクション　③ セッションハイジャック]

3 コンピュータウイルス対策について述べた次の二つの記述は、［（ウ）］。

A　WordやExcelを利用する際には、一般に、ファイルを開くときにマクロを自動実行する機能を無効にしておくことが望ましいとされている。

B　ウイルスに感染したと思われる兆候が現れたときの対処として、一般に、コンピュータの異常な動作を止めるために直ちに再起動を行い、その後、ウイルスを駆除する手順が推奨されている。

[① Aのみ正しい　② Bのみ正しい　③ AもBも正しい　④ AもBも正しくない]

4 コンピュータからの情報漏洩(えい)を防止するための対策の一つで、ユーザが利用するコンピュータには表示や入力などの必要最小限の処理をさせ、サーバ側でアプリケーションやデータファイルなどの資源を管理するシステムは、一般に、［（エ）］システムといわれる。

[① シンクライアント　② リッチクライアント　③ 検疫ネットワーク]

5 外部ネットワーク(インターネット)と内部ネットワーク(イントラネット)の中間に位置する緩衝地帯は［（オ）］といわれ、インターネットからのアクセスを受けるWebサーバ、メールサーバなどは、一般に、ここに設置される。

[① DMZ　② SSL　③ IDS]

第4章
接続工事の技術

1. メタリックケーブルを用いたLANの配線工事

メタリックケーブルは心線に金属材料を用いたケーブルであり、宅内配線では、一般に、**ツイストペアケーブル**が使用されている。

ツイストペアケーブル

ツイストペアケーブルは、2本1組の銅線をらせん状に撚(よ)り合わせたもの(撚り対線)が4組束ねられた通信用ケーブルである。

ツイストペアケーブルには、ノイズ対策としてシールド(遮(しゃ)へい)が施された**STP**(Shielded Twisted Pair：**シールド付き撚り対線(シールド付きツイストペア))ケーブル**と、シールドが施されていない**UTP**(Unshielded Twisted Pair：**非シールド撚り対線(非シールドツイストペア))ケーブル**がある。UTPケーブルは、イーサネットLANの配線部材として最も普及しているケーブルであり、STPケーブルに比べて、拡張性、施工性、柔軟性、コストなどの面で優れている。

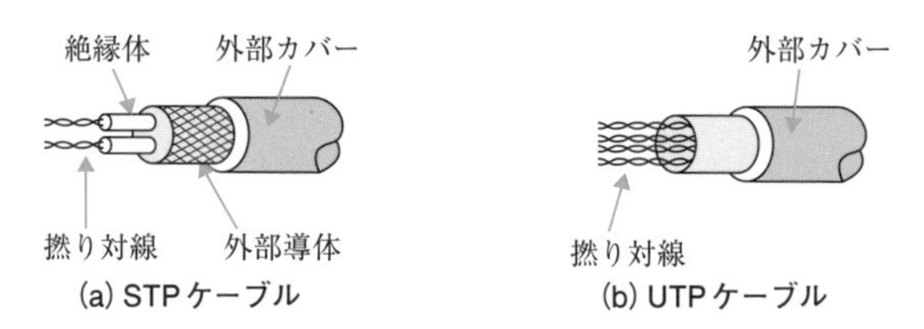

図4・1　ツイストペアケーブル

ツイストペアケーブルは、伝送性能によってカテゴリ1からカテゴリ7Aまでに区分されている。これらのうち、現在のLANの主流であるイーサネットLANに適応している主なものを、表4・1に示す。

たとえば、最大伝送速度が1Gbit/sである**1000BASE－T**イーサネットのLAN配線工事では、一般に、**カテゴリ5e**以上のUTPケーブルの使用が推奨されている。

表4・1　ツイストペアケーブルの主な伝送性能区分

カテゴリ	最大周波数	主な用途	標準規格
5	100MHz	100BASE－TX	JIS X 5150-1、ANSI/TIA-568-A
5e	100MHz	1000BASE－T	ANSI/TIA-568-B.2
6	250MHz	1000BASE－TX	JIS X 5150-1、ANSI/TIA-568-B.2-1
6A	500MHz	10GBASE－T	ANSI/TIA-568-B.2-10
7	600MHz	10GBASE－T	JIS X 5150-1
7A	1,000MHz	CATVを含むさまざまな用途	JIS X 5150-1

1000BASE－Tイーサネットの LAN 配線工事では、一般に、カテゴリ5e以上のUTPケーブルの使用が推奨されている。

●UTPケーブルの種類

UTPケーブルには、ストレートケーブルとクロスケーブルの2種類がある。ストレートケーブルとは、図4・2(a)のようにケーブル両端を同じピン配列でモジュラプラグに結線したものをいう。一般に、PC(パーソナルコンピュータ)などの端末を、自動識別機能、アップリンクポート、およびカスケードポートが搭載されていないハブに接続するときは、このストレートケーブルを使用する。

これに対しクロスケーブルとは、一般に、自動識別機能、アップリンクポート、およびカスケードポートが搭載されていないハブどうしを接続するために用いられ、図4・2(b)のように送受をクロスしたケーブルを用いる。なお、自動識別機能が搭載されているハブどうしを接続する場合は、クロスケーブルだけでなくストレートケーブルも使用可能である(*)。

(*)自動識別機能は搭載されていないが、アップリンクポートまたはカスケードポートが搭載されているハブどうしを接続する場合はストレートケーブルを用いる(ポート内でクロスさせているため、ケーブル側でクロスする必要がない)。

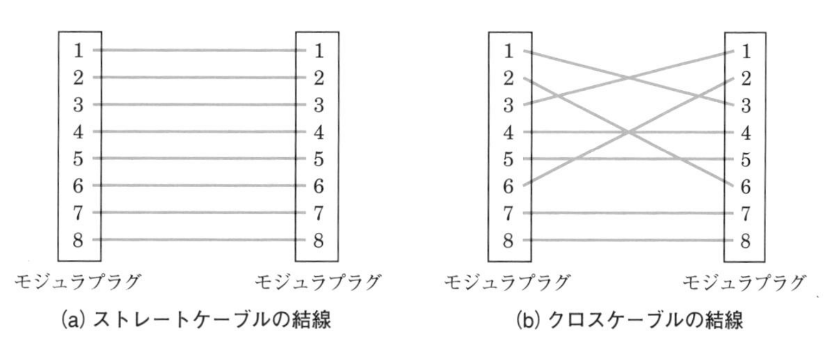

図4・2　ストレートケーブルとクロスケーブルの結線

UTPケーブルの成端

ケーブルの端にコネクタなどの接続器具を取り付けることを成端(せいたん)という。ここでは、LANで使用されるピグテール型UTPケーブルに、RJ－45モジュラプラグを成端する際の注意点などについて説明する。なお、ピグテール型UTPケーブルとは、出荷時に、ケーブルの片側だけにコネクタが取り付けられている製品のことをいう。

●RJ－45モジュラプラグのピン配列

RJ－45モジュラプラグは8ピン(8極8心)のコネクタであり、RJ－45コネクタとも呼ばれている。UTPケーブルの両端は、一般に、このRJ－45モジュラプラグで成端される。

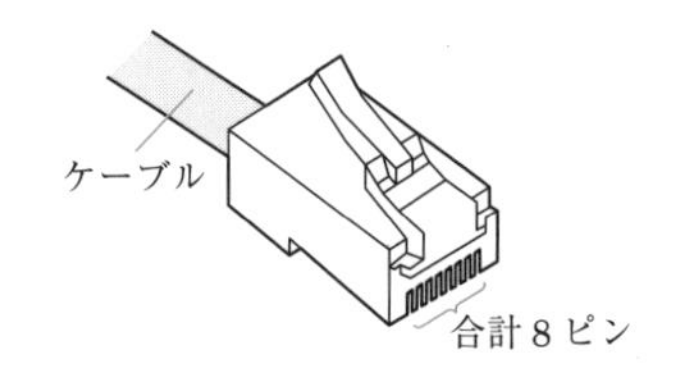

図4・3　RJ－45モジュラプラグ

RJ－45モジュラプラグのピン配列はANSI/TIA-568という米国規格で定められており、**T568A規格**と**T568B規格**がある。これらのピン配列は図4・4のとおりであり、たとえばT568Bにおけるペア1のピン番号の組合せは、4番と5番である。

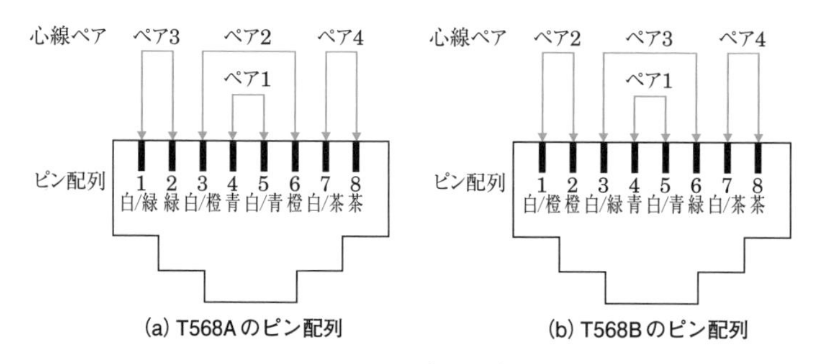

図4・4　ピン配列

T568Bにおけるピン番号の組合せは次のとおり。
- **ペア1は4番と5番**
- **ペア3は3番と6番**
- **ペア2は1番と2番**
- **ペア4は7番と8番**

●成端

RJ－45モジュラプラグをUTPケーブルに成端する手順は、次のとおり。

まず、UTPケーブルの外皮を2～3cm程度剥(は)ぎ取り、撚り対線の撚り(ねじれ)を戻して長さをそろえる。次に、UTPケーブルの心線を決められたピン配列にしたがって、RJ－45モジュラプラグの端子穴に挿入する。さらに、挿入したUTPケーブルの心線が抜けてしまわないように注意しながら、RJ－45モジュラプラグを専用工具に差し込み、しっかり圧接する。最後に、各ペア線がRJ－45モジュラプラグの一番奥(先端)まで伸びていて、ピンがこれらペア線に接触しているかどうか確認する。

●成端時の注意点

成端時には、特に次の点に注意する。

・UTPケーブルの外皮を剥ぐ際に、心線の被覆を剥ぎ取らないようにする。また、心線そのものを傷つけないようにする。

・心線の撚り戻し長(撚りを戻す部分の長さ)はできるだけ短くする。撚り戻し長が長いと、近端漏話によるノイズの影響を受けやすくなり伝送品質が低下してしまう。

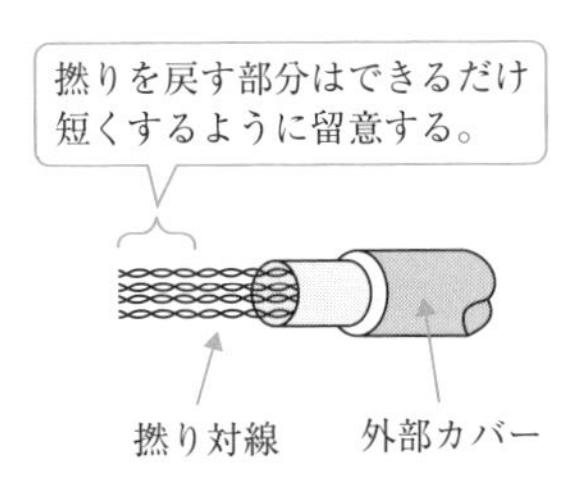

図4・5　UTPケーブルの心線の撚り戻し

近端漏話による伝送性能への影響を最小にするため、心線の撚り戻し長はできるだけ短くする。

・結線の配列を間違えないようにする。結線の配列誤りには、リバースペア、クロスペア、スプリットペアなどがある。リバースペアとは、たとえば3－6ペアを相手側で6－3と結線することをいい、クロスペアとは、1－2ペアを3－6ペアに結線するようなことをいう。また、スプリットペアとは、撚り対のペアを1·2、3·6、4·5、7·8とすべきところを1·2、3·4、5·6、7·8のようにすることをいう。これらの配列誤りによって、漏話特性が劣化したりPoE機能が使用できなくなったりする場合がある。

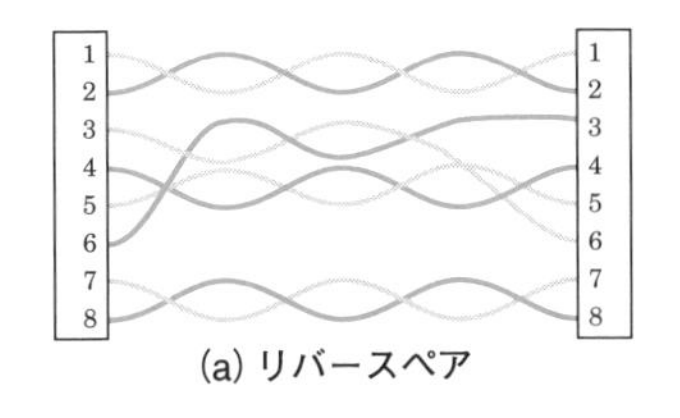

(a) リバースペア

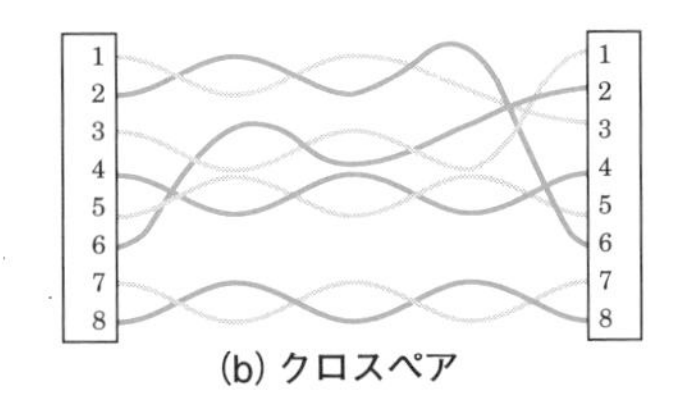

(b) クロスペア

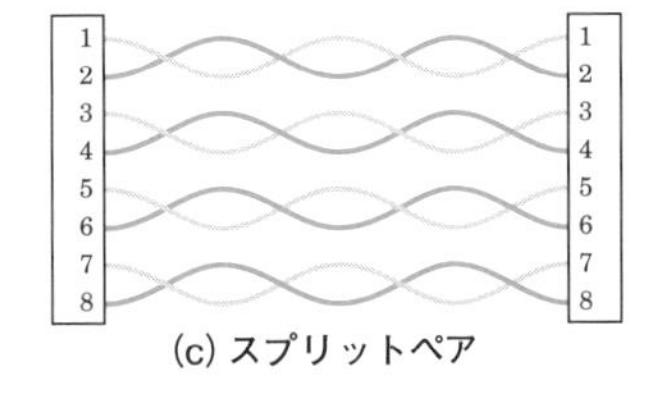

(c) スプリットペア

図4・6　結線の配列誤り

練習問題

【1】コネクタ付きUTPケーブルを現場で作製する際には、（ア）による伝送性能への影響を最小にするため、コネクタ箇所での心線の撚り戻し長はできるだけ短くする注意が必要である。
[① 伝搬遅延　② ワイヤマップ　③ 近端漏話]

答（ア）③

2. 光ファイバケーブルを用いたLANの配線工事

光ファイバは、伝送損失が極めて小さく、大容量かつ長距離の伝送に適した媒体である。

光ファイバ

光ファイバは、中心層(**コア**)と外層(**クラッド**)の2層構造になっており、コアの屈折率をクラッドの屈折率よりわずかに大きくしている。これにより、光はコア内をクラッドとの境界で**全反射**を繰り返しながら進んでいく。

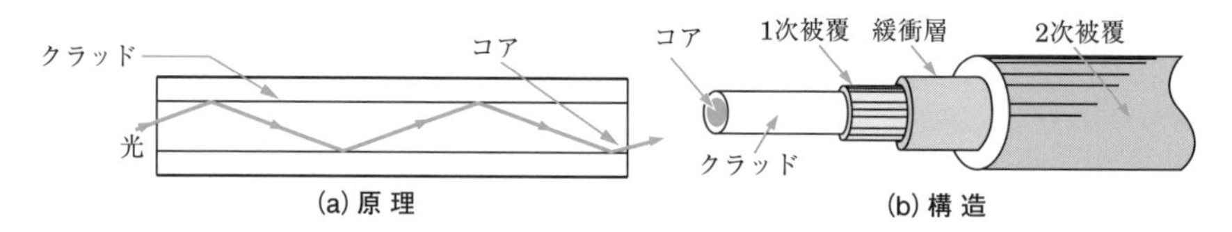

図4・7　光ファイバの原理と構造

●石英系光ファイバとプラスチック系光ファイバ

光ファイバは、二酸化けい素を主成分とする**石英系光ファイバ**(せきえい)と、アクリル樹脂(じゅし)またはフッ素樹脂を主成分とする**プラスチック系光ファイバ**に大別される。

石英系光ファイバは伝送損失が小さいが、加工性が低いうえに高価であるため、利用者側の設備ではプラスチック系光ファイバを使用することが多い。

プラスチック系光ファイバは、石英系光ファイバに比べて伝送距離が短いが、曲げに強く折れにくい、加工が容易、コストが安いといったメリットがあり、ホームネットワークなどの配線に用いられている。プラスチック系光ファイバの光送信モジュールには、通常、光波長が650nm(*)(赤)の**LED**(発光ダイオード)が用いられている。

(*) 1nm(1ナノメートル)は10億分の1m。

●光ファイバの伝搬モード

光の伝わり方は、光の波長や屈折率、コア径などによって決まる。この光の伝わり方を**伝搬モード**という。光ファイバは、伝搬モードにより**シングルモード光ファイバ**(**SMF**：Single Mode Fiber)と、**マルチモード光ファイバ**(**MMF**：Multi Mode Fiber)の2種類に大別される。

シングルモード光ファイバは、光を伝送する中核部分、すなわちコアを直径10μm以下と小さくすることで、光信号を1つのモード（経路）による伝搬のみに抑えている。シングルモード光ファイバでは、光信号がファイバを通過するにしたがって、光信号のパワーを失っていくことによる減衰は発生するものの、1つのモードしか使用しないため、信号の到着時間の違いによる信号の歪みは発生しない。このようなことからシングルモード光ファイバは長距離伝送や超高速伝送に適しているが、比較的高価で、折り曲げに弱いという欠点がある。

一方、マルチモード光ファイバは、コアの直径が50〜85μmで複数のモードが存在する。そのため、いくつかの光信号が同時にファイバに送出されると、それぞれの光信号は各々別のモードを経由することになる。そして、異なったモードを経由した光信号は到着時間もそれぞれ異なるため、光信号の分散（モード分散）が発生する。このモード分散の影響により、マルチモード光ファイバはシングルモード光ファイバと比較して伝送帯域が狭く、長距離伝送や超高速伝送には不向きである。しかし、その反面、比較的安価で折り曲げに強いという利点があり、主に宅内やビル内などの短距離伝送用に使用されている。

なお、マルチモード光ファイバは、コアの屈折率分布の違いによりステップインデックス型とグレーデッドインデックス型に分けられる。ステップインデックス型では、コアとクラッドの屈折率分布は階段状に変化するが、グレーデッドインデックス型では屈折率の分布が連続的に変化する。

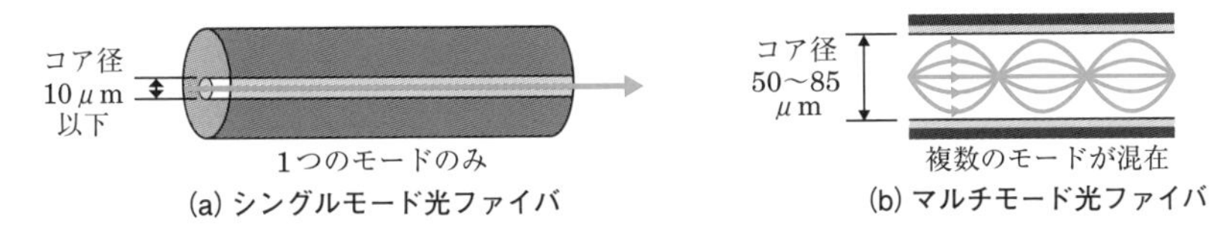

図4・8　光ファイバ

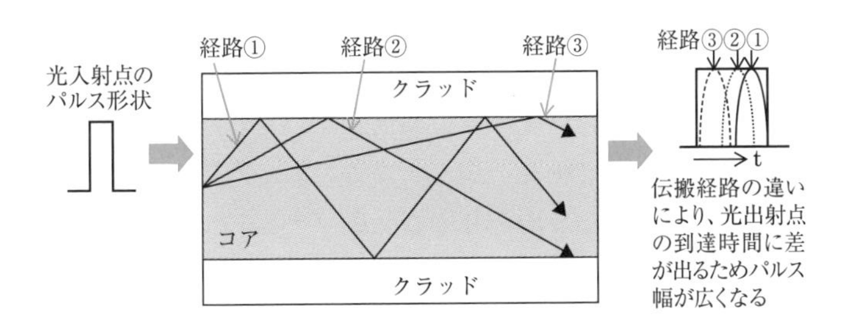

図4・9　マルチモード光ファイバにおける光信号パルスの伝搬

マルチモード光ファイバは、モード分散の影響により、シングルモード光ファイバと比較して伝送帯域が狭く、主に短距離伝送用に使用される。

●光損失

光損失は、光の強度が減衰する度合いを示す尺度であり、レイリー散乱損失や、マイクロベンディングロス(マイクロベンディング損失)などがある。レイリー散乱損失は、光ファイバ中の屈折率の微小な変動(揺らぎ)によって光が散乱するために生じる。また、マイクロベンディングロスとは、微小な曲がりによって生じる損失のことをいい、光ファイバをケーブル化する過程や布設時に、側面に不均一な圧力が加わったときに発生する。

光ファイバの接続

光ファイバの接続においては、心線の軸が正確に合うように軸合せを行う必要がある。この軸がずれると接続損失が生じ、信号は大きく減衰する。

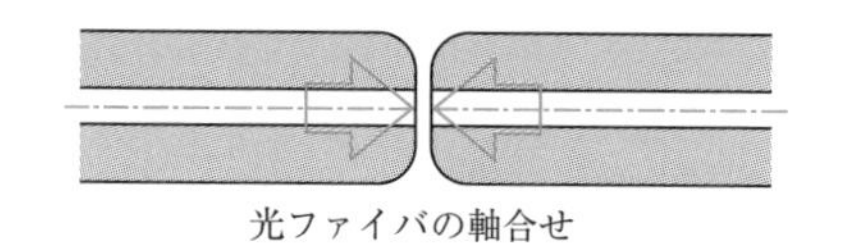

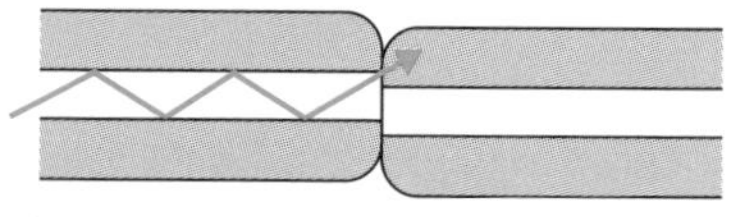

図4・10　軸合せと軸ずれによる信号損失

光ファイバどうしを接続する際は、接続損失を極力発生させないようにする。

心線の接続方法には、融着接続法、メカニカルスプライス法、およびコネクタ法がある。

●融着接続法

融着接続法は、光ファイバの端面を融かして接続する方法である。この方法の特徴は、接続面が融けて端面が整形され、同時に気泡の発生も抑制されることである。また、軸が多少ずれても表面張力により軸の中心が自動的に合う作用が働き、安定した接続が可能となる。

接続手順としては、まず、光ファイバの被覆材を完全に除去し、光ファイバを切断する。次に、電極間放電などにより端面を融かして接続(融着)する。

融着した後の接続部は、被覆材が完全に除去されて機械的強度が低下しているため、補強を行う必要がある。これには、一般に、光ファイバ保護スリーブにより補強する方法が広く採用されている。この方法は、接続した光ファイバ心線を光ファイバ保護スリーブに挿入する。そして、これを加熱することで内部チューブが融けて接続部を包み、同時に外部チューブが収縮固定し外部を補強する仕組みになっている。

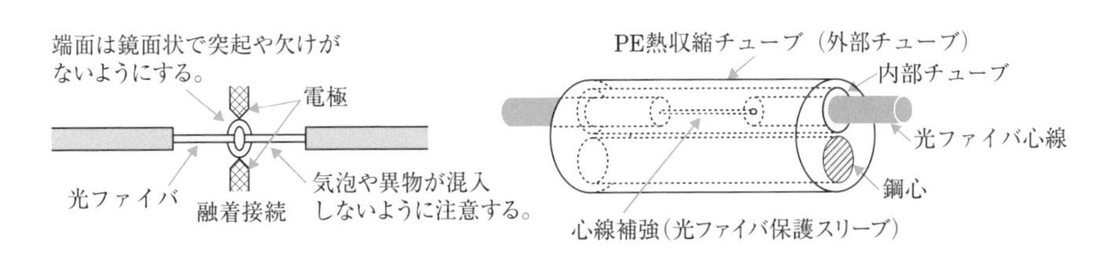

図4・11　融着接続法

重要

光ファイバ心線の融着接続部を補強するために、一般に、光ファイバ保護スリーブが用いられている。

●メカニカルスプライス法

メカニカルスプライス法は、専用の部品を用いて、光ファイバどうしを軸合せして機械的に接続する方法である。接続部品の内部には、光ファイバの接合面で発生する反射を抑制するための屈折率整合剤があらかじめ充（じゅう）てんされている。この接続方法ではメカニカルスプライス工具が必要になるが、融着接続機などの特別な装置や電源は不要である。

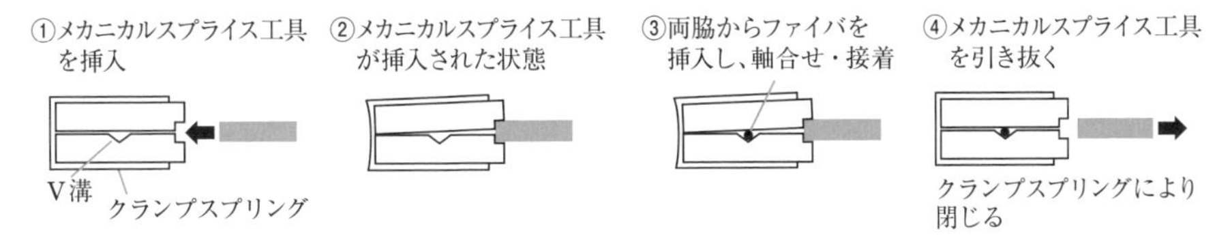

図4・12　メカニカルスプライス法

●コネクタ法

コネクタ法は、光ファイバを光コネクタで機械的に接続する方法である。着脱作業を比較的簡単に行うことができ、接続部に接合剤などを使用していないので再接続が可能という利点を持つ。

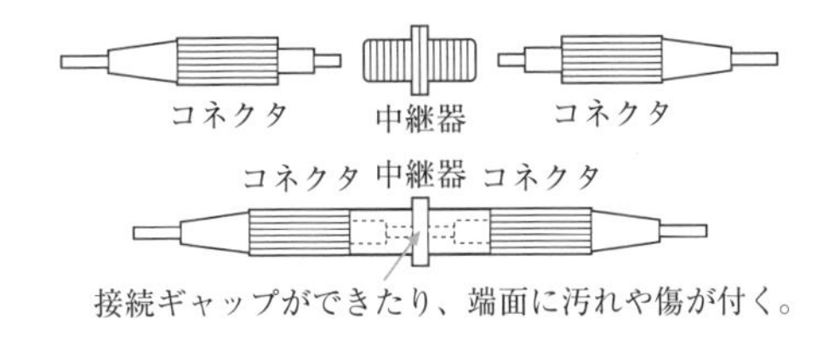

図4・13　コネクタ法

この接続方法では、一般に、フェルール型光コネクタが用いられている。フェルールとは、光ファイバのコアの中心をコネクタの中心に固定するための部品であり、**コアの軸ずれを防止**する。フェルールの中心には光ファイバ径よりわずかに大きい孔(あな)があり、光ファイバをその中に接着剤などで固定することにより、心線の正確な位置を確保している。

フェルールを研磨(けんま)する方法として、フェルールの先端を直角にフラット研磨する方法があるが、コネクタ接続部の光ファイバ間にわずかな隙間(すきま)ができるため、**フレネル反射**が起こる。ここでフレネル反射とは、光ファイバの破断点(はだんてん)で急峻(きゅうしゅん)な屈折率の変化があるために生じる反射現象をいう。また、光コネクタの研磨形状としては、平面、球面、斜め球面などがあり、用途によって使い分けがなされている。中でも、球面上に研磨された光コネクタはフレネル反射を抑えることができるので、平面研磨より優れているとされている。

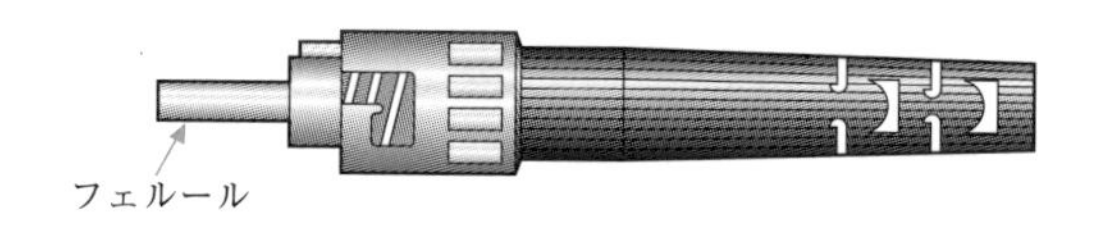

図4・14　フェルール型光コネクタ(単心用)の例

光ファイバ心線を1心どうし接続する単心用コネクタには、現在最も普及している**SCコネクタ**や、接合部がねじ込み式で振動に強い**FCコネクタ**などがある。近年は、SCコネクタの従来の接続方法に加え、コネクタ内にメカニカルスプライス機構を有し、取り付け作業を現場で容易に行える**外被把持型(がいひはじがた)ターミネーションコネクタ**が利用されることが多くなっている。

また、光ファイバ2心以上の心線を1つのコネクタに収容する多心用コネクタには、**MTコネクタ**などがある。

練習問題

【1】光ファイバ心線の融着接続部は、被覆が完全に除去されるため機械的強度が低下するので、融着接続部の補強方法として、一般に、 (ア) により補強する方法が採用されている。
[① ケーブルジャケット　② 光ファイバ保護スリーブ　③ プランジャ]

【2】光ファイバどうしを接続するときに用いられるコネクタには、 (イ) を極力発生させないことが求められる。
[① 分　散　② 屈　折　③ 接続損失]

答 (ア) ② (イ) ③

3. 配線方式・配線補助用品

フロアにケーブルを配線する方式には、フロアダクト方式、フリーアクセスフロア方式、セルラダクト方式などがある。また、配線補助用品には、硬質ビニル管、PVC電線防護カバー、ワイヤプロテクタなど、さまざまなものがある。

配線方式

●フロアダクト方式

フロアダクトは、各種ケーブルを床内に配線できるようにするための配管設備用品である。一般に、フロアダクトには600mm間隔でケーブル引出口があり、そこからケーブルを外部に引き出せるようになっている。したがって、ビル建設時にそのフロアの各種用途の配線需要を予測し、適切な間隔でフロアダクトを床内に埋め込み、一定の間隔でインサート(引出口)用品を設けておけば、電話機などの増設や移転に対処しやすくなる。

なお、フロアダクトが交差するところには、一般に、接合用のボックス(ジャンクションボックス)が設置される。

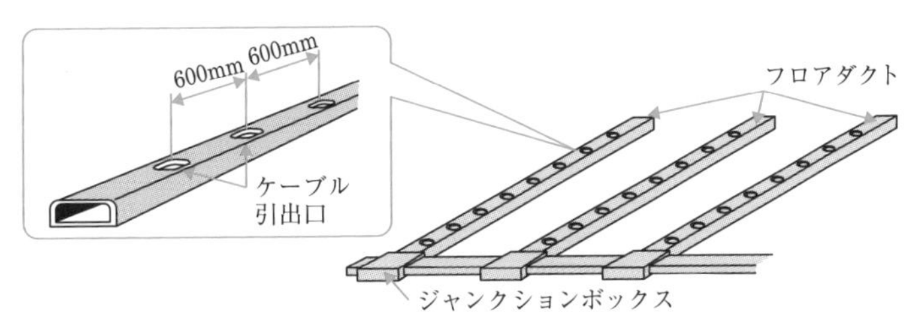

図4・15　フロアダクト方式

フロアダクトが交差するところには、一般に、ジャンクションボックスが設置される。

●フリーアクセスフロア方式

床スラブ(床版)上に脚付きのパネルなどを敷き詰め、床スラブとパネルの間の空間に、LANケーブルや電力ケーブルなどを自由に配線する方式である。たとえば次頁の図4・16のように、床上に高さ調整が可能な支持脚(支柱)を立て、その上にスチール製のパネルを敷き詰めることにより二重床を形成し、パネルと床の間の空間を配線スペースとして利用する。

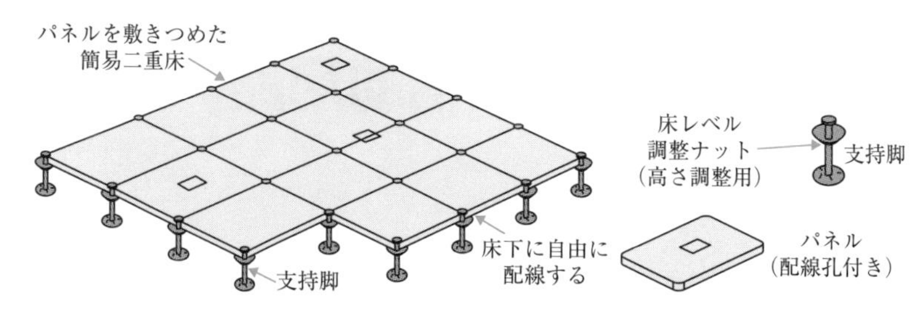

図4・16　フリーアクセスフロア方式（支持脚調整式簡易二重床の例）

床下に各種ケーブルを自由に配線するための二重床を、フリーアクセスフロアという。

●セルラダクト方式

建物の床型枠材（ゆかかたわくざい）として用いられる波形（なみがた）デッキプレートの溝の部分を、カバープレートで閉鎖して配線路として使用する配線収納方式である。この方式は一般に、配線の保護性が良好で、フロアダクト方式に比べて断面積が大きいため配線収容本数を多くとることができる。また、施工時に、配線引出口の位置を比較的自由に決めることができる。

このようなセルラダクト方式で、各種ケーブルを配線するための既設ダクトを備えた金属製またはコンクリートの床のことを、セルラフロアという。

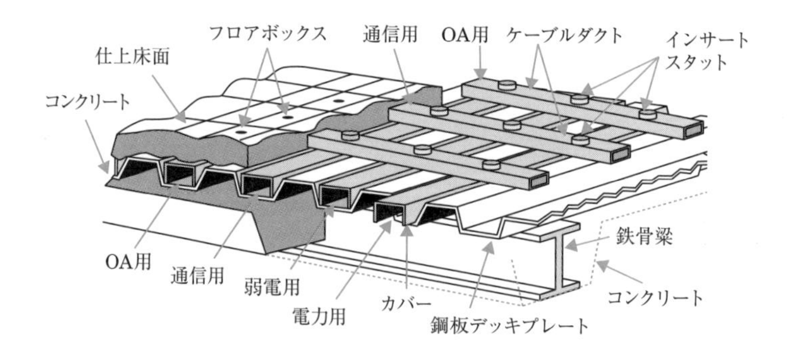

図4・17　セルラダクト方式

セルラダクト方式の床を、セルラフロアという。

配線補助用品

●硬質ビニル管

電灯線などの支障物から屋内線を保護するために用いる。この他にも、屋内線が家屋の壁などを貫通する箇所で絶縁を確保するために用いられている。

家屋の壁を貫通して電線を引き込む場合は、雨などの侵入を防ぐため硬質ビニル管の屋内側を高く上向きにして貫通させる。また、両側には、つばを取り付け、角で屋内線が破損しないようにする。

●PVC電線防護カバー

電灯線などの支障物から屋内線を保護するために用いる。材質はポリ塩化ビニル(Poly − Vinyl Chloride)で、必要な長さに切って使用する。

●ワイヤプロテクタ

屋内線を床面などに配線する場合、踏みつけなどにより損傷しないように屋内線を機械的に保護するために用いる。

図4・18 硬質ビニル管　図4・19 PVC電線防護カバー　図4・20 ワイヤプロテクタ

屋内線が家屋の壁などを貫通する箇所では、絶縁を確保するために、一般に、硬質ビニル管が用いられている。

接地工法

端末機器の金属製の台または筐体には、「電気設備の技術基準の解釈」で規定されている**D種接地工事**を施す必要がある。D種接地工事は、主に感電防止を目的としており、原則として接地抵抗を**100 Ω以下**とし、接地線には、引張り強さ0.39kN(キロニュートン)以上の容易に腐食しにくい金属線または直径1.6mm以上の軟銅線などを使用することとされている。

練習問題

【1】通信機械室などにおいて、床下に電力ケーブル、LANケーブルなどを自由に配線するための二重床は、 (ア) といわれる。
[① レースウェイ　② セルラフロア　③ フリーアクセスフロア]

答（ア）③

4. LANの工事試験

配線工事を行った後、配線状態が正常かどうかを調べるために通信確認試験を実施する。

pingコマンドを用いたLANの通信確認試験

pingコマンドは、LANに接続されたコンピュータの接続状況を、**ICMP**(Internet Control Message Protocol)メッセージを用いて診断するプログラムである。

具体的には、Windowsのコマンドプロンプトから、接続が正常かどうか確認したいコンピュータのIPアドレスを指定し、pingコマンドを実行する。このとき送信するデータの初期設定値は、Windowsでは**32バイト**、macOSやLinuxなどでは56バイトとなっている。

正常に接続できれば、図4・21(a)のように「IPアドレス からの応答」、異常があれば、図4・21(b)のように「要求がタイムアウトしました。」と画面上に表示される。

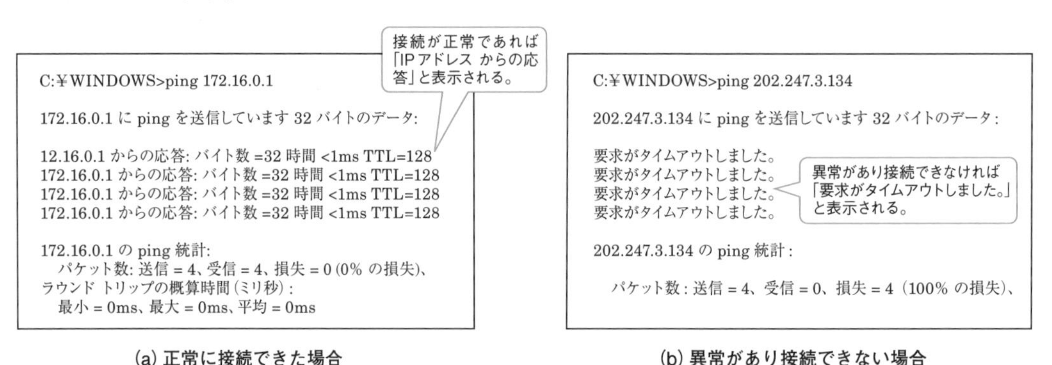

(a) 正常に接続できた場合　　(b) 異常があり接続できない場合

図4・21　Windows端末上におけるpingコマンド実行例

pingコマンドは、調べたいコンピュータのIPアドレスを指定し、ICMPメッセージを用いて32バイト(Windowsの場合)のデータを送信する。

pingコマンドの活用例を図4・22に示す。

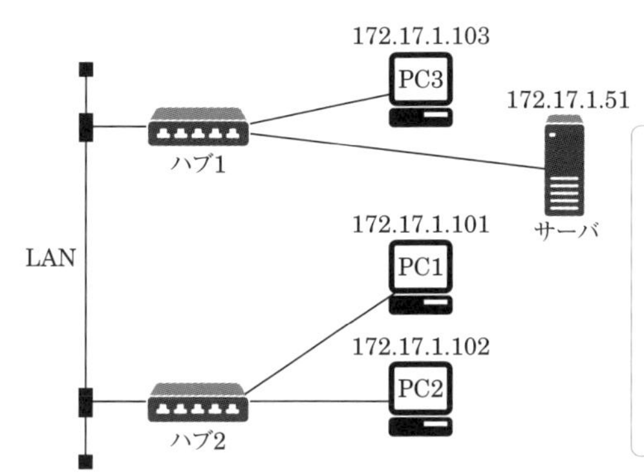

図4・22 pingコマンドの活用例

LANの工事試験では、ping以外にも、さまざまなコマンドが用いられる。たとえば、IPパケットが特定のコンピュータへ到達するまでの経路を確認するときは、**tracertコマンド**を使用する。

UTPケーブルの配線状態等の確認

UTPケーブルの配線状態を測定する試験では、一般に、ケーブルテスタなどを用いて、伝搬遅延時間や近端漏話減衰量、遠端漏話減衰量、ワイヤマップなどを調べる。たとえば**ワイヤマップ試験**は、リンクまたはチャネルの導通試験であり、断線や配線誤り、対交差などを検出することができる。なお、UTPケーブルの配線性能に関する測定項目は、「JIS X 5150-1：2021汎用情報配線設備」において規定されている。

練習問題

【1】Windowsのコマンドプロンプトから入力される［(ア)］コマンドは、調べたいパーソナルコンピュータ(PC)のIPアドレスを指定することにより、初期設定値の32バイトのデータを送信し、PCからの返信により接続の正常性を確認することができる。
［① ACK ② reply ③ ping］

【2】UTPケーブルへのコネクタ成端時における結線の配列誤りには、スプリットペア、クロスペア、リバースペアなどがあり、このような配線誤りの有無を確認する試験は、一般に、［(イ)］試験といわれる。
［① ワイヤマップ ② 伝搬遅延時間 ③ 近端漏話減衰量］

答 (ア) ③ (イ) ①

5. ホームネットワークの配線工事

一般家庭内のさまざまな機器を接続したネットワークシステムのことを、ホームネットワークという。ここでは、ホームネットワークの配線工事について説明する。

ADSL回線の配線工事

ADSLサービスには、ADSL信号とアナログ電話の音声信号を同じ物理回線で伝送する「電話共用型ADSLサービス」と、物理回線をADSL信号の伝送のみに使用する「専用型ADSLサービス」がある。

電話共用型ADSLサービスを利用する場合は、一般に図4・23のように、ADSLスプリッタを介して電話機側とADSLモデム～データ端末側に分岐する。

具体的には、回線側のモジュラジャックと、ADSLスプリッタのLINE端子を、RJ－11モジュラプラグ付きの電話用ケーブルで接続する(図4・23の①)。また、ADSLスプリッタのPHONE端子とアナログ電話機の電話回線ポート、MODEM端子とADSLモデムの回線ポートを、それぞれRJ－11モジュラプラグ付きの電話用ケーブルで接続する(②、③)。

さらに、ADSLモデムのLANポートとPC(パーソナルコンピュータ)のLANインタフェースコネクタとの間を、RJ－45モジュラプラグ付きのUTPケーブルで接続する(④)。

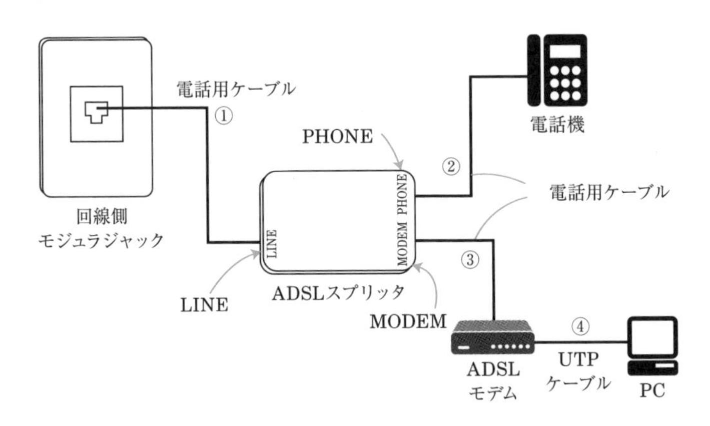

図4・23　電話共用型ADSLサービスの接続構成例

一方、専用型ADSLサービスでは回線にADSL信号しか流れていないため、ADSL信号と音声信号を分離・合成するADSLスプリッタを取り付ける必要がない。

したがって、回線側のモジュラジャックとADSLモデムの回線ポートを、RJ－11モジュラプラグ付きの電話用ケーブルで接続する(図4・24の①)。また、ADSLモデムのLANポートとPCのLANインタフェースコネクタとの間を、RJ－45モジュラプラグ付きのUTPケーブルで接続する(②)。

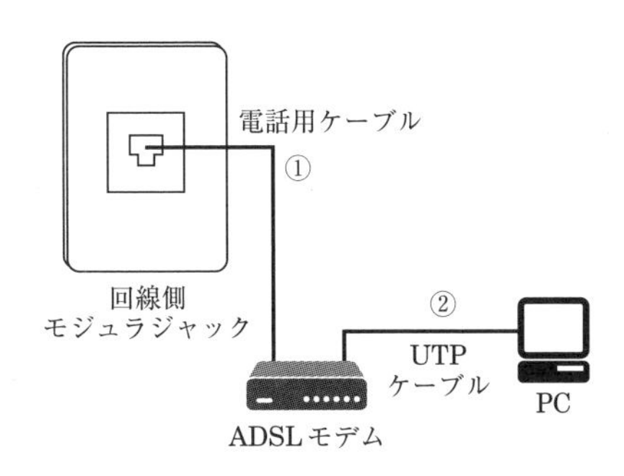

図4・24　専用型ADSLサービスの接続構成例

ADSL回線の配線工事を行う際は、伝送品質に影響を及ぼす要因を除去するために、主に次の点に留意する。

・ADSLはメタリック伝送路を使用し、高い周波数の信号を利用しているため、伝送距離に対する減衰が大きく、電気通信事業者の装置からユーザ宅への引込線の接続箇所までの距離が長いほど伝送品質が劣化してしまう。

・テレビやPCのモニタ、エアコン、冷蔵庫、電子レンジなどから発生するノイズは、モジュラコネクタや屋内配線ケーブルを通る信号に悪影響を及ぼすことから、ADSLの伝送品質の劣化要因となる場合がある。この対策としては、端末設備をノイズの発生源から離れた場所に設置するようにする。

・一般に、加入者線路では、ケーブルの分岐接続のためにブリッジタップが存在している。ブリッジタップがある回線にADSLのような高い周波数の信号を流すと、分岐配線の末端で信号の反射などが生じて伝送品質が劣化するおそれがある。

ADSL回線の配線工事では、伝送品質の劣化要因の除去に加え、主に次の事柄についてあらかじめ確認しておくことが重要である。

・ADSLサービスを利用するには、電気通信事業者の装置からユーザ宅までの加入者線がすべてメタリック線でなければならない。もし一部でも光ファイバに置き換えられていると、高周波成分がカットされて通信できないため、その場合は、電気通信事業者に依頼して物理回線を切り替えてもらう必要がある。

・ガス検針装置やドアホン、ホームセキュリティなどの機器が電話回線に接続されていると、ADSL回線のリンクが確立しない、電話機が正常に動作しないなどの不具合が生じることがある。

光回線の配線工事

ユーザ宅のLAN上にある情報機器が光アクセスネットワークを通じてインターネットに接続するには、さまざまな機能が必要となる。たとえば、宅内機器にIPアドレスを割り当てるDHCP（Dynamic Host Configuration Protocol）機能や、宅内機器のプライベートIPアドレスとインターネットで使用するグローバルIPアドレスとを相互に変換するNAT（Network Address Translation）機能、パケットを転送するルーティング（経路選択制御）機能などが挙げられる。

一般に、ユーザ宅内に設置される**ホームゲートウェイ**は、これらの機能を1台に統合した装置であり、電気通信事業者の光アクセスネットワークと、宅内のLAN上にある情報機器を接続する際に用いられる。

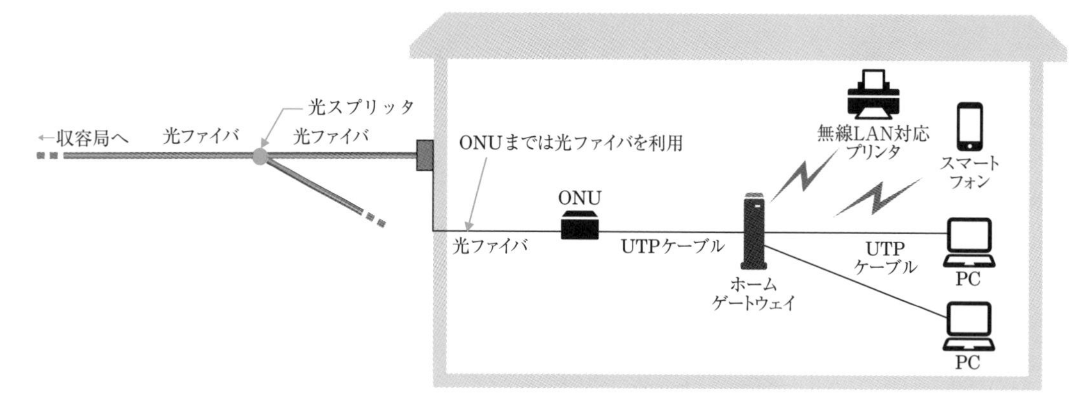

図4・25　光回線の端末設備側における配線構成例

光回線の配線工事を行う際は、特に光ファイバの特性に気をつける。光ファイバは、低損失、広帯域特性、細径、軽量といった優れた特徴を持つ一方で、引っ張り、側圧、曲げなどの外圧に弱い。そのため、敷設の際は、過大張力をかけないようにするとともに極端に曲がることのないように十分注意する。

練習問題

【1】電気通信事業者の光アクセスネットワークとそれに接続されるユーザのLANとの間において、ユーザ宅内に設置され、宅内機器のアドレス変換、ルーティング、プロトコル変換などの機能を有する装置は、一般に、（ア）といわれる。
[① ホームゲートウェイ　② セットトップボックス　③ OLT]

答（ア）①

実戦演習問題 

次の各文章の　　　　内に、それぞれの[　　]の解答群の中から最も適したものを選び、その番号を記せ。

1 シングルモード光ファイバでは、コアとクラッドの屈折率を比較すると、（ア）となっている。

[① コアがクラッドより僅かに小さい値　② コアがクラッドより僅かに大きい値
③ コアとクラッドが全く同じ値]

2 UTPケーブルを図1－aに示す8極8心のモジュラコネクタに、配線規格T568Bで決められたモジュラアウトレットの配列でペア1からペア4を結線するとき、ペア2のピン番号の組合せは、（イ）である。

[① 1番と2番　② 3番と6番　③ 4番と5番]

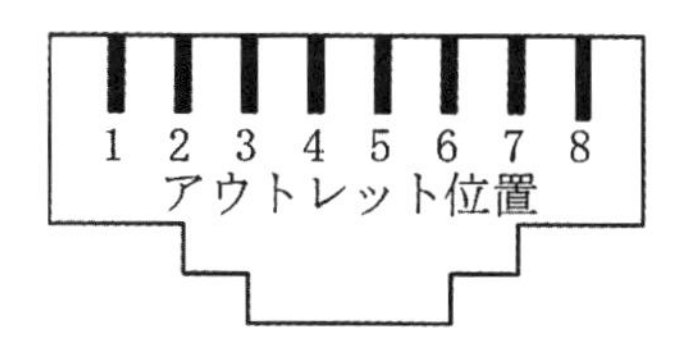

図1－a　コネクタ前面図

3 Windowsのコマンドプロンプトから入力されるpingコマンドは、調べたいパーソナルコンピュータ(PC)のIPアドレスを指定することにより、初期設定値の（ウ）バイトのデータを送信し、PCからの返信により接続の正常性を確認することができる。

[① 32　② 64　③ 128]

4 光ファイバの接続について述べた次の二つの記述は、（エ）。

A　メカニカルスプライス接続は、V溝により光ファイバどうしを軸合わせして接続する方法を用いており、接続工具には電源を必要としない。

B　コネクタ接続は、光コネクタにより光ファイバを機械的に接続する接続部に接合剤を使用するため、再接続できない。

[① Aのみ正しい　② Bのみ正しい　③ AもBも正しい　④ AもBも正しくない]

5 床の配線ダクトにケーブルを通す床配線方式で、電源ケーブルや通信ケーブルを配線するための既設ダクトを備えた金属製又はコンクリートの床は、一般に、（オ）といわれる。

[① フリーアクセスフロア　② セルラフロア　③ トレンチダクト]

実戦演習問題 4-2

次の各文章の　　　　内に、それぞれの[　　]の解答群の中から最も適したものを選び、その番号を記せ。

1 光ファイバケーブルの心線をフェルール型のコネクタで接続するときに用いられるフェルールは、（ア）を防止するための部品である。

[① 心線の破断　② コアの軸ずれ　③ 側面からの圧力]

2 1000BASE－Tイーサネットのエルエーエヌ配線工事では、一般に、カテゴリ（イ）以上のUTPケーブルの使用が推奨されている。

[① 5e　② 6　③ 6A]

3 屋内線が家屋の壁などを貫通する箇所で絶縁を確保するためや、電灯線及びその他の支障物から屋内線を保護するためには、一般に、（ウ）が用いられる。

[① 硬質ビニル管　② PVC電線防護カバー　③ ワイヤプロテクタ]

4 xDSL伝送方式における伝送速度の低下要因について述べた次の二つの記述は、（エ）。

A　ADSL伝送方式においては、メタリックケーブルルート上にブリッジタップがある場合、伝送速度の低下要因になることがある。

B　ユーザ宅内でのテレビやパーソナルコンピュータのモニタなどから発生する雑音信号は、屋内配線ケーブルを通るxDSL信号に悪影響を与え、伝送速度の低下要因になることがある。

[① Aのみ正しい　② Bのみ正しい　③ AもBも正しい　④ AもBも正しくない]

5 ホームネットワークなどにおける配線に用いられるプラスチック光ファイバは、曲げに強く折れにくいなどの特徴があり、送信モジュールには、一般に、光波長が650ナノメートルの（オ）が用いられる。

[① PD　② FET　③ LED]

第Ⅲ編

端末設備の接続に関する法規

第1章　電気通信事業法

第2章　工担者規則、認定等規則、有線法、
設備令、不正アクセス禁止法

第3章　端末設備等規則（Ⅰ）

第4章　端末設備等規則（Ⅱ）

第1章

電気通信事業法

1. 総　則

電気通信事業法の目的

条文

第1条〔目的〕

この法律は、電気通信事業の公共性に鑑み、その運営を適正かつ合理的なものとするとともに、その公正な競争を促進することにより、電気通信役務の円滑な提供を確保するとともにその利用者等の利益を保護し、もって電気通信の健全な発達及び国民の利便の確保を図り、公共の福祉を増進することを目的とする。

電気通信事業法の制定により、電気通信事業に競争原理が導入された。本法は、電気通信事業の効率化・活性化を図るとともに、公正な競争を促進することで、低廉かつ良質な電気通信サービスが提供され、社会全体の利益すなわち公共の福祉を増進することを目的としている。

用語の定義

条文

第2条〔定義〕

この法律において、次の各号に掲げる用語の意義は、当該各号に定めるところによる。

⑴ 電気通信　有線、無線その他の電磁的方式により、符号、音響又は影像を送り、伝え、又は受けることをいう。

⑵ 電気通信設備　電気通信を行うための機械、器具、線路その他の電気的設備をいう。

⑶ 電気通信役務　電気通信設備を用いて他人の通信を媒介し、その他電気通信設備を他人の通信の用に供することをいう。

⑷ 電気通信事業　電気通信役務を他人の需要に応ずるために提供する事業（放送法（昭和25年法律第132号）第118条第1項に規定する放送局設備供給役務に係る事業を除く。）をいう。

⑸ 電気通信事業者　電気通信事業を営むことについて、第9条の登録を受けた者及び第16条第1項（同条第2項の規定により読み替え

て適用する場合を含む。)の規定による届出をした者をいう。

(6) 電気通信業務　電気通信事業者の行う電気通信役務の提供の業務をいう。

(7) 利用者　次のイ又はロに掲げる者をいう。

イ　電気通信事業者又は第164条第1項第三号に掲げる電気通信事業(以下「第三号事業」という。)を営む者との間に電気通信役務の提供を受ける契約を締結する者その他これに準ずる者として総務省令で定める者

ロ　電気通信事業者又は第三号事業を営む者から電気通信役務(これらの者が営む電気通信事業に係るものに限る。)の提供を受ける者(イに掲げる者を除く。)

●電気通信

情報の伝達手段として、有線電気通信、無線電気通信、光通信などの電磁波を利用するものと定義している。

●電気通信設備

端末設備をはじめ、各種入出力装置、交換機、搬送装置、無線設備、ケーブル、電力設備など、電気通信を行うために必要な設備全体の総称である。

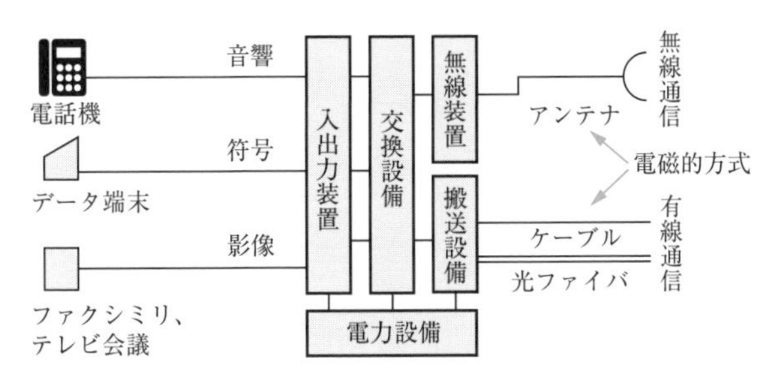

図1・1　電気通信設備の概要

●電気通信役務

「他人の通信を媒介する」とは、たとえば図1・2において、Aの所有する電気通信設備を利用してBとCの通信を扱う場合をいい、その他Aの設備をA以外の者が使用する場合を、「他人の通信の用に供する」という。

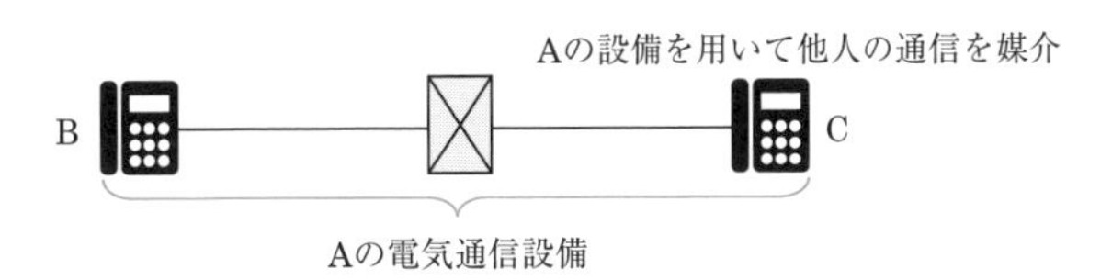

図1・2　電気通信役務(他人の通信を媒介する場合)

表1・1　電気通信役務の主な種類（電気通信事業法施行規則第2条第2項）

役務	内容
音声伝送役務	概ね4キロヘルツ帯域の音声その他の音響を伝送交換する機能を有する電気通信設備を他人の通信の用に供する電気通信役務であってデータ伝送役務以外のもの
データ伝送役務	専ら符号又は影像を伝送交換するための電気通信設備を他人の通信の用に供する電気通信役務
専用役務	特定の者に電気通信設備を専用させる電気通信役務

●電気通信事業

「他人の需要に応ずる」とは、不特定の利用者の申込みに対して電気通信役務を提供することができることを意味し、特定の利用者のみに提供する場合は、これに当たらない。

●電気通信事業者

電気通信事業を営む者であって、その設置する端末系伝送路設備が複数の市町村にまたがるものや、中継系伝送路設備が複数の都道府県にまたがるものなどについては、事業の開始にあたって総務大臣の登録を受ける必要がある。なお、その他のものについては、総務大臣へ届け出を行うよう規定されている。

●電気通信業務

電気通信事業者が行う、電気通信役務の提供業務をいう。

秘密の保護等

条文

第3条〔検閲の禁止〕

電気通信事業者の取扱中に係る通信は、検閲してはならない。

第4条〔秘密の保護〕

電気通信事業者の取扱中に係る通信の秘密は、侵してはならない。

2　電気通信事業に従事する者は、在職中電気通信事業者の取扱中に係る通信に関して知り得た他人の秘密を守らなければならない。その職を退いた後においても、同様とする。

第3条および第4条は、通信の秘密の保護に関する憲法の規定を受けて定められたものである。特に電気通信事業に従事する者は、容易に通信の内容を知り得る立場にあることから、厳重な守秘義務が課されており、退職後もその秘密を守らなければならないとされている。

2. 電気通信事業

利用の公平

条文

重要 **第6条〔利用の公平〕**

電気通信事業者は、電気通信役務の提供について、不当な差別的取扱いをしてはならない。

電気通信事業の公共性にかんがみ、特定の利用者に対して不当な差別的取扱いをすることを禁じている。

基礎的電気通信役務の提供

条文

重要 **第7条〔基礎的電気通信役務の提供〕**

基礎的電気通信役務(国民生活に不可欠であるためあまねく日本全国における提供が確保されるべき次に掲げる電気通信役務をいう。以下同じ。)を提供する電気通信事業者は、その適切、公平かつ安定的な提供に努めなければならない。

(1) 電話に係る電気通信役務であって総務省令で定めるもの(以下「第一号基礎的電気通信役務」という。)

(2) 高速度データ伝送電気通信役務(その一端が利用者の電気通信設備と接続される伝送路設備及びこれと一体として設置される電気通信設備であって、符号、音響又は影像を高速度で送信し、及び受信することが可能なもの(専らインターネットへの接続を可能とする電気通信役務を提供するために設置される電気通信設備として総務省令で定めるものを除く。)を用いて他人の通信を媒介する電気通信役務をいう。第110条の5第1項において同じ。)であって総務省令で定めるもの(以下「第二号基礎的電気通信役務」という。)

基礎的電気通信役務とは、警察機関などへの緊急通報や公衆電話サービスなど、あまねく日本全国に提供が確保されるべき基礎的な電気通信サービスをいう。

重要通信の確保

条文

第8条〔重要通信の確保〕

電気通信事業者は、天災、事変その他の非常事態が発生し、又は発生するおそれがあるときは、災害の予防若しくは救援、交通、通信若しくは電力の供給の確保又は秩序の維持のために必要な事項を内容とする通信を優先的に取り扱わなければならない。公共の利益のため緊急に行うことを要するその他の通信であって総務省令で定めるものについても、同様とする。

2　前項の場合において、電気通信事業者は、必要があるときは、総務省令で定める基準に従い、電気通信業務の一部を停止することができる。

3　電気通信事業者は、第1項に規定する通信（以下「重要通信」という。）の円滑な実施を他の電気通信事業者と相互に連携を図りつつ確保するため、他の電気通信事業者と電気通信設備を相互に接続する場合には、総務省令で定めるところにより、重要通信の優先的な取扱いについて取り決めることその他の必要な措置を講じなければならない。

電気通信は、国民生活および社会経済の中枢的役割を果たしており、非常事態においては特にその役割が重要となるため、警察・防災機関などへの優先的使用を確保している。

電気通信事業者は、天災、事変その他の非常事態においては、次の通信を優先的に取り扱わなければならない。

- **災害の予防、救援、交通、通信もしくは電力の供給の確保、または秩序の維持のために必要な事項を内容とする通信**
- **公共の利益のため緊急に行うことを要するその他の通信**

電気通信事業の開始手続

条文

第9条〔電気通信事業の登録〕

電気通信事業を営もうとする者は、総務大臣の登録を受けなければならない。ただし、次に掲げる場合は、この限りでない。

(1)　その者の設置する電気通信回線設備（送信の場所と受信の場所との間を接続する伝送路設備及びこれと一体として設置される交換設備並びにこれらの附属設備をいう。以下同じ。）の規模及び当該電気

通信回線設備を設置する区域の範囲が総務省令で定める基準を超えない場合

(2)　その者の設置する電気通信回線設備が電波法(昭和25年法律第131号)第7条第2項第六号に規定する基幹放送に加えて基幹放送以外の無線通信の送信をする無線局の無線設備である場合(前号に掲げる場合を除く。)

第16条〔電気通信事業の届出〕

電気通信事業を営もうとする者(第9条の登録を受けるべき者を除く。)は、総務省令で定めるところにより、次の事項を記載した書類を添えて、その旨を総務大臣に届け出なければならない。

(1)　氏名又は名称及び住所並びに法人にあっては、その代表者の氏名
(2)　外国法人等にあっては、国内における代表者又は国内における代理人の氏名又は名称及び国内の住所
(3)　業務区域
(4)　電気通信設備の概要(第44条第1項に規定する事業用電気通信設備を設置する場合に限る。)
(5)　その他総務省令で定める事項

2〜6　略

●電気通信回線設備

電気通信回線設備とは、電気通信事業者が提供する電話網などの電気通信ネットワークのことであり、電気通信設備のうち端末設備および自営電気通信設備を除いたものをいう。

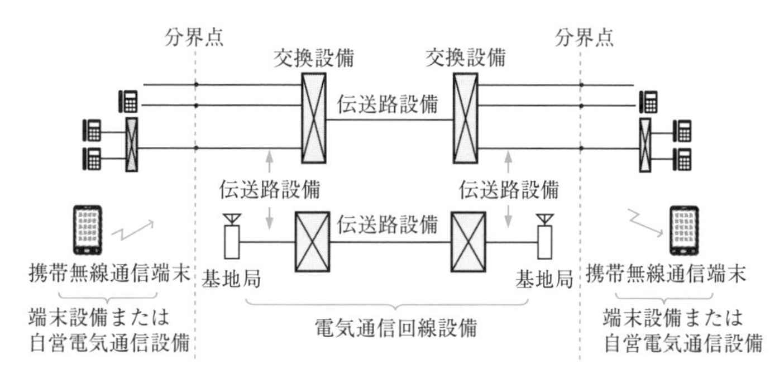

図1・3　電気通信回線設備

電気通信回線設備とは、送信の場所と受信の場所との間を接続する伝送路設備およびこれと一体として設置される交換設備ならびにこれらの附属設備をいう。

●総務省令で定める基準（電気通信事業法施行規則第3条第1項）

電気通信事業を営もうとする者が設置する電気通信回線設備が、次の①、②のいずれにもあてはまる場合は、総務大臣の登録を受ける必要はなく、総務大臣へ届け出るだけでよい。

① 端末系伝送路設備（端末設備または自営電気通信設備と接続される伝送路設備をいう。）の設置区域が、一の市町村（特別区を含む。）の区域を超えないこと。

② 中継系伝送路設備（端末系伝送路設備以外の伝送路設備をいう。）の設置区間が、一の都道府県の区域を超えないこと。

業務の改善命令

条文

第29条〔業務の改善命令〕

総務大臣は、次の各号のいずれかに該当すると認めるときは、電気通信事業者に対し、利用者の利益又は公共の利益を確保するために必要な限度において、業務の方法の改善その他の措置をとるべきことを命ずることができる。

(1) 電気通信事業者の業務の方法に関し通信の秘密の確保に支障があるとき。

(2) 電気通信事業者が特定の者に対し不当な差別的取扱いを行っているとき。

(3) 電気通信事業者が重要通信に関する事項について適切に配慮していないとき。

(4)～(12) 略

2 略

本条では、総務大臣が電気通信事業者に対し、利用者の利益または公共の利益を確保するために必要な限度において、業務の方法の改善などを命じることができる場合について規定している。

練習問題

【1】電気通信事業者は、天災、事変その他の非常事態が発生し、又は発生するおそれがあるときは、災害の予防若しくは救援、交通、通信若しくは電力の供給の確保又は［（ア）］のために必要な事項を内容とする通信を優先的に取り扱わなければならない。公共の利益のため緊急に行うことを要するその他の通信であって総務省令で定めるものについても、同様とする。
［① 秩序の維持　② 犯罪の防止　③ 人命の救助］

答（ア）①

3. 端末設備の接続等

端末設備の接続の技術基準

条文

第52条〔端末設備の接続の技術基準〕

電気通信事業者は、利用者から端末設備（電気通信回線設備の一端に接続される電気通信設備であって、一の部分の設置の場所が他の部分の設置の場所と同一の構内（これに準ずる区域内を含む。）又は同一の建物内であるものをいう。以下同じ。）をその電気通信回線設備（その損壊又は故障等による利用者の利益に及ぼす影響が軽微なものとして総務省令で定めるものを除く。第69条第1項及び第2項並びに第70条第1項において同じ。）に接続すべき旨の請求を受けたときは、その接続が総務省令で定める技術基準（当該電気通信事業者又は当該電気通信事業者とその電気通信設備を接続する他の電気通信事業者であって総務省令で定めるものが総務大臣の認可を受けて定める技術的条件を含む。次項並びに第69条第1項及び第2項において同じ。）に適合しない場合その他総務省令で定める場合を除き、その請求を拒むことができない。

2　前項の総務省令で定める技術基準は、これにより次の事項が確保されるものとして定められなければならない。

(1)　電気通信回線設備を損傷し、又はその機能に障害を与えないようにすること。

(2)　電気通信回線設備を利用する他の利用者に迷惑を及ぼさないようにすること。

(3)　電気通信事業者の設置する電気通信回線設備と利用者の接続する端末設備との責任の分界が明確であるようにすること。

●端末設備の定義

「端末設備」とは、電気通信回線設備の一端に接続する電気通信設備であって、その設置場所が同一の構内または同一の建物内にあるものをいう。一方、電気通信事業者以外の者が設置する電気通信設備であって、同一の構内等になく複数の敷地または建物にまたがって設置されるものは、「自営電気通信設備」に分類される。

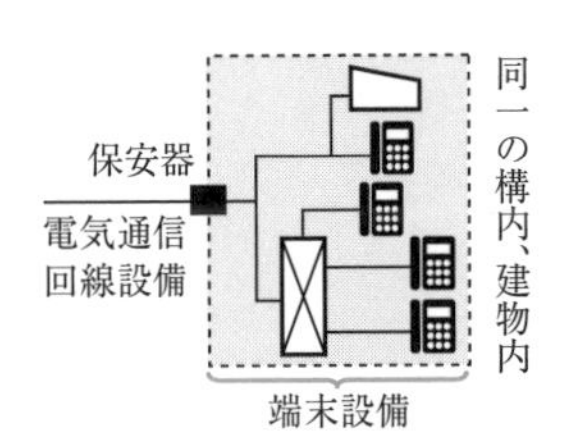

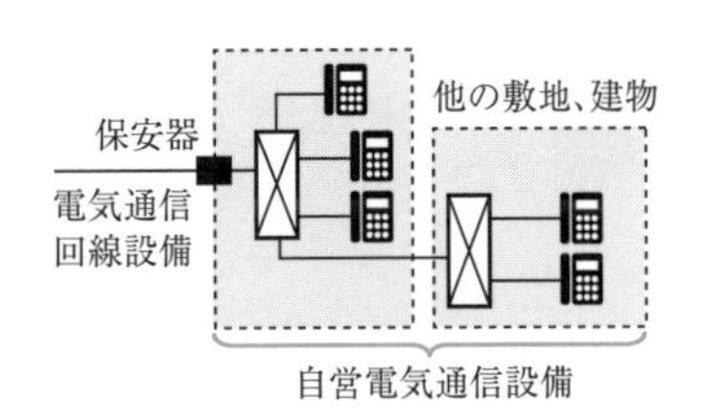

図1・4　端末設備と自営電気通信設備

●端末設備の接続の請求

電気通信事業者は、電気通信回線設備への利用者からの端末設備の接続請求を受けたときは、技術基準に適合しない場合その他総務省令で定める場合を除いて拒否できない。これにより、利用者による端末設備の設置の自由を保証している。

なお、総務省令(電気通信事業法施行規則第31条)の規定により、次の①～③の端末設備について利用者から接続請求を受けた場合は、その請求を拒否することができる。

① 電波を使用する端末設備(別に告示で定めるものを除く)
② 公衆電話機
③ 利用者による接続が著しく不適当な端末設備

●端末設備の接続の技術基準

端末設備の接続の技術基準は、次の3つの事項を確保するために定められる。

① 電気通信回線設備の損傷および機能障害の防止
② 他の利用者への迷惑防止
③ 電気通信回線設備と利用者の端末設備との責任の分界の明確化

技術基準適合認定

条文

第53条〔端末機器技術基準適合認定〕

第86条第1項の規定により登録を受けた者(以下「登録認定機関」という。)は、その登録に係る技術基準適合認定(前条第1項の総務省令で定める技術基準に適合していることの認定をいう。以下同じ。)を受けようとする者から求めがあった場合には、総務省令で定めるところにより審査を行い、当該求めに係る端末機器(総務省令で定める種類の端末設備の機器をいう。以下同じ。)が前条第1項の総務省令で定める技術基準に適合していると認めるときに限り、技術基準適合認定を行うものとする。

2　登録認定機関は、その登録に係る技術基準適合認定をしたときは、総務省令で定めるところにより、その端末機器に技術基準適合認定をした旨の表示を付さなければならない。

3　何人も、前項(第104条第4項において準用する場合を含む。)、第58条(第104条第7項において準用する場合を含む。)、第65条、第68条の2又は第68条の8第3項の規定により表示を付する場合を除くほか、国内において端末機器又は端末機器を組み込んだ製品にこれらの表示又はこれらと紛らわしい表示を付してはならない。

利用者が端末設備を接続する場合は、本来、電気通信事業者による検査が必要である。しかし、端末機器についてあらかじめ登録認定機関による技術基準適合認定を受けていれば技術基準への適合性が保証されるため、電気通信事業者の検査を受けなくてもよいとされている。

なお、登録認定機関とは、端末機器について技術基準適合認定の事業を行う者であって、総務大臣の登録を受けた者をいう。

表示が付されていないものとみなす場合

条文

第55条〔表示が付されていないものとみなす場合〕

登録認定機関による技術基準適合認定を受けた端末機器であって第53条第2項又は第68条の8第3項の規定により表示が付されているものが第52条第1項の総務省令で定める技術基準に適合していない場合において、総務大臣が**電気通信回線設備**を利用する他の利用者の**通信への妨害**の発生を防止するため特に必要があると認めるときは、当該端末機器は、第53条第2項又は第68条の8第3項の規定による表示が付されていないものとみなす。

2　略

本条第1項の規定により技術基準適合認定の表示が付されていない端末機器とみなされた場合、総務大臣は、その旨を公示することになっている。

端末設備の接続の検査

条文

第69条〔端末設備の接続の検査〕

利用者は、**適合表示端末機器**を接続する場合その他総務省令で定める場合を除き、電気通信事業者の電気通信回線設備に端末設備を接続したときは、当該電気通信事業者の検査を受け、その接続が第52条第1項の総務省令で定める技術基準に適合していると認められた後でなければ、これを使用してはならない。これを変更したときも、同様とする。

2　電気通信回線設備を設置する電気通信事業者は、端末設備に異常がある場合その他電気通信役務の円滑な提供に支障がある場合において必要と認めるときは、利用者に対し、その端末設備の接続が第52条第1項の総務省令で定める技術基準に適合するかどうかの**検査**を受けるべきことを求めることができる。この場合において、当該利用者は、正当な理由がある場合その他総務省令で定める場合を除き、その請求を拒んではならない。

3　前項の規定は、第52条第1項の規定により認可を受けた同項の総務省令で定める電気通信事業者について準用する。この場合において、前項中「総務省令で定める技術基準」とあるのは、「規定により認可を受けた技術的条件」と読み替えるものとする。

4　第1項及び第2項(前項において準用する場合を含む。)の検査に従事する者は、端末設備の設置の場所に立ち入るときは、その身分を示す**証明書**を携帯し、関係人に提示しなければならない。

●接続の検査

電気通信事業者は、その電気通信回線設備を保護するため、利用者が接続する端末設備が技術基準に適合しているかどうか検査を行う権利を有している。ただし、適合表示端末機器(登録認定機関等が端末機器技術基準適合認定をした旨の表示が付されている端末機器)を接続する場合その他総務省令で定める場合は、検査は不要とされている。

●異常時などにおける検査

接続した時点では技術基準に適合していても、利用者が端末設備を使用しているうちに異常などが生じることがある。このため、電気通信事業者は、接続後においても利用者に対して検査を求める権利を有している。この場合は、技術基準適合認定を受けた旨の表示が付されている端末機器であっても、利用者は検査を受けなければならない。

●検査従事者の身分証明

検査を行う者は、端末設備の設置場所に立ち入る際に、身分を示す証明書を携帯し、それを関係者に提示する必要がある。

自営電気通信設備の接続

条文

重要 **第70条〔自営電気通信設備の接続〕**

電気通信事業者は、電気通信回線設備を設置する電気通信事業者以外の者からその電気通信設備(端末設備以外のものに限る。以下「自営電気通信設備」という。)をその電気通信回線設備に接続すべき旨の請求を受けたときは、次に掲げる場合を除き、その請求を拒むことができない。

(1) その自営電気通信設備の接続が、総務省令で定める技術基準(当該電気通信事業者又は当該電気通信事業者とその電気通信設備を接続する他の電気通信事業者であって総務省令で定めるものが総務大臣の認可を受けて定める技術的条件を含む。次項において同じ。)に適合しないとき。

(2) その自営電気通信設備を接続することにより当該電気通信事業者の電気通信回線設備の保持が経営上困難となることについて当該電気通信事業者が総務大臣の認定を受けたとき。

2 第52条第2項の規定は前項第一号の総務省令で定める技術基準について、前条の規定は同項の請求に係る自営電気通信設備の接続の検査について、それぞれ準用する。この場合において、同条第1項中「第52条第1項の総務省令で定める技術基準」とあるのは「次条第1項第一号の総務省令で定める技術基準(同号の規定により認可を受けた技術的条件を含む。次項において同じ。)」と、同条第2項及び第3項中「第52条第1項」とあるのは「次条第1項第一号」と、同項中「同項」とあるのは「同号」と読み替えるものとする。

自営電気通信設備の接続に関しては、端末設備の接続の場合と同様に、利用者による接続の自由が認められている。ただし、自営電気通信設備の接続が総務省令で定める技術基準に適合しない場合や、自営電気通信設備を接続することにより電気通信事業者の電気通信回線設備の保持が経営上困難になると総務大臣が認定した場合は、電気通信事業者は接続を拒否することができる。

工事担任者による工事の実施等

条文

重要 **第71条〔工事担任者による工事の実施及び監督〕**

利用者は、端末設備又は自営電気通信設備を接続するときは、工事担任者資格者証の交付を受けている者(以下「工事担任者」という。)に、当該工事担任者資格者証の種類に応じ、これに係る工事を行わせ、又は実地に監督させなければならない。ただし、総務省令で定める場合は、この限りでない。

2　工事担任者は、その工事の実施又は監督の職務を誠実に行わなければならない。

利用者は、端末設備または自営電気通信設備を接続するときは、工事担任者にその工事を行わせるか、あるいは工事の現場で監督させる必要がある。

工事担任者資格者証

条文

第72条〔工事担任者資格者証〕

工事担任者資格者証の種類及び工事担任者が行い、又は監督することができる端末設備若しくは自営電気通信設備の接続に係る工事の範囲は、総務省令で定める。

2　第46条〔電気通信主任技術者資格者証〕第3項から第5項まで及び第47条〔電気通信主任技術者資格者証の返納〕の規定は、工事担任者資格者証について準用する。この場合において、第46条第3項第一号中「電気通信主任技術者試験」とあるのは「工事担任者試験」と、同項第三号中「専門的知識及び能力」とあるのは「知識及び技能」と読み替えるものとする。

■第46条第3項から第5項までを読み替えた条文

3　総務大臣は、次の各号のいずれかに該当する者に対し、工事担任者資格者証を交付する。

(1)　工事担任者試験に合格した者

(2)　工事担任者資格者証の交付を受けようとする者の養成課程で、総務大臣が総務省令で定める基準に適合するものであることの認定をしたものを修了した者

(3)　前2号に掲げる者と同等以上の知識及び技能を有すると総務大臣が認定した者

4　総務大臣は、前項の規定にかかわらず、次の各号のいずれかに該当する者に対しては、工事担任者資格者証の交付を行わないことができる。

(1)　次条の規定により工事担任者資格者証の返納を命ぜられ、その日から1年を経過しない者

(2)　この法律の規定により罰金以上の刑に処せられ、その執行を終わり、又はその執行を受けることがなくなった日から2年を経過しない者

5　工事担任者資格者証の交付に関する手続的事項は、総務省令で定める。

■第47条の読替え〔工事担任者資格者証の返納〕

総務大臣は、工事担任者資格者証を受けている者がこの法律又はこの法律に基づく命令の規定に違反したときは、その工事担任者資格者証の返納を命ずることができる。

●資格者証の交付を受けることができる者

総務大臣は、次の①～③のいずれかに該当する者に資格者証を交付する。

① 工事担任者試験に合格した者
② 総務大臣が認定した養成課程を修了した者
③ 上記①、②と同等以上の知識および技能を有すると総務大臣が認定した者

●資格者証の交付を受けられないことがある者

・資格者証の返納を命ぜられ、その日から1年を経過しない者
・電気通信事業法の規定により罰金以上の刑に処せられ、その執行を終わり、またはその執行を受けることがなくなった日から2年を経過しない者

●資格者証の返納

総務大臣は、工事担任者が電気通信事業法または電気通信事業法に基づく命令の規定に違反したときは、資格者証の返納を命ずることができる。

工事担任者試験

条文

第73条〔工事担任者試験〕

工事担任者試験は、端末設備及び自営電気通信設備の接続に関して必要な知識及び技能について行う。

2　略

工事担任者試験は、端末設備および自営電気通信設備の接続に関して必要な知識および技能について行う。なお、総務大臣は、工事担任者試験の実施に関する事務を指定試験機関に行わせることができる。

実戦演習問題 1-1

次の各文章の[　　　]内に、それぞれの[　　]の解答群の中から、「電気通信事業法」又は「電気通信事業法施行規則」に規定する内容に照らして最も適したものを選び、その番号を記せ。

1 電気通信事業法又は電気通信事業法施行規則に規定する用語について述べた次の文章のうち、誤っているものは、[（ア）]である。

[① 電気通信とは、有線、無線その他の電磁的方式により、符号、音響又は影像を送り、伝え、又は受けることをいう。
② 電気通信事業とは、電気通信役務を他人の需要に応ずるために提供する事業（放送法に規定する放送局設備供給役務に係る事業を除く。）をいう。
③ データ伝送役務とは、音声その他の音響を伝送交換するための電気通信設備を他人の通信の用に供する電気通信役務をいう。]

2 電気通信事業法は、電気通信事業の公共性にかんがみ、その運営を適正かつ合理的なものとするとともに、その公正な競争を促進することにより、電気通信役務の円滑な提供を確保するとともにその利用者の[（イ）]を保護し、もって電気通信の健全な発達及び国民の利便の確保を図り、公共の福祉を増進することを目的とする。

[① 権　利　② 利　益　③ 秘　密]

3 「秘密の保護」及び「検閲の禁止」について述べた次の二つの文章は、[（ウ）]。

A　電気通信事業者の取扱中に係る通信の秘密は、侵してはならない。

B　電気通信事業者の取扱中に係る通信は、業務に必要であると総務大臣が認めた場合を除き、検閲してはならない。

[① Aのみ正しい　② Bのみ正しい　③ AもBも正しい　④ AもBも正しくない]

4 電気通信事業者は、電気通信回線設備を設置する電気通信事業者以外の者からその電気通信設備（端末設備以外のものに限る。以下「自営電気通信設備」という。）をその電気通信回線設備に接続すべき旨の請求を受けたとき、その自営電気通信設備の接続が、総務省令で定める技術基準に適合しないときは、その[（エ）]ことができる。

[① 設備を検査する　② 仕様の改善を指示する　③ 請求を拒む]

5 電気通信事業法に規定する電気通信設備とは、電気通信を行うための機械、器具、線路その他の[（オ）]設備をいう。

[① 機械的　② 電気的　③ 業務用]

実戦演習問題 1-2

次の各文章の　　　内に、それぞれの[　]の解答群の中から、「電気通信事業法」又は「電気通信事業法施行規則」に規定する内容に照らして最も適したものを選び、その番号を記せ。

1　用語について述べた次の文章のうち、誤っているものは、（ア）である。

[① 電気通信役務とは、電気通信設備を用いて他人の通信を媒介し、その他電気通信設備を他人の通信の用に供することをいう。
② 電気通信事業者とは、電気通信事業を営むことについて、電気通信事業法の規定による総務大臣の登録を受けた者及び同法の規定により総務大臣への届出をした者をいう。
③ 音声伝送役務とは、おおむね3キロヘルツ帯域の音声その他の音響を伝送交換する機能を有する電気通信設備を他人の通信の用に供する電気通信役務であってデータ伝送役務を含むものをいう。]

2　総務大臣は、電気通信事業者が特定の者に対し不当な差別的取扱いを行っていると認めるときは、当該電気通信事業者に対し、利用者の利益又は公共の利益を確保するために必要な限度において、（イ）その他の措置をとるべきことを命ずることができる。

[① 業務の方法の改善　② 契約の内容の変更　③ 業務の一部を停止]

3　「工事担任者による工事の実施及び監督」について述べた次の二つの文章は、（ウ）。

A　利用者は、端末設備又は自営電気通信設備を接続するときは、工事担任者資格者証の交付を受けている者に、当該工事担任者資格者証の種類に応じ、これに係る工事を行わせ、又は実地に監督させなければならない。ただし、総務省令で定める場合は、この限りでない。

B　工事担任者は、端末設備又は自営電気通信設備を接続する工事の実施又は監督の職務を誠実に行わなければならない。

[① Aのみ正しい　② Bのみ正しい　③ AもBも正しい　④ AもBも正しくない]

4　電気通信事業者は、利用者から端末設備をその電気通信回線設備(その損壊又は故障等による利用者の利益に及ぼす影響が軽微なものとして総務省令で定めるものを除く。)に接続すべき旨の請求を受けたときは、その接続が総務省令で定める（エ）に適合しない場合その他総務省令で定める場合を除き、その請求を拒むことができない。

[① 管理規程　② 技術基準　③ 検査規格]

5　総務大臣は、工事担任者資格者証の交付を受けようとする者の養成課程で、総務大臣が総務省令で定める基準に適合するものであることの（オ）した者に対し、工事担任者資格者証を交付する。

[① 認定をしたものを修了　② 認可をしたものに合格　③ 認証をしたものを受講]

第2章

工担者規則、認定等規則、有線法、設備令、不正アクセス禁止法

1. 工事担任者規則

工事担任者を要しない工事

条文

第3条〔工事担任者を要しない工事〕

法第71条第1項ただし書の総務省令で定める場合は、次のとおりとする。

⑴ 専用設備(電気通信事業法施行規則(昭和60年郵政省令第25号)第2条第2項に規定する専用の役務に係る電気通信設備をいう。)に端末設備又は自営電気通信設備(以下「端末設備等」という。)を接続するとき。

⑵ 船舶又は航空機に設置する端末設備(総務大臣が別に告示するものに限る。)を接続するとき。

⑶ 適合表示端末機器、電気通信事業法施行規則第32条第1項第四号に規定する端末設備、同項第五号に規定する端末機器又は同項第七号に規定する端末設備を総務大臣が別に告示する方式により接続するとき。

■工事担任者を要しない船舶又は航空機に設置する端末設備
(平成2年郵政省告示第717号)

⑴ 海事衛星通信の用に供する船舶地球局設備又は航空機地球局設備に接続する端末設備

⑵ 岸壁に係留する船舶に、臨時に設置する端末設備

■工事担任者を要しない端末機器の接続方式
(昭和60年郵政省告示第224号)

⑴ プラグジャック方式により接続する接続の方式

⑵ アダプタ式ジャック方式により接続する接続の方式

⑶ 音響結合方式により接続する接続の方式

⑷ 電波により接続する接続の方式

利用者が端末設備または自営電気通信設備を接続する場合は、接続の技術基準への適合性を担保するため、工事担任者にその工事を行わせるか、実地に監督させなければならない。しかし、次の接続工事の場合は工事担任者を要しないとされている。

●専用設備への接続

専用設備とは、いわゆる専用線のことをいい、特定の地点間に回線を設置し、利用者はその回線を占有する。

専用設備は、公衆網のように誰とでも通信が可能であるものとは異なり、特定の利用者間のみで通信に用いられるものである。このため、接続工事が正しく行われず技術基準に適合しなくても自己の損失を招くだけであり、他に影響を及ぼすことはないので、工事担任者による工事の実施または監督を義務づける必要はないとされている。

●船舶または航空機に設置する端末設備の接続（総務大臣が別に告示するもの）

総務大臣が告示している端末設備は次のとおり。

①海事衛星通信（インマルサット）の船舶地球局設備または航空機地球局設備に接続する端末設備

これらの端末設備は、電気通信回線設備である送受信機設備と一体になっているため、接続工事は発生しない。

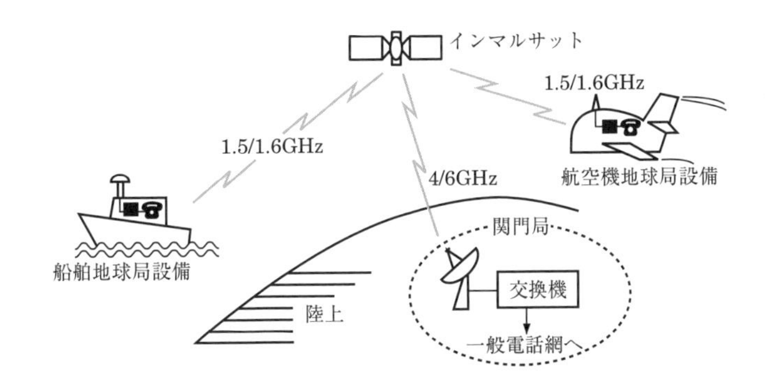

図2・1　海事衛星通信の地球局設備の例

②岸壁に係留する船舶に、臨時に設置する端末設備

船舶が岸壁に係留したとき、その船舶に臨時に設置する電話機が例として挙げられる。港湾という特殊な場所において、昼夜を問わず迅速に接続工事を行わなければならないという設置形態の特殊性により、例外的に工事担任者を不要としている。

●総務大臣が告示する方式による認定機器の接続

適合表示端末機器(登録認定機関等が端末機器技術基準適合認定をした旨の表示が付されている端末機器)または技術的条件に係る認定を受けた端末機器を、総務大臣が告示する方式(次の①～④)により接続するときは、特に専門的な知識や技能がなくても簡単に接続できるため、工事担任者は不要とされている。

①プラグジャック方式

プラグジャックとは、一般の家庭などで使用されているコネクタである。

②アダプタ式ジャック方式

ネジ留め式ローゼットにアダプタをはめ込んで、プラグジャック方式に変換する。

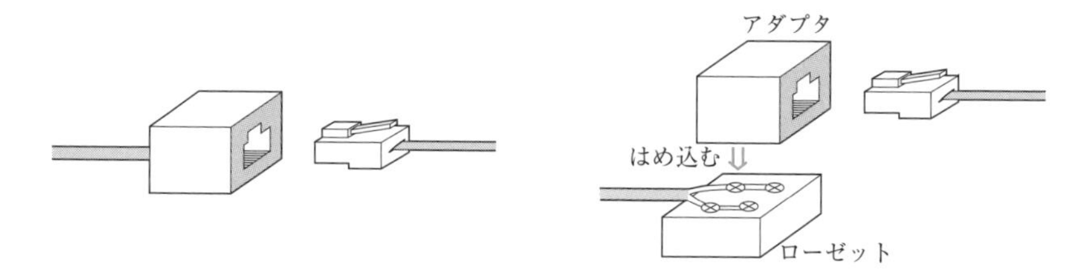

図2・2　プラグジャック方式　　図2・3　アダプタ式ジャック方式

③音響結合方式

データ信号を音声帯域の音に変換して伝送する場合に、電話機の送受話器に音響カプラをはめこんで結合させる。

④電波

携帯無線通信の移動機は、電気通信回線設備と無線で接続されるため接続工事は発生しない。

練習問題

【1】次の二つの文章は、［（ア）］。

A　専用設備に端末設備を接続するときは、工事担任者を要しない。

B　船舶に設置する端末設備(総務大臣が別に告示するものに限る。)を電気通信回線設備に接続するときは、工事担任者を要しない。

[①Aのみ正しい　②Bのみ正しい　③AもBも正しい　④AもBも正しくない]

答（ア）③

資格者証の種類及び工事の範囲

条文

重要　**第4条〔資格者証の種類及び工事の範囲〕**

法第72条第1項の工事担任者資格者証(以下「資格者証」という。)の種類及び工事担任者が行い、又は監督することができる端末設備等の接続に係る工事の範囲は、次の表に掲げるとおりとする。

資格者証の種類	工事の範囲
第1級アナログ通信	アナログ伝送路設備(アナログ信号を入出力とする電気通信回線設備をいう。以下同じ。)に端末設備等を接続するための工事及び総合デジタル通信用設備に端末設備等を接続するための工事
第2級アナログ通信	アナログ伝送路設備に端末設備を接続するための工事(端末設備に収容される電気通信回線の数が1のものに限る。)及び総合デジタル通信用設備に端末設備を接続するための工事(総合デジタル通信回線の数が基本インタフェースで1のものに限る。)
第1級デジタル通信	デジタル伝送路設備(デジタル信号を入出力とする電気通信回線設備をいう。以下同じ。)に端末設備等を接続するための工事。ただし、総合デジタル通信用設備に端末設備等を接続するための工事を除く。
第2級デジタル通信	デジタル伝送路設備に端末設備等を接続するための工事(接続点におけるデジタル信号の入出力速度が毎秒1ギガビット以下であって、主としてインターネットに接続するための回線に係るものに限る。)。ただし、総合デジタル通信用設備に端末設備等を接続するための工事を除く。
総合通信	アナログ伝送路設備又はデジタル伝送路設備に端末設備等を接続するための工事

●工事担任者資格者証の種類

工事担任者規則の改正により(令和3年4月1日施行)、工事担任者資格者証の種類が上記のとおりとなった。

工事担任者資格者証は、端末設備等(端末設備または自営電気通信設備をいう。)を接続する電気通信回線の種類や工事の規模等に応じて、5種類が規定されている。アナログ伝送路設備および総合デジタル通信用設備(ISDN)に端末設備等を接続するための工事を行う「アナログ通信」と、デジタル伝送路設備(ISDNを除く)に端末設備等を接続するための工事を行う「デジタル通信」に分かれ、さらにこれらを統合した「総合通信」がある。

なお、第2級アナログ通信工事担任者は、自営電気通信設備を接続するための工事を行うことができない。表に規定されている工事の範囲において、第2級アナログ通信の工事の範囲の文中では「端末設備」と記されており、その他の資格種では「端末設備等」となっている点に注意する必要がある。

●アナログ伝送路設備

アナログ伝送路設備とは、端末設備との接続点において入出力される信号がアナログ信号である電気通信回線設備をいう。電気通信回線設備の内部でデジタル方式で伝送されていても、端末設備との接続点での入出力信号がアナログであれば、アナログ伝送路設備となる。

●デジタル伝送路設備

デジタル伝送路設備とは、端末設備との接続点において入出力される信号がデジタル信号である電気通信回線設備をいう。

資格者証の交付

条文

第38条〔資格者証の交付〕

総務大臣は、前条の申請があったときは、別表第11号に定める様式の資格者証を交付する。

2　前項の規定により資格者証の交付を受けた者は、端末設備等の接続に関する知識及び技術の向上を図るように努めなければならない。

〔別表第11号　略〕

資格者証の再交付等

条文

第40条〔資格者証の再交付〕

工事担任者は、氏名に変更を生じたとき又は資格者証を汚し、破り若しくは失ったために資格者証の再交付の申請をしようとするときは、別表第12号に定める様式の申請書に次に掲げる書類を添えて、総務大臣に提出しなければならない。

(1)　資格者証(資格者証を失った場合を除く。)

(2)　写真1枚

(3)　氏名の変更の事実を証する書類(氏名に変更を生じたときに限る。)

2　総務大臣は、前項の申請があったときは、資格者証を再交付する。

〔別表第12号　略〕

第41条〔資格者証の返納〕

法第72条第2項において準用する法第47条の規定により資格者証の返納を命ぜられた者は、その処分を受けた日から**10日以内**にその資格者証を総務大臣に**返納**しなければならない。資格者証の再交付を受けた後失った資格者証を発見したときも同様とする。

●資格者証の再交付

氏名に変更を生じたときや、資格者証を汚し、破り、または失ったときは、資格者証の再交付を受けることができる。

●資格者証の返納

資格者証の返納を命ぜられた者は、その処分を受けた日から**10日以内**に、資格者証を総務大臣に返納しなければならない。なお、資格者証の再交付を受けた後で失った資格者証を発見したときも、発見した日から**10日以内**に、その資格者証を返納しなければならない。

練習問題

【1】第二級デジタル通信工事担任者は、デジタル伝送路設備に端末設備等を接続するための工事のうち、接続点におけるデジタル信号の入出力速度が毎秒1ギガビット以下であって、主としてインターネットに接続するための回線に係るものに限る工事を行い、又は監督することができる。ただし、（ア）に端末設備等を接続するための工事を除く。

[① 事業用電気通信設備　② 自営電気通信設備　③ 総合デジタル通信用設備]

答（ア）③

2. 端末機器の技術基準適合認定等に関する規則

認定等の対象とする端末機器

第３条〔対象とする端末機器〕

条文

法第53条第１項の総務省令で定める種類の端末設備の機器は、次の端末機器とする。

⑴　アナログ電話用設備（電話用設備（電気通信事業の用に供する電気通信回線設備であって、主として音声の伝送交換を目的とする電気通信役務の用に供するものをいう。以下同じ。）であって、端末設備又は自営電気通信設備を接続する点においてアナログ信号を入出力とするものをいう。）又は移動電話用設備（電話用設備であって、端末設備又は自営電気通信設備との接続において電波を使用するものをいう。）に接続される電話機、構内交換設備、ボタン電話装置、変復調装置、ファクシミリその他総務大臣が別に告示する端末機器（第三号に掲げるものを除く。）

⑵　インターネットプロトコル電話用設備（電話用設備（電気通信番号規則別表第１号に掲げる固定電話番号を使用して提供する音声伝送役務の用に供するものに限る。）であって、端末設備又は自営電気通信設備との接続においてインターネットプロトコルを使用するものをいう。）に接続される電話機、構内交換設備、ボタン電話装置、符号変換装置（インターネットプロトコルと音声信号を相互に符号変換する装置をいう。）、ファクシミリその他呼の制御を行う端末機器

⑶　インターネットプロトコル移動電話用設備（移動電話用設備（電気通信番号規則別表第４号に掲げる音声伝送携帯電話番号を使用して提供する音声伝送役務の用に供するものに限る。）であって、端末設備又は自営電気通信設備との接続においてインターネットプロトコルを使用するものをいう。）に接続される端末機器

⑷　無線呼出用設備（電気通信事業の用に供する電気通信回線設備であって、無線によって利用者に対する呼出し（これに付随する通報を含む。）を行うことを目的とする電気通信役務の用に供するものをいう。）に接続される端末機器

⑸　総合デジタル通信用設備（電気通信事業の用に供する電気通信回線設備であって、主として64キロビット毎秒を単位とするデジタ

ル信号の伝送速度により符号、音声その他の音響又は影像を統合して伝送交換することを目的とする電気通信役務の用に供するものをいう。）に接続される端末機器

⑹　専用通信回線設備（電気通信事業の用に供する電気通信回線設備であって、特定の利用者に当該設備を専用させる電気通信役務の用に供するものをいう。）又はデジタルデータ伝送用設備（電気通信事業の用に供する電気通信回線設備であって、デジタル方式により専ら符号又は影像の伝送交換を目的とする電気通信役務の用に供するものをいう。）に接続される端末機器

2　略

法規2章

■技術基準適合認定及び設計についての認証の対象となるその他の端末機器（平成16年総務省告示第95号）

⑴　監視通知装置
⑵　画像蓄積処理装置
⑶　音声蓄積装置
⑷　音声補助装置
⑸　データ端末装置（⑴から⑷までに掲げるものを除く。）
⑹　網制御装置
⑺　信号受信表示装置
⑻　集中処理装置
⑼　通信管理装置

表　示

第10条〔表示〕

条文

法第53条第2項の規定により表示を付するときは、次に掲げる方法のいずれかによるものとする。

⑴　様式第7号による表示を技術基準適合認定を受けた端末機器の見やすい箇所に付す方法（当該表示を付すことが困難又は不合理である端末機器にあっては、当該端末機器に付属する取扱説明書及び包装又は容器の見やすい箇所に付す方法）

⑵　様式第7号による表示を技術基準適合認定を受けた端末機器に電磁的方法（電子的方法、磁気的方法その他の人の知覚によっては認識することができない方法をいう。以下同じ。）により記録し、当該端末機器の映像面に直ちに明瞭な状態で表示することができるようにする方法

⑶　様式第7号による表示を技術基準適合認定を受けた端末機器に電磁的方法により記録し、当該表示を特定の操作によって当該端末機器に

接続した製品の映像面に直ちに明瞭な状態で表示することができるようにする方法

2～3　略

■様式第７号（第10条、第22条、第29条及び第38条関係）

表示は、次の様式に記号A及び技術基準適合認定番号又は記号T及び設計認証番号を付加したものとする。

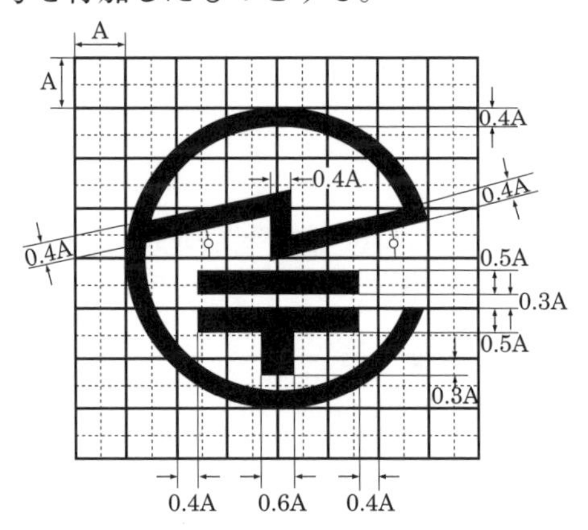

注１　大きさは、表示を容易に識別することができるものであること。

２　材料は、容易に損傷しないものであること（電磁的方法によって表示を付す場合を除く。）。

３　色彩は、適宜とする。ただし、表示を容易に識別することができるものであること。

４　技術基準適合認定番号又は設計認証番号の最後の３文字は総務大臣が別に定める登録認定機関又は承認認定機関の区別とし、最初の文字は端末機器の種類に従い次表に定めるとおりとし、その他の文字等は総務大臣が別に定めるとおりとすること。なお、技術基準適合認定又は設計認証が、２以上の種類の端末機器が構造上一体となっているものについて同時になされたものであるときには、当該種類の端末機器について、次の表に掲げる記号を列記するものとする。

端末機器の種類	記号
(1)　アナログ電話用設備又は移動電話用設備に接続される電話機、構内交換設備、ボタン電話装置、変復調装置、ファクシミリその他総務大臣が別に告示する端末機器（インターネットプロトコル移動電話用設備に接続される端末機器を除く）	A
(2)　インターネットプロトコル電話用設備に接続される電話機、構内交換設備、ボタン電話装置、符号変換装置、ファクシミリその他呼の制御を行う端末機器	E
(3)　インターネットプロトコル移動電話用設備に接続される端末機器	F
(4)　無線呼出用設備に接続される端末機器	B
(5)　総合デジタル通信用設備に接続される端末機器	C
(6)　専用通信回線設備又はデジタルデータ伝送用設備に接続される端末機器	D

技術基準適合認定をした旨の表示は、㊦のマークに記号Aおよび技術基準適合認定番号を付加して行う。また、設計についての認証を受けた旨の表示は、㊦の

マークに記号[T]および設計認証番号を付加して行う。なお、表示方法は次のいずれかとする。

・表示を、技術基準適合認定を受けた端末機器の見やすい箇所に付す方法（表示を付すことが困難または不合理な場合は、当該端末機器に付属する取扱説明書および包装または容器の見やすい箇所に付す方法）
・表示を、技術基準適合認定を受けた端末機器に電磁的方法により記録し、当該端末機器の映像面に直ちに明瞭な状態で表示することができるようにする方法
・表示を、技術基準適合認定を受けた端末機器に電磁的方法により記録し、特定の操作によって当該端末機器に接続した製品の映像面に直ちに明瞭な状態で表示することができるようにする方法

【技術基準適合認定番号等の最初の文字】

- **アナログ電話用設備または移動電話用設備に接続される端末機器（インターネットプロトコル移動電話用設備に接続される端末機器を除く）　→　A**
- **インターネットプロトコル電話用設備に接続される端末機器　→　E**
- **インターネットプロトコル移動電話用設備に接続される端末機器　→　F**
- **無線呼出用設備に接続される端末機器　→　B**
- **総合デジタル通信用設備に接続される端末機器　→　C**
- **専用通信回線設備またはデジタルデータ伝送用設備に接続される端末機器　→　D**

練習問題

【1】端末機器の技術基準適合認定等に関する規則に規定する、端末機器の技術基準適合認定番号について述べた次の文章のうち、正しいものは、［（ア）］である。

① インターネットプロトコル移動電話用設備に接続される端末機器に表示される技術基準適合認定番号の最初の文字は、Aである。
② 総合デジタル通信用設備に接続される端末機器に表示される技術基準適合認定番号の最初の文字は、Eである。
③ 専用通信回線設備に接続される端末機器に表示される技術基準適合認定番号の最初の文字は、Dである。

答（ア）③

3. 有線電気通信法

有線電気通信法の目的

条文

第1条〔目的〕

この法律は、有線電気通信設備の設置及び使用を規律し、有線電気通信に関する秩序を確立することによって、公共の福祉の増進に寄与することを目的とする。

有線電気通信法は、他に妨害を与えない限り有線電気通信設備の設置を自由とすることを基本理念としており、総務大臣への設置の届出や技術基準への適合義務などを規定することで秩序が保たれるよう規律されている。

用語の定義

条文

第2条〔定義〕

この法律において「有線電気通信」とは、送信の場所と受信の場所との間の線条その他の導体を利用して、電磁的方式により、符号、音響又は影像を送り、伝え、又は受けることをいう。

2　この法律において「有線電気通信設備」とは、有線電気通信を行うための機械、器具、線路その他の電気的設備（無線通信用の有線連絡線を含む。）をいう。

●有線電気通信

送信の場所と受信の場所との間の線条その他の導体を利用して、電磁的方式により、符号、音響または影像を送り、伝え、または受けることをいう。電磁的方式には、銅線やケーブルなどで電気信号を伝搬させる方法の他に、導波管の中で電磁波を伝搬させる方法や、光ファイバで光を伝搬させる方法がある。

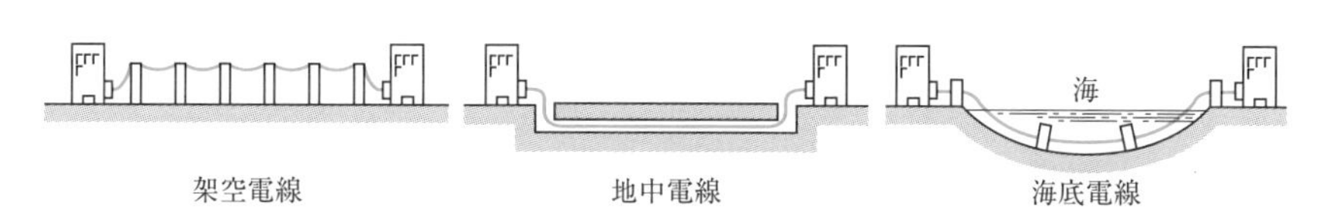

図2・4　有線電気通信

●有線電気通信設備

有線電気通信を行うための機械、器具、線路その他の電気的設備(無線通信用の有線連絡線を含む。)をいう。

法規2章

有線電気通信設備の届出

条文

第3条〔有線電気通信設備の届出〕

有線電気通信設備を設置しようとする者は、次の事項を記載した書類を添えて、設置の工事の開始の日の2週間前まで(工事を要しないときは、設置の日から2週間以内)に、その旨を総務大臣に届け出なければならない。

(1)　有線電気通信の方式の別

(2)　設備の設置の場所

(3)　設備の概要

2～4　略

有線電気通信設備を設置しようとする者は、設置工事を開始する日の2週間前まで(工事を必要としない場合は設置の日から2週間以内)に、その旨を総務大臣に届け出るよう義務づけられている。

本邦外にわたる有線電気通信設備

条文

第4条〔本邦外にわたる有線電気通信設備〕

本邦内の場所と本邦外の場所との間の有線電気通信設備は、電気通信事業者がその事業の用に供する設備として設置する場合を除き、設置してはならない。ただし、特別の事由がある場合において、総務大臣の許可を受けたときは、この限りでない。

本条は、国際通信に用いる有線電気通信設備の設置を原則として禁止したものである。ただし、電気通信事業者が事業用の設備として設置する場合や総務大臣の許可を得た場合を除くとしている。

有線電気通信設備の技術基準

条文

第5条〔技術基準〕

有線電気通信設備(政令で定めるものを除く。)は、政令で定める技術基準に適合するものでなければならない。

2　前項の技術基準は、これにより次の事項が確保されるものとして定められなければならない。

(1)　有線電気通信設備は、他人の設置する有線電気通信設備に妨害を与えないようにすること。

(2)　有線電気通信設備は、人体に危害を及ぼし、又は物件に損傷を与えないようにすること。

有線電気通信設備は、有線電気通信設備令で定める技術基準に適合しなければならない。この技術基準は、次の観点から定められている。

重要

- 他人の設置する有線電気通信設備に妨害を与えないようにする。
- 人体に危害を及ぼしたり、物件に損傷を与えたりしないようにする。

電気通信事業法第52条に規定する端末設備の接続の技術基準は、主に電気通信回線設備の損傷防止の観点から定められているが、有線電気通信設備の技術基準は、主に安全性に関する観点から定められている。

有線電気通信設備の検査、改善

条文

第6条〔設備の検査等〕

総務大臣は、有線電気通信法の施行に必要な限度において、有線電気通信設備を設置した者からその設備に関する報告を徴し、又はその職員に、その事務所、営業所、工場若しくは事業場に立ち入り、その設備若しくは帳簿書類を検査させることができる。

2 前項の規定により立入検査をする職員は、その身分を示す証明書を携帯し、関係人に提示しなければならない。
3 第1項の規定による検査の権限は、犯罪捜査のために認められたものと解してはならない。

第7条〔設備の改善等の措置〕

総務大臣は、有線電気通信設備を設置した者に対し、その設備が第5条の技術基準に適合しないため他人の設置する有線電気通信設備に妨害を与え、又は人体に危害を及ぼし、若しくは物件に損傷を与えると認めるときは、その妨害、危害又は損傷の防止又は除去のため必要な限度において、その設備の使用の停止又は改造、修理その他の措置を命ずることができる。
2 略

第6条は、有線電気通信設備の検査について総務大臣の権限を示したものである。また、第7条は、有線電気通信設備が技術基準に適合していないと認められる場合に、総務大臣が有線電気通信設備の設置者に対して行うことができる措置を示したものである。

非常通信の確保

条文

第8条〔非常事態における通信の確保〕

総務大臣は、天災、事変その他の非常事態が発生し、又は発生するおそれがあるときは、有線電気通信設備を設置した者に対し、災害の予防若しくは救援、交通、通信若しくは電力の供給の確保若しくは秩序の維持のために必要な通信を行い、又はこれらの通信を行うためその有線電気通信設備を他の者に使用させ、若しくはこれを他の有線電気通信設備に接続すべきことを命ずることができる。
2〜3 略

天災や事変などの非常事態においては、被害状況の把握や、復旧、救援活動などの対策を講じるうえで電気通信の確保は不可欠であるため、総務大臣に所要の措置をとる権限を与えている。

4. 有線電気通信設備令

用語の定義

条文

第１条〔定義〕

この政令及びこの政令に基づく命令の規定の解釈に関しては、次の定義に従うものとする。

(1) 電線　有線電気通信（送信の場所と受信の場所との間の線条その他の導体を利用して、電磁的方式により信号を行うことを含む。）を行うための導体（絶縁物又は保護物で被覆されている場合は、これらの物を含む。）であって、強電流電線に重畳される通信回線に係るもの以外のもの

(2) 絶縁電線　絶縁物のみで被覆されている電線

(3) ケーブル　光ファイバ並びに光ファイバ以外の絶縁物及び保護物で被覆されている電線

(4) 強電流電線　強電流電気の伝送を行うための導体（絶縁物又は保護物で被覆されている場合は、これらの物を含む。）

(5) 線路　送信の場所と受信の場所との間に設置されている電線及びこれに係る中継器その他の機器（これらを支持し、又は保蔵するための工作物を含む。）

(6) 支持物　電柱、支線、つり線その他電線又は強電流電線を支持するための工作物

(7) 離隔距離　線路と他の物体（線路を含む。）とが気象条件による位置の変化により最も接近した場合におけるこれらの物の間の距離

(8) 音声周波　周波数が200ヘルツを超え、3,500ヘルツ以下の電磁波

(9) 高周波　周波数が3,500ヘルツを超える電磁波

(10) 絶対レベル　一の皮相電力の１ミリワットに対する比をデシベルで表わしたもの

(11) 平衡度　通信回線の中性点と大地との間に起電力を加えた場合におけるこれらの間に生ずる電圧と通信回線の端子間に生ずる電圧との比をデシベルで表わしたもの

●電線

電話線のような電気通信回線に用いられる導体をいう。導体を被覆している絶縁物および保護物は電線に含まれるが、強電流電線に重畳される通信回線に係るものは、電線には含まれない。

●絶縁電線

ポリエチレンやポリ塩化ビニルなどの絶縁物のみで被覆されている電線をいう。家屋内に配線される電線は、一般に絶縁電線である。

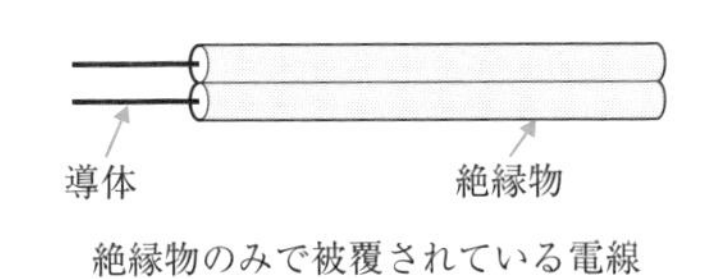

図2・5　絶縁電線

●ケーブル

UTPケーブルや同軸ケーブルなどのように絶縁物および保護物で被覆されている電線をいう。

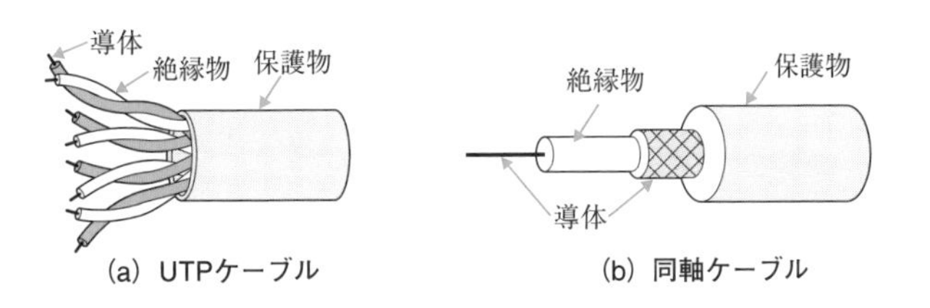

図2・6　ケーブル

●強電流電線

電力の送電を行う、いわゆる電力線をいう。「強電流」は弱電流に対する用語であるが、これらの区分について明確な定義はない。ただし、概念的には次のように区分されている。

・強電流・・・・電力線に流れる電流

・弱電流・・・・電話や画像、データなどの通信に用いられる電流

●線路

線路は、送信の場所と受信の場所との間に設置されている電線の他、電柱や支線などの支持物や、中継器、保安器も含む。ただし、強電流電線は線路には含まれない。

●支持物

電柱、支線、つり線その他の電線または強電流電線を支持するための工作物をいう。

●離隔距離

線路と他の物体(線路を含む)の位置が風や温度上昇などの気象条件により変化しても、これらの間の規定距離が確保できるよう、最も接近した状態を離隔距離としている。

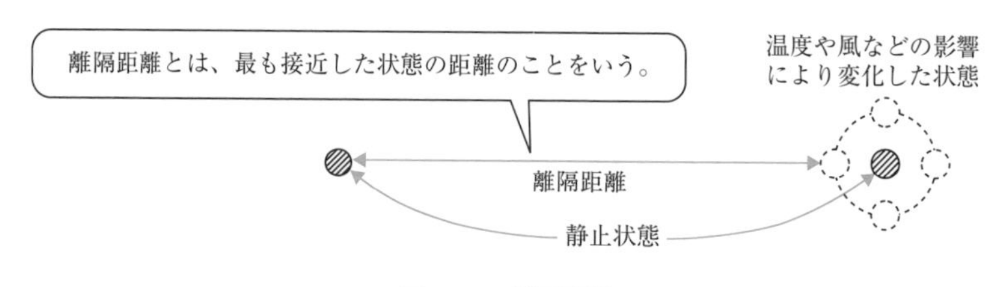

図2・7　離隔距離

●音声周波

周波数が200Hzを超え、3,500Hz以下の電磁波をいう。

●高周波

周波数が3,500Hzを超える電磁波をいう。

●絶対レベル

一の皮相電力の1mWに対する比をデシベル(dBm)で表したものをいう。

●平衡度

平衡度とは、通信回線の中性点と大地との間に起電力を加えた場合におけるこれらの間に生じる電圧と、通信回線の端子間に生じる電圧との比をデシベル(dB)で表わしたものをいう。すなわち、図2・8において、起電力Eを加えた場合に生じる電圧V_1と電圧V_2との比をデシベルで表わしたものをいう。

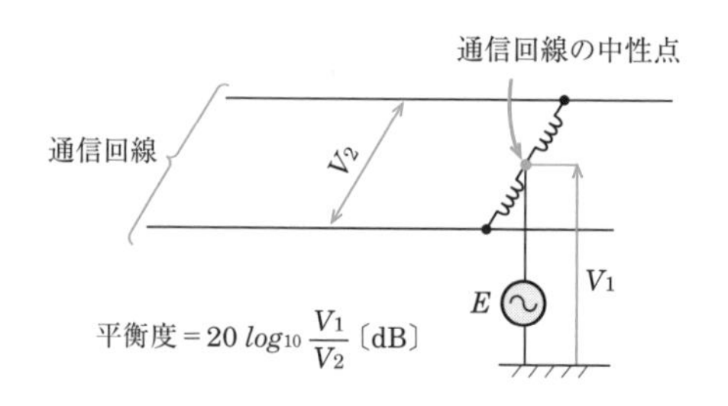

図2・8　平衡度

使用可能な電線の種類

条文

第2条の2〔使用可能な電線の種類〕

有線電気通信設備に使用する電線は、絶縁電線又はケーブルでなければならない。ただし、総務省令で定める場合は、この限りでない。

絶縁物で被覆されていない裸電線は導体が露出した構造となっているため、安全性などの観点から問題であり、原則として使用が禁止されている。

通信回線の平衡度

条文

第3条〔通信回線の平衡度〕

通信回線（導体が光ファイバであるものを除く。以下同じ。）の平衡度は、1,000ヘルツの交流において34デシベル以上でなければならない。ただし、総務省令で定める場合は、この限りでない。

2　前項の平衡度は、総務省令で定める方法により測定するものとする。

平衡度は1,000Hzの交流において34dB以上と規定されており、これより小さいと、外部からの誘導電圧により妨害を受けやすくなる。なお、光ファイバは電流、電圧が発生しないので、本条の規定は適用されない。

線路の電圧及び通信回線の電力

条文

第4条〔線路の電圧及び通信回線の電力〕

通信回線の線路の電圧は、100ボルト以下でなければならない。ただし、電線としてケーブルのみを使用するとき、又は人体に危害を及ぼし、若しくは物件に損傷を与えるおそれがないときは、この限りでない。

2　通信回線の電力は、絶対レベルで表わした値で、その周波数が音声周波であるときは、プラス10デシベル以下、高周波であるときは、プラス20デシベル以下でなければならない。ただし、総務省令で定める場合は、この限りでない。

人体に対する安全性の確保および物件の損傷防止の観点から、通信回線の線路の電圧は、電線相互間および電線と大地間ともに原則として**100V以下**としている。ただし、感電や漏電の危険性がないケーブルを使用する場合や、電線が人体や物件に対して危険のないように設置されている場合は、この規定から除外されている。

また、通信回線の電力については、周波数が**音声周波**(200～3,500Hz)の場合は**＋10dBm以下**、**高周波**(3,500Hzを超えるもの)の場合は**＋20dBm以下**としている。高周波では、多数の音声信号が多重化されている場合を想定し、電力の許容値が大きく設定されている。

架空電線の支持物

条文

第5条〔架空電線の支持物〕

架空電線の支持物は、その架空電線が他人の設置した架空電線又は架空強電流電線と交差し、又は接近するときは、次の各号により設置しなければならない。ただし、その他人の承諾を得たとき、又は人体に危害を及ぼし、若しくは物件に損傷を与えないように必要な設備をしたときは、この限りでない。

(1) **他人の設置した架空電線又は架空強電流電線を挟み、又はこれらの間を通ることがない**ようにすること。

(2) 架空強電流電線(当該架空電線の支持物に架設されるものを除く。)との間の離隔距離は、総務省令で定める値以上とすること。

支線と支柱で他人の電線を挟(はさ)んだり、支持物が他人の電線の間を貫通していると、支持物が倒壊したときに他人の電線に損傷を与えるおそれがある。本条は、このような危険を未然に防ぐことを目的としている。なお、架空強電流電線との間の離隔距離は、架空強電流電線の種類および使用電圧により異なっている。

架空電線の高さ

条文

第8条〔架空電線の高さ〕

架空電線の高さは、その架空電線が**道路上にあるとき、鉄道又は軌道を横断するとき、及び河川を横断するとき**は、総務省令で定めるところによらなければならない。

架空電線の高さは、有線電気通信設備令施行規則第7条において具体的に定められている。たとえば、架空電線が鉄道または軌道を横断するときは、軌条面から6m（車両の運行に支障を及ぼすおそれがない高さが6mより低い場合は、その高さ）以上とされている。

架空電線と他人の設置した架空電線等との関係

条文

第9条〔架空電線と他人の設置した架空電線等との関係〕

架空電線は、他人の設置した架空電線との離隔距離が30センチメートル以下となるように設置してはならない。ただし、その他人の承諾を得たとき、又は設置しようとする架空電線（これに係る中継器その他の機器を含む。以下この条において同じ。）が、その他人の設置した架空電線に係る作業に支障を及ぼさず、かつ、その他人の設置した架空電線に損傷を与えない場合として総務省令で定めるときは、この限りでない。

第10条

架空電線は、他人の建造物との離隔距離が30センチメートル以下となるように設置してはならない。ただし、その他人の承諾を得たときは、この限りでない。

第11条

架空電線は、架空強電流電線と交差するとき、又は架空強電流電線との水平距離がその架空電線若しくは架空強電流電線の支持物のうちいずれか高いものの高さに相当する距離以下となるときは、総務省令で定めるところによらなければ、設置してはならない。

第12条

架空電線は、総務省令で定めるところによらなければ、架空強電流電線と同一の支持物に架設してはならない。

第9条は、架空電線の設置・保守の作業性の確保や、接触などによる損傷防止の観点から、隣接する架空電線相互間の離隔距離が30cmを超えるよう定められている（次頁の図2・9）。ただし、工事の制約その他の条件により、この距離を確保できない場合は、架空電線の設置者相互間で合意すれば設置できる。また、新規参入事業者による加入者系回線の設置の円滑化など、電気通信事業の公正競争条件の確保の観点から、その架空電線に係る作業に支障を及ぼさず、かつ、その架空電線に損傷を与えるおそれがないものとして総務省令で定めるものに該当するときも、30cm以内とすることができるとしている。

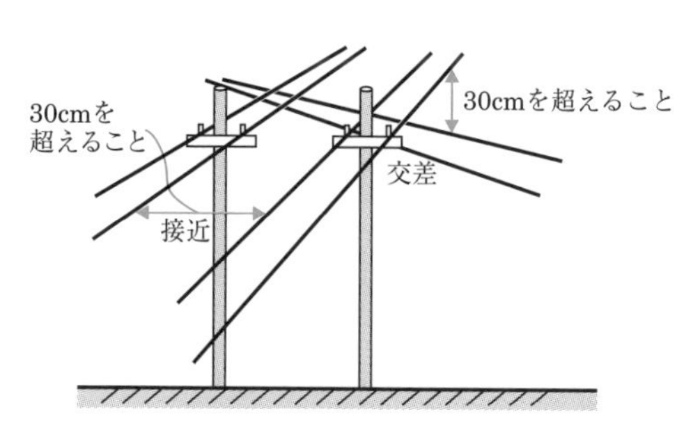

図2・9　他人の設置した架空電線との関係

第10条は、第9条と同様に架空電線の設置・保守の作業性の観点から、他人の建造物との離隔距離が**30cm**を超えるように架空電線を設置することとしている。ただし、その他人の承諾を得たときは、30cm以内にしてもよいとされている。

第11条は、支持物が倒壊したときに他方の支持物に影響を及ぼしたり、架空電線や架空強電流電線が損傷するおそれがあるため、架空電線の設置の条件を規定している。

第12条は、架空電線を架空強電流電線と同一の支持物に架設(共架)することを原則として禁止している。しかしながら、交通妨害の排除、資材の節約などの観点から、その必要性が高まっているため、共架の際に満たすべき条件を総務省令で定めている。

屋内電線の絶縁抵抗

条文

第17条〔屋内電線〕

屋内電線(光ファイバを除く。以下この条において同じ。)と大地との間及び屋内電線相互間の絶縁抵抗は、**直流100ボルト**の電圧で測定した値で、**1メグオーム以上**でなければならない。

絶縁抵抗が小さいと強電流電線や電線と接触した場合、大きな電流が流れて火災などの危険が生じる。印加電圧が**100V**となっているのは、線路の電圧が最大100Vとされているためである。なお、条文中の「メグオーム」は、「メガオーム」と同じ単位である。

屋内電線と屋内強電流電線との関係

条文

第18条〔屋内電線〕

屋内電線は、屋内強電流電線との離隔距離が30センチメートル以下となるときは、総務省令で定めるところによらなければ、設置してはならない。

屋内電線は、一般的に限られた場所に設置するため、屋内強電流電線との離隔距離が30cm以内となる場合がある。このように30cm超を確保できない場合は、総務省令で定める条件により設置することとしている。

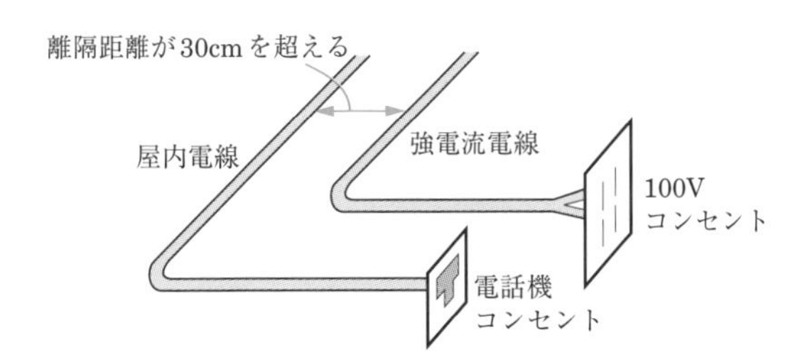

図2・10　屋内電線と屋内強電流電線の離隔距離

練習問題

【1】有線電気通信設備令に規定する絶縁電線とは、（ア）で被覆されている電線をいう。
［① 保護物のみ　② 絶縁物のみ　③ 保護物及び絶縁物］

【2】有線電気通信設備令に規定する音声周波とは、周波数が200ヘルツを超え、（イ）ヘルツ以下の電磁波をいう。
［① 2,500　② 3,500　③ 4,500］

【3】通信回線（導体が光ファイバであるものを除く。）の線路の電圧は、（ウ）ボルト以下でなければならない。ただし、電線としてケーブルのみを使用するとき、又は人体に危害を及ぼし、若しくは物件に損傷を与えるおそれがないときは、この限りでない。
［① 100　② 200　③ 300］

答（ア）②（イ）②（ウ）①

5. 不正アクセス行為の禁止等に関する法律

不正アクセス行為の禁止等に関する法律の目的

条文

第１条〔目的〕

この法律は、不正アクセス行為を禁止するとともに、これについての罰則及びその再発防止のための都道府県公安委員会による援助措置等を定めることにより、電気通信回線を通じて行われる電子計算機に係る犯罪の防止及びアクセス制御機能により実現される電気通信に関する秩序の維持を図り、もって高度情報通信社会の健全な発展に寄与することを目的とする。

不正アクセス禁止法（正式名称「不正アクセス行為の禁止等に関する法律」）は、アクセス権限のない者が、他人のユーザID・パスワードを無断で使用したりセキュリティホール（OSやアプリケーションソフトウェアのセキュリティ上の脆弱（ぜいじゃく）な部分）を攻撃したりすることによって、ネットワークを介してコンピュータに不正にアクセスする行為を禁止する法律である。

本法は、不正アクセス行為を禁止するとともに、罰則や再発防止措置などを定めることによって、電気通信回線（ネットワーク）を通じて行われる電子計算機（コンピュータ）に係る犯罪の防止および電気通信に関する秩序の維持を図り、高度情報通信社会の健全な発展に寄与することを目的としている。

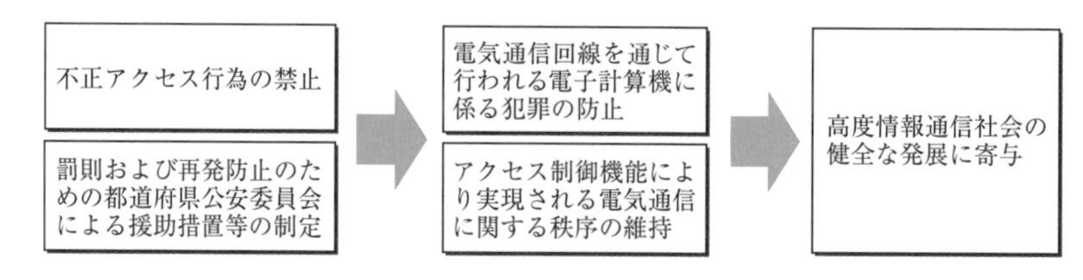

図2・11　不正アクセス禁止法の目的

用語の定義

条文

第2条〔定義〕

　この法律において「アクセス管理者」とは、電気通信回線に接続している電子計算機（以下「特定電子計算機」という。）の利用（当該電気通信回線を通じて行うものに限る。以下「特定利用」という。）につき当該特定電子計算機の動作を管理する者をいう。

2　この法律において「識別符号」とは、特定電子計算機の特定利用をすることについて当該特定利用に係るアクセス管理者の許諾を得た者（以下「利用権者」という。）及び当該アクセス管理者（以下この項において「利用権者等」という。）に、当該アクセス管理者において当該利用権者等を他の利用権者等と区別して識別することができるように付される符号であって、次のいずれかに該当するもの又は次のいずれかに該当する符号とその他の符号を組み合わせたものをいう。

(1)　当該アクセス管理者によってその内容をみだりに第三者に知らせてはならないものとされている符号

(2)　当該利用権者等の身体の全部若しくは一部の影像又は音声を用いて当該アクセス管理者が定める方法により作成される符号

(3)　当該利用権者等の署名を用いて当該アクセス管理者が定める方法により作成される符号

3　この法律において「アクセス制御機能」とは、特定電子計算機の特定利用を自動的に制御するために当該特定利用に係るアクセス管理者によって当該特定電子計算機又は当該特定電子計算機に電気通信回線を介して接続された他の特定電子計算機に付加されている機能であって、当該特定利用をしようとする者により当該機能を有する特定電子計算機に入力された符号が当該特定利用に係る識別符号（識別符号を用いて当該アクセス管理者の定める方法により作成される符号と当該識別符号の一部を組み合わせた符号を含む。次項第一号及び第二号において同じ。）であることを確認して、当該特定利用の制限の全部又は一部を解除するものをいう。

4　この法律において「不正アクセス行為」とは、次の各号のいずれかに該当する行為をいう。

(1)　アクセス制御機能を有する特定電子計算機に電気通信回線を通じて当該アクセス制御機能に係る他人の識別符号を入力して当該特定電子計算機を作動させ、当該アクセス制御機能により制限されている特定利用をし得る状態にさせる行為（当該アクセス制御機能を付加したアクセス管理者がするもの及び当該アクセス管理者又は当該識別符号に係る利用権者の承諾を得てするものを除く。）

(2)　アクセス制御機能を有する特定電子計算機に電気通信回線を通じて当該アクセス制御機能による特定利用の制限を免れることができる情報（識別符号であるものを除く。）又は指令を入力して当該特定電子計算機を作動させ、その制限されている特定利用をし得る状態にさせる行為（当該アクセス制御機能を付加したアクセス管理者がするもの及び当該アクセス管理者の承諾を得てするものを除く。次号において同じ。）

(3)　電気通信回線を介して接続された他の特定電子計算機が有するアクセス制御機能によりその特定利用を制限されている特定電子計算機に電気通信回線を通じてその制限を免れることができる情報又は指令を入力して当該特定電子計算機を作動させ、その制限されている特定利用をし得る状態にさせる行為

●**アクセス管理者**

ネットワークに接続されたコンピュータの利用（当該ネットワークを通じて行うものに限る。）につき、当該コンピュータの**動作を管理する者**をいう。

アクセス管理者とは、電気通信回線に接続されている電子計算機（特定電子計算機）を利用（当該電気通信回線を通じて行うものに限る。）するにあたって、当該特定電子計算機の動作を管理する者をいう。

●**利用権者**

ネットワークに接続されたコンピュータを利用（当該ネットワークを通じて行うものに限る。）することについて、アクセス管理者の許諾を得た者をいう。

●**識別符号**

利用権者およびアクセス管理者を、他の利用者から区別するための符号であって、次のいずれかに該当するもの、または次のいずれかに該当する符号とその他の符号を組み合わせたものをいう。

① **アクセス管理者によってその内容をみだりに第三者に知らせてはならないものとされている符号**

具体的には、パスワードのように、第三者が知ることができない情報を指す。

② **アクセス管理者および利用権者の身体の全部もしくは一部の影像または音声**

を用いて、当該アクセス管理者が定める方法で作成される符号
具体的には、指紋や虹彩、声紋などの身体的特徴を符号化したものを指す。

③ アクセス管理者および利用権者の署名を用いて、当該アクセス管理者が定める方法で作成される符号
具体的には、筆跡の形状や筆圧などの特徴を数値化・符号化したものを指す。

●アクセス制御機能

ネットワーク上のコンピュータに入力された符号が、当該コンピュータを利用するための識別符号(ユーザID・パスワードなど)であることを確認して、その利用の制限の全部または一部を解除する機能をいう。

たとえば、ユーザIDおよびパスワードを入力させ、それが正しければ利用可能な状態にし、誤っていれば利用制限を解除せず利用を拒否する。

●不正アクセス行為

他人の識別符号(ユーザID・パスワードなど)を無断で使用して利用の制限を解除する行為や、セキュリティホールを突いて識別符号以外の情報または指令を入力して利用の制限を解除させる行為などが、不正アクセス行為に該当する。

不正アクセス行為の禁止

条文

第3条〔不正アクセス行為の禁止〕

何人も、不正アクセス行為をしてはならない。

本条は、不正アクセス行為の禁止を明確にしたものであり、例外規定は存在しない。

識別符号の不正取得等の禁止

条文

第4条〔他人の識別符号を不正に取得する行為の禁止〕

何人も、不正アクセス行為(第2条第4項第一号に該当するものに限る。第6条及び第12条第二号において同じ。)の用に供する目的で、アクセス制御機能に係る他人の識別符号を取得してはならない。

第5条〔不正アクセス行為を助長する行為の禁止〕

何人も、業務その他正当な理由による場合を除いては、アクセス制御機能に係る他人の識別符号を、当該アクセス制御機能に係るアクセス管理者及び当該識別符号に係る利用権者以外の者に提供してはならない。

第6条〔他人の識別符号を不正に保管する行為の禁止〕

何人も、不正アクセス行為の用に供する目的で、不正に取得されたアクセス制御機能に係る他人の識別符号を保管してはならない。

第7条〔識別符号の入力を不正に要求する行為の禁止〕

何人も、アクセス制御機能を特定電子計算機に付加したアクセス管理者になりすまし、その他当該アクセス管理者であると誤認させて、次に掲げる行為をしてはならない。ただし、当該アクセス管理者の承諾を得てする場合は、この限りでない。

⑴　当該アクセス管理者が当該アクセス制御機能に係る識別符号を付された利用権者に対し当該識別符号を特定電子計算機に入力することを求める旨の情報を、電気通信回線に接続して行う自動公衆送信(公衆によって直接受信されることを目的として公衆からの求めに応じ自動的に送信を行うことをいい、放送又は有線放送に該当するものを除く。)を利用して公衆が閲覧することができる状態に置く行為

⑵　当該アクセス管理者が当該アクセス制御機能に係る識別符号を付された利用権者に対し当該識別符号を特定電子計算機に入力することを求める旨の情報を、電子メール(特定電子メールの送信の適正化等に関する法律(平成14年法律第26号)第2条第一号に規定する電子メールをいう。)により当該利用権者に送信する行為

第4条および第6条では、不正アクセス行為(第2条第4項第一号に該当する行為に限る)に用いるために、他人のユーザID、パスワードなどを不正に取得したり保管してはならないとしている。

また、第5条では不正アクセスを助長する行為を、第7条ではユーザID、パスワードなどの入力を不正に要求する行為すなわち「フィッシング」を、それぞれ禁止している。なお、フィッシングとは、金融機関などの正規のWebサイトを装い、クレジットカード番号などさまざまな個人情報を盗むことをいう。

不正アクセスに加えて以下の行為も禁止されている。

・他人の識別符号を不正に取得、保管する行為
・不正アクセスを助長する行為
・識別符号の入力を不正に要求する行為

アクセス管理者による防御措置

条文

第8条〔アクセス管理者による防御措置〕

アクセス制御機能を特定電子計算機に付加したアクセス管理者は、当該アクセス制御機能に係る識別符号又はこれを当該アクセス制御機能により確認するために用いる符号の適正な管理に努めるとともに、常に当該アクセス制御機能の有効性を検証し、必要があると認めるときは速やかにその機能の高度化その他当該特定電子計算機を不正アクセス行為から防御するため必要な措置を講ずるよう努めるものとする。

アクセス管理者は、コンピュータを不正アクセスから防御するために必要な措置を講じるよう努力義務が課されている。

練習問題

【1】不正アクセス行為の禁止等に関する法律は、不正アクセス行為を禁止するとともに、これについての罰則及びその再発防止のための都道府県公安委員会による援助措置等を定めることにより、電気通信回線を通じて行われる［(ア)］に係る犯罪の防止及びアクセス制御機能により実現される電気通信に関する秩序の維持を図り、もって高度情報通信社会の健全な発展に寄与することを目的とする。
[① 電子計算機　② インターネット通信　③ 不正ログイン]

【2】不正アクセス行為の禁止等に関する法律において、アクセス管理者とは、電気通信回線に接続している電子計算機(以下「特定電子計算機」という。)の利用(当該電気通信回線を通じて行うものに限る。)につき当該特定電子計算機の［(イ)］する者をいう。
[① 接続を制限　② 動作を管理　③ 利用を監視]

答 (ア) ① (イ) ②

実戦演習問題 2-1

次の各文章の［　　］内に、それぞれの［　　］の解答群の中から、「工事担任者規則」、「端末機器の技術基準適合認定等に関する規則」、「有線電気通信法」、「有線電気通信設備令」又は「不正アクセス行為の禁止等に関する法律」に規定する内容に照らして最も適したものを選び、その番号を記せ。

1　第二級デジタル通信工事担任者は、デジタル伝送路設備に端末設備等を接続するための工事のうち、接続点におけるデジタル信号の入出力速度が毎秒1ギガビット以下であって、主として［（ア）］ための回線に係るものに限る工事を行い、又は監督することができる。ただし、総合デジタル通信用設備に端末設備等を接続するための工事を除く。

［① 特定の利用者に供する　　② 事業用電気通信設備に接続する
③ インターネットに接続する］

2　端末機器の技術基準適合認定等に関する規則に規定する、端末機器の技術基準適合認定番号について述べた次の二つの文章は、［（イ）］。

A　移動電話用設備（インターネットプロトコル移動電話用設備を除く。）に接続される端末機器に表示される技術基準適合認定番号の最初の文字は、Aである。

B　専用通信回線設備に接続される端末機器に表示される技術基準適合認定番号の最初の文字は、Dである。

［① Aのみ正しい　② Bのみ正しい　③ AもBも正しい　④ AもBも正しくない］

3　有線電気通信法は、有線電気通信設備の［（ウ）］を規律し、有線電気通信に関する秩序を確立することによって、公共の福祉の増進に寄与することを目的とする。

［① 設置及び使用　② 普及及び促進　③ 仕様及び態様］

4　有線電気通信設備令に規定する用語について述べた次の文章のうち、正しいものは、［（エ）］である。

［① 線路とは、送信の場所と受信の場所との間に設置されている電線及びこれに係る中継器その他の機器をいい、これらを支持し、又は保蔵するための工作物を含まない。
② 支持物とは、電柱、支線、つり線その他電線又は強電流電線を支持するための工作物をいう。
③ 高周波とは、周波数が3,000ヘルツを超える電磁波をいう。］

5　不正アクセス行為の禁止等に関する法律の規定では、アクセス制御機能を有する特定電子計算機に電気通信回線を通じて当該アクセス制御機能に係る他人の識別符号を入力して当該特定電子計算機を作動させ、当該アクセス制御機能により［（オ）］されている特定利用をし得る状態にさせる行為（当該アクセス制御機能を付加したアクセス管理者がするもの及び当該アクセス管理者又は当該識別符号に係る利用権者の承諾を得てするものを除く。）は、不正アクセス行為に該当する行為である。

［① 認　証　② 制　限　③ 保　護　④ 管　理］

実戦演習問題 2-2

次の各文章の ＿＿ 内に、それぞれの[　]の解答群の中から、「工事担任者規則」、「端末機器の技術基準適合認定等に関する規則」、「有線電気通信法」、「有線電気通信設備令」又は「不正アクセス行為の禁止等に関する法律」に規定する内容に照らして最も適したものを選び、その番号を記せ。

1 工事担任者規則に規定する「資格者証の種類及び工事の範囲」について述べた次の二つの文章は、 (ア) 。

A　第二級デジタル通信工事担任者は、デジタル伝送路設備に端末設備等を接続するための工事のうち、接続点におけるデジタル信号の入出力速度が毎秒1ギガビット以下であって、主としてインターネットに接続するための回線に係るものに限る工事を行い、又は監督することができる。ただし、総合デジタル通信用設備に端末設備等を接続するための工事を除く。

B　第二級アナログ通信工事担任者は、アナログ伝送路設備に端末設備を接続するための工事のうち、端末設備に収容される電気通信回線の数が1のものに限る工事を行い、又は監督することができる。また、総合デジタル通信用設備に端末設備を接続するための工事のうち、総合デジタル通信回線の数が毎秒64キロビット換算で1のものに限る工事を行い、又は監督することができる。

[① Aのみ正しい　② Bのみ正しい　③ AもBも正しい　④ AもBも正しくない]

2 端末機器の技術基準適合認定等に関する規則において、 (イ) に接続される端末機器に表示される技術基準適合認定番号の最初の文字は、Eと規定されている。

[① インターネットプロトコル電話用設備　② デジタルデータ伝送用設備
③ 総合デジタル通信用設備]

3 有線電気通信法の「技術基準」において、有線電気通信設備(政令で定めるものを除く。)の技術基準により確保されるべき事項の一つとして、有線電気通信設備は、人体に危害を及ぼし、又は (ウ) ようにすることが規定されている。

[① 通信の秘密を侵さない　② 物件に損傷を与えない　③ 利用者の利益を阻害しない]

4 離隔距離とは、線路と他の物体(線路を含む。)とが気象条件による位置の変化により最も (エ) 場合におけるこれらの物の間の距離をいう。

[① 離れた　② 接近した　③ 安定した]

5 不正アクセス行為の禁止等に関する法律は、不正アクセス行為を禁止するとともに、これについての罰則及びその再発防止のための都道府県公安委員会による援助措置等を定めることにより、電気通信回線を通じて行われる電子計算機に係る犯罪の防止及びアクセス制御機能により実現される電気通信に関する (オ) を図り、もって高度情報通信社会の健全な発展に寄与することを目的とする。

[① 公正な競争　② 安全の確保　③ 秩序の維持]

第3章
端末設備等規則（Ⅰ）

1. 総　則

用語の定義

条文

第2条〔定義〕

この規則において使用する用語は、法において使用する用語の例による。

2　この規則の規定の解釈については、次の定義に従うものとする。

(1)「電話用設備」とは、電気通信事業の用に供する電気通信回線設備であって、主として音声の伝送交換を目的とする電気通信役務の用に供するものをいう。

(2)「アナログ電話用設備」とは、電話用設備であって、端末設備又は自営電気通信設備を接続する点においてアナログ信号を入出力とするものをいう。

(3)「アナログ電話端末」とは、端末設備であって、アナログ電話用設備に接続される点において2線式の接続形式で接続されるものをいう。

(4)「移動電話用設備」とは、電話用設備であって、端末設備又は自営電気通信設備との接続において電波を使用するものをいう。

(5)「移動電話端末」とは、端末設備であって、移動電話用設備（インターネットプロトコル移動電話用設備を除く。）に接続されるものをいう。

(6)「インターネットプロトコル電話用設備」とは、電話用設備（電気通信番号規則別表第1号に掲げる固定電話番号を使用して提供する音声伝送役務の用に供するものに限る。）であって、端末設備又は自営電気通信設備との接続においてインターネットプロトコルを使用するものをいう。

(7)「インターネットプロトコル電話端末」とは、端末設備であって、インターネットプロトコル電話用設備に接続されるものをいう。

(8)「インターネットプロトコル移動電話用設備」とは、移動電話用設備（電気通信番号規則別表第4号に掲げる音声伝送携帯電話番号を使用して提供する音声伝送役務の用に供するものに限る。）であって、端末設備又は自営電気通信設備との接続においてインターネットプロトコルを使用するものをいう。

⑼ 「インターネットプロトコル移動電話端末」とは、端末設備であって、インターネットプロトコル移動電話用設備に接続されるものをいう。
⑽ 「無線呼出用設備」とは、電気通信事業の用に供する電気通信回線設備であって、無線によって利用者に対する呼出し(これに付随する通報を含む。)を行うことを目的とする電気通信役務の用に供するものをいう。
⑾ 「無線呼出端末」とは、端末設備であって、無線呼出用設備に接続されるものをいう。
⑿ 「総合デジタル通信用設備」とは、電気通信事業の用に供する電気通信回線設備であって、主として64キロビット毎秒を単位とするデジタル信号の伝送速度により、符号、音声その他の音響又は影像を統合して伝送交換することを目的とする電気通信役務の用に供するものをいう。
⒀ 「総合デジタル通信端末」とは、端末設備であって、総合デジタル通信用設備に接続されるものをいう。
⒁ 「専用通信回線設備」とは、電気通信事業の用に供する電気通信回線設備であって、特定の利用者に当該設備を専用させる電気通信役務の用に供するものをいう。
⒂ 「デジタルデータ伝送用設備」とは、電気通信事業の用に供する電気通信回線設備であって、デジタル方式により、専ら符号又は影像の伝送交換を目的とする電気通信役務の用に供するものをいう。
⒃ 「専用通信回線設備等端末」とは、端末設備であって、専用通信回線設備又はデジタルデータ伝送用設備に接続されるものをいう。
⒄ 「発信」とは、通信を行う相手を呼び出すための動作をいう。
⒅ 「応答」とは、電気通信回線からの呼出しに応ずるための動作をいう。
⒆ 「選択信号」とは、主として相手の端末設備を指定するために使用する信号をいう。
⒇ 「直流回路」とは、端末設備又は自営電気通信設備を接続する点において2線式の接続形式を有するアナログ電話用設備に接続して電気通信事業者の交換設備の動作の開始及び終了の制御を行うための回路をいう。
(21) 「絶対レベル」とは、一の皮相電力の1ミリワットに対する比をデシベルで表したものをいう。
(22) 「通話チャネル」とは、移動電話用設備と移動電話端末又はインターネットプロトコル移動電話端末の間に設定され、主として音声の伝送に使用する通信路をいう。
(23) 「制御チャネル」とは、移動電話用設備と移動電話端末又はインターネットプロトコル移動電話端末の間に設定され、主として制御信号の伝送に使用する通信路をいう。

㉔「呼設定用メッセージ」とは、呼設定メッセージ又は応答メッセージをいう。

㉕「呼切断用メッセージ」とは、切断メッセージ、解放メッセージ又は解放完了メッセージをいう。

●電話用設備

主として音声の伝送交換を目的とする電気通信回線設備である。なお、ファクシミリ網やデータ交換網は、データの伝送交換を目的としているので電話用設備には該当しない。

●アナログ電話用設備

従来の一般電話網を指す。一般電話網では、モデムを介してデータの伝送交換を行う場合もあるが、基本的には音声の伝送交換を目的としている。

●アナログ電話端末

電話機やファクシミリなど、一般電話網に接続される端末設備を指す。アナログ電話用設備との接続形式が2線式と規定されているので、2線式以外のインタフェースを有する端末設備はアナログ電話端末ではない。たとえば4線式で全二重通信を行うデータ端末などは、その信号がアナログであってもアナログ電話端末には該当しない。

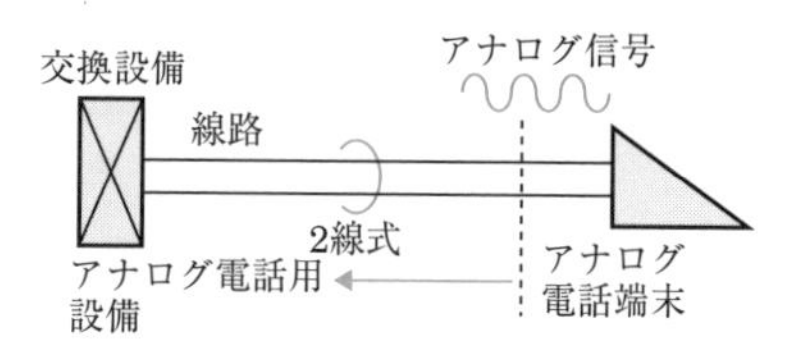

図３・１　アナログ電話端末

●移動電話用設備

携帯無線通信の電話網のことをいう。

●移動電話端末

携帯無線通信の端末装置、いわゆる携帯電話機のことをいう。

●インターネットプロトコル電話用設備

IP電話のことをいう。IP電話は、音声信号をパケットと呼ばれる小さなデータに分割し、IPネットワーク上で送受信することで音声通話を実現する。

●インターネットプロトコル電話端末

IP電話システムに対応した電話機を指す。

●インターネットプロトコル移動電話用設備

IP移動電話(VoLTE：Voice over LTE)を指す。3G(第3世代)携帯電話のデータ通信を高速化した規格であるLTE(Long Term Evolution)のネットワークを使用して高品質の音声通話を実現する。

●インターネットプロトコル移動電話端末

IP移動電話システムに対応した電話機のことをいう。

●無線呼出用設備

電気通信事業の用に供する電気通信回線設備であって、無線によって利用者に対する呼出し(これに付随する通報を含む。)を行うことを目的とする電気通信役務の用に供するものをいう。

●無線呼出端末

無線呼出用設備に接続される端末設備のことをいう。

●総合デジタル通信用設備

いわゆるISDNのことをいう。従来の電気通信網は、音声、データ、ファクシミリ、画像などの情報をそれぞれの信号の特性に応じて個別に構築していたが、デジタル技術の発達により、すべての情報をデジタル化し、1つの網で伝送交換することができるようになり、サービスの統合化が可能となった。

●総合デジタル通信端末

ISDN端末やターミナルアダプタ(TA)のことをいう。

●専用通信回線設備

いわゆる専用線のことであり、特定の利用者間に設置され、その利用者のみがサービスを専有する。

●デジタルデータ伝送用設備

デジタルデータのみを扱う交換網や通信回線のことをいい、IP網やADSL回線などが該当する。

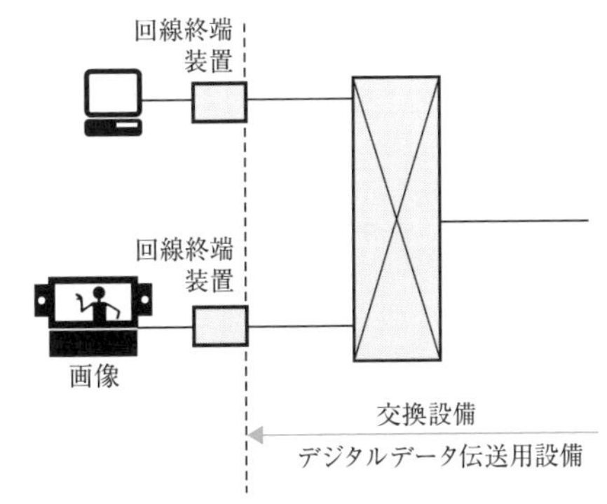

図3・2 デジタルデータ伝送用設備

●専用通信回線設備等端末

専用通信回線設備またはデジタルデータ伝送用設備を利用して通信を行うための端末であり、ADSLモデムなどが該当する。

●発信

通信を行う相手を呼び出すための動作をいう。電話番号をダイヤルするなどの動作が該当する。

●応答

電気通信回線からの呼出しに応ずるための動作をいう。電話がかかってきたときに送受器を上げるなどの動作が該当する。

●選択信号

接続すべき通信相手の番号などを、発信側の端末設備から交換機へ伝達するための信号である。一般の電話網で使用する選択信号には、ダイヤルパルスと押しボタンダイヤル信号がある。ダイヤルパルスでは直流電流の断続によるパルスの数で伝達し、押しボタンダイヤル信号では2周波の交流信号の組合せで伝達する。

●直流回路

いわゆる直流ループ制御回路のことをいう。端末設備の直流回路を閉じると電気通信事業者の交換設備との間に直流電流が流れ、交換設備は動作を開始する。また、直流回路を開くと電流は流れなくなり、通話が終了する。

●絶対レベル

一の皮相電力の1mWに対する比をデシベル(dBm)で表したものをいう。

●通話チャネル

移動電話用設備と移動電話端末またはインターネットプロトコル移動電話端末の間に設定され、主として音声の伝送に使用する通信路をいう。

●制御チャネル

移動電話用設備と移動電話端末またはインターネットプロトコル移動電話端末の間に設定され、主として制御信号の伝送に使用する通信路をいう。

●呼設定用メッセージ

総合デジタル通信用設備と総合デジタル通信端末との間の通信路を設定するためのメッセージであり、呼設定メッセージまたは応答メッセージを指す。

●呼切断用メッセージ

総合デジタル通信用設備と総合デジタル通信端末との間の通信路を切断または解放するためのメッセージであり、切断メッセージ、解放メッセージまたは解放完了メッセージを指す。

2. 責任の分界

責任の分界

条文

第3条〔責任の分界〕

利用者の接続する端末設備（以下「端末設備」という。）は、事業用電気通信設備との責任の分界を明確にするため、事業用電気通信設備との間に分界点を有しなければならない。

2　分界点における接続の方式は、端末設備を電気通信回線ごとに事業用電気通信設備から容易に切り離せるものでなければならない。

●分界点の設定

本条は、端末設備の接続の技術基準で確保すべき3原則（電気通信事業法第52条第2項）の1つである「責任の分界の明確化」を受けて定められたものである。この規定は、故障時に、その原因が利用者側の設備にあるのか事業者側の設備にあるのかを判別できるようにすることを目的としている。一般的には、保安装置、ローゼット、プラグジャックなどが分界点となる。

●分界点における接続の方式

端末設備を電気通信回線ごとに事業用電気通信設備から容易に切り離せる方式としては、電話機のプラグジャック方式が一般的である。その他、ローゼットによるネジ留め方式、音響結合方式なども該当する。

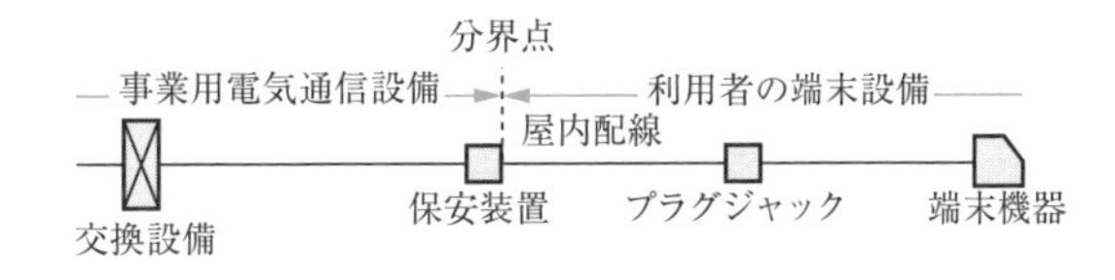

図3・3　分界点の例（電気通信事業者が保安装置まで提供する場合）

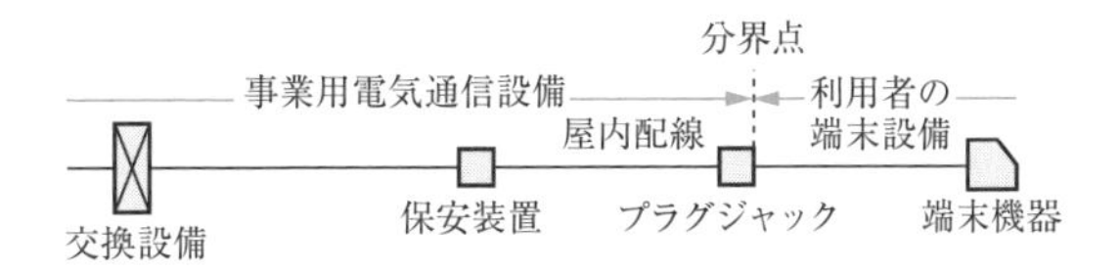

図3・4　分界点の例（電気通信事業者が屋内配線まで提供する場合）

3. 安全性等

漏えいする通信の識別禁止

条文

第4条〔漏えいする通信の識別禁止〕

端末設備は、事業用電気通信設備から漏えいする通信の内容を意図的に識別する機能を有してはならない。

本条は、通信の秘密の保護の観点から設けられた規定である。「通信の内容を意図的に識別する機能」とは、他の電気通信回線から漏えいする通信の内容が聞き取れるように増幅する機能や、暗号化された情報を解読したりする機能のことをいう。

鳴音の発生防止

条文

第5条〔鳴音の発生防止〕

端末設備は、事業用電気通信設備との間で鳴音（電気的又は音響的結合により生ずる発振状態をいう。）を発生することを防止するために総務大臣が別に告示する条件を満たすものでなければならない。

●鳴音

「鳴音」とは、端末設備に入力した信号が電気的に反射したり、端末設備のスピーカから出た音響が再びマイクに入力されたりして、相手の端末設備との間で正帰還ループが形成され発振状態となることをいう。いわゆるハウリングのことである。

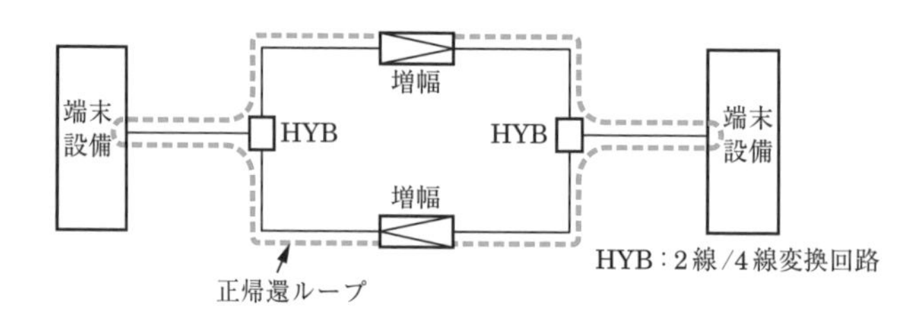

図3・5　鳴音の発生原理

●鳴音の発生防止

端末設備から鳴音が発生すると、他の電気通信回線に漏えいして他の利用者に迷惑を及ぼしたり、過大な電流が流れて回線設備に損傷を与えるおそれがあるので、これを防止する必要がある。

絶縁抵抗及び絶縁耐力

条文

第6条〔絶縁抵抗等〕

端末設備の機器は、その電源回路と筐（きょう）体及びその電源回路と事業用電気通信設備との間に次の絶縁抵抗及び絶縁耐力を有しなければならない。

(1)　絶縁抵抗は、使用電圧が300ボルト以下の場合にあっては、0.2メガオーム以上であり、300ボルトを超え750ボルト以下の直流及び300ボルトを超え600ボルト以下の交流の場合にあっては、0.4メガオーム以上であること。

(2)　絶縁耐力は、使用電圧が750ボルトを超える直流及び600ボルトを超える交流の場合にあっては、その使用電圧の1.5倍の電圧を連続して10分間加えたときこれに耐えること。

2　端末設備の機器の金属製の台及び筐体は、接地抵抗が100オーム以下となるように接地しなければならない。ただし、安全な場所に危険のないように設置する場合にあっては、この限りでない。

●絶縁抵抗と絶縁耐力

端末機器は電気的に動作するため電源が必要であるが、電話の一般的な動作については事業用電気通信設備から直流回路を通じて電力が供給されるので、基本的には端末機器自身が電源を有する必要はない。

しかしながら、電子化された端末機器は、事業用電気通信設備からの給電だけではその高度な機能を実現するには不十分なので、自ら電源回路を備え、これにより商用電源からの電力供給を受けている。このような端末機器については、故障や事故などによる過大電流の危険性から人体や事業用電気通信設備を保護するため、電源回路と端末機器の筐（きょう）体との間や、電源回路と事業用電気通信設備との間における絶縁抵抗および絶縁耐力が規定されている。

●接地抵抗

端末機器の金属製の台および筐体は、接地抵抗が100Ω以下となるように接地する。接地に関する規定は、感電防止を目的としている。一般の端末設備の場合は特に電気的に危険な場所に設置することはないが、高圧を使用する場合や水分のある場所などで使用する場合は、この規定が適用される。

表3・1　絶縁抵抗と絶縁耐力

使用電圧	絶縁抵抗および絶縁耐力	
	直流電圧	交流電圧
〜300V	絶縁抵抗0.2MΩ以上	
300V〜600V	絶縁抵抗0.4MΩ以上	
600V〜750V		使用電圧の1.5倍の電圧を10分間加えても耐える絶縁耐力
750V〜	使用電圧の1.5倍の電圧を10分間加えても耐える絶縁耐力	

重要

- **使用電圧が300V以下の場合、絶縁抵抗は0.2MΩ以上**
- **使用電圧が300Vを超え750V以下の直流、および300Vを超え600V以下の交流の場合、絶縁抵抗は0.4MΩ以上**

過大音響衝撃の発生防止

条文

重要　**第７条〔過大音響衝撃の発生防止〕**

通話機能を有する端末設備は、通話中に受話器から過大な音響衝撃が発生することを防止する機能を備えなければならない。

通話中に、誘導雷などに起因するインパルス性の信号が端末設備に侵入した場合、受話器から瞬間的に過大な音響衝撃が発生し、人体の耳に衝撃を与えるおそれがある。本条は、これを防止するために定められたものである。

一般の電話機は、受話器と並列にバリスタを挿入した回路で構成されており、一定レベル以上の電圧が印加されるとバリスタが導通し、過大な衝撃電流はバリスタ側に流れ受話器には流れないようになっている。

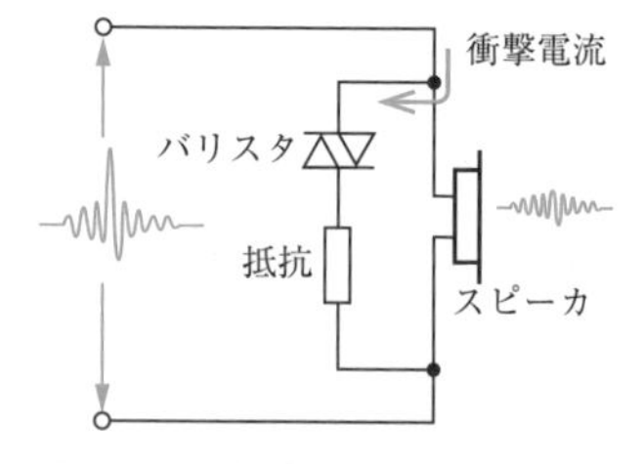

図3・6　受話音響衝撃防止回路

配線設備等

条文

重要　**第８条〔配線設備等〕**

利用者が端末設備を事業用電気通信設備に接続する際に使用する線路及び保安器その他の機器（以下「配線設備等」という。）は、次の各号により設置されなければならない。

(1) 配線設備等の評価雑音電力(通信回線が受ける妨害であって人間の聴覚率を考慮して定められる実効的雑音電力をいい、誘導によるものを含む。)は、絶対レベルで表した値で定常時においてマイナス64デシベル以下であり、かつ、最大時においてマイナス58デシベル以下であること。

(2) 配線設備等の電線相互間及び電線と大地間の絶縁抵抗は、直流200ボルト以上の一の電圧で測定した値で1メガオーム以上であること。

(3) 配線設備等と強電流電線との関係については有線電気通信設備令(昭和28年政令第131号)第11条から第15条まで及び第18条に適合するものであること。

(4) 事業用電気通信設備を損傷し、又はその機能に障害を与えないようにするため、総務大臣が別に告示するところにより配線設備等の設置の方法を定める場合にあっては、その方法によるものであること。

●配線設備等

「配線設備等」とは、利用者が端末設備を事業用電気通信設備に接続する際に使用する線路および保安器その他の機器をいう。

●絶縁抵抗

配線設備等の電線相互間および電線と大地間の絶縁抵抗が不十分な場合、交換機が誤作動を起こしたり、無駄な電力を消費したりすることがある。これを防ぐため、直流200V以上の一の電圧で測定した値で1MΩ以上と、絶縁抵抗値を規定している。

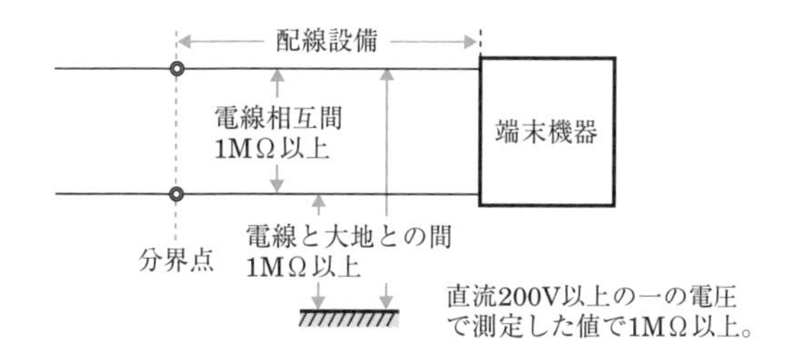

図3・7　配線設備の絶縁抵抗

●評価雑音電力

「評価雑音電力」とは、通信回線が受ける妨害であって人間の聴覚の特性を考慮して定められる実効的雑音電力をいい、誘導によるものを含む。人間の聴覚は

600Hzから2,000Hzまでは感度がよく、これ以外の周波数では感度が悪くなる特性を有している。この聴覚の周波数特性により雑音電力を重みづけして評価したものが、評価雑音電力である。

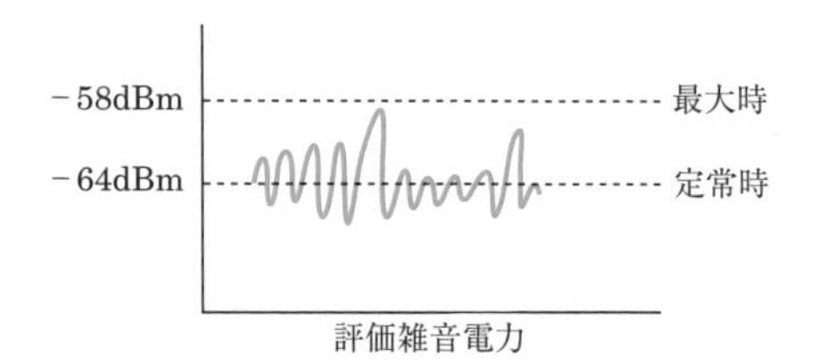

評価雑音電力は定常時において－64dBm以下、
最大時において－58dBm以下とする。

図3・8　評価雑音電力

評価雑音電力 ── 定常時において－64dBm以下
　　　　　　　　 最大時において－58dBm以下

電波を使用する端末設備

条文

第9条〔端末設備内において電波を使用する端末設備〕

端末設備を構成する一の部分と他の部分相互間において電波を使用する端末設備は、次の各号の条件に適合するものでなければならない。

⑴　総務大臣が別に告示する条件に適合する識別符号（端末設備に使用される無線設備を識別するための符号であって、通信路の設定に当たってその照合が行われるものをいう。）を有すること。

⑵　使用する電波の周波数が空き状態であるかどうかについて、総務大臣が別に告示するところにより判定を行い、空き状態である場合にのみ通信路を設定するものであること。ただし、総務大臣が別に告示するものについては、この限りでない。

⑶　使用される無線設備は、一の筐（きょう）体に収められており、かつ、容易に開けることができないこと。ただし、総務大臣が別に告示するものについては、この限りでない。

本条は、コードレス電話や無線LAN端末のように、親機と子機との間で電波を使用するものに適用される規定であり、携帯無線通信の移動局のように端末設備と電気通信回線設備との間で電波を使用する端末設備には適用されない。

●識別符号

識別符号は、混信による通信妨害や通信内容の漏えい、通信料金の誤課金などを防止することを目的としている。総務大臣の告示により、端末設備の種類別に識別符号のサイズが定められている。

●空き状態の判定

この規定は、電波の混信を防止することを目的としている。既に使われている周波数の電波を発射すると混信が生じるので、使用する電波の周波数が空き状態であることを確認してから通信路を設定するようにしている。

●無線設備の同一筐(きょう)体への収容

この規定は、送信機能や識別符号を故意に改造または変更して他の通信に妨害を与えることを防止するために定められたものである。なお、送信機能や識別符号の書換えが容易に行えない場合は一の筐体に収める必要はなく、その条件が総務大臣の告示で定められている。

端末設備を構成する一の部分と他の部分相互間で電波を使用する端末設備は、次の条件に適合しなければならない。

- **総務大臣が別に告示する条件に適合する識別符号を有すること**
- **使用する電波の周波数が空き状態であるかどうか判定を行い、空き状態である場合にのみ通信路を設定するものであること（総務大臣が別に告示するものを除く）**
- **使用される無線設備は、一の筐体に収められており、かつ、容易に開けることができないこと（総務大臣が別に告示するものを除く）**

練習問題

【1】端末設備は、事業用電気通信設備との間で［（ア）］（電気的又は音響的結合により生ずる発振状態をいう。）を発生することを防止するために総務大臣が別に告示する条件を満たすものでなければならない。
［①漏　話　②鳴　音　③側　音］

【2】端末設備を構成する一の部分と他の部分相互間において電波を使用する端末設備は、総務大臣が別に告示する条件に適合する［（イ）］を有するものでなければならない。
［① 識別符号　② 標識符号　③ 空中線設備］

答（ア）②（イ）①

実戦演習問題 

次の各文章の　　　内に、それぞれの[　　]の解答群の中から、「端末設備等規則」に規定する内容に照らして最も適したものを選び、その番号を記せ。

1　用語について述べた次の文章のうち、誤っているものは、（ア）である。

[① 移動電話用設備とは、電話用設備であって、端末設備又は自営電気通信設備との接続において電波を使用するものをいう。
② デジタルデータ伝送用設備とは、電気通信事業の用に供する電気通信回線設備であって、多重伝送方式により、専ら符号又は影像の伝送交換を目的とする電気通信役務の用に供するものをいう。
③ 選択信号とは、主として相手の端末設備を指定するために使用する信号をいう。]

2　利用者の接続する端末設備は、事業用電気通信設備との（イ）の分界を明確にするため、事業用電気通信設備との間に分界点を有しなければならない。

[① 責　任　② 設備区分　③ インタフェース]

3　「端末設備内において電波を使用する端末設備」について述べた次の二つの文章は、（ウ）。

A　使用する電波の周波数が空き状態であるかどうかについて、総務大臣が別に告示するところにより判定を行い、空き状態である場合にのみ直流回路を開くものであること。ただし、総務大臣が別に告示するものについては、この限りでない。

B　使用される無線設備は、一の筐(きょう)体に収められており、かつ、容易に開けることができないこと。ただし、総務大臣が別に告示するものについては、この限りでない。

[① Aのみ正しい　② Bのみ正しい　③ AもBも正しい　④ AもBも正しくない]

4　通話機能を有する端末設備は、通話中に受話器から過大な（エ）が発生することを防止する機能を備えなければならない。

[① 側　音　② 誘導雑音　③ 音響衝撃]

5　利用者が端末設備を事業用電気通信設備に接続する際に使用する線路及び保安器その他の機器の電線相互間及び電線と大地間の絶縁抵抗は、直流（オ）ボルト以上の一の電圧で測定した値で1メガオーム以上でなければならない。

[① 100　② 200　③ 300]

実戦演習問題 3-2

次の各文章の［　　］内に、それぞれの[　　]の解答群の中から、「端末設備等規則」に規定する内容に照らして最も適したものを選び、その番号を記せ。

1 用語について述べた次の文章のうち、誤っているものは、［（ア）］である。

[① 専用通信回線設備とは、電気通信事業の用に供する電気通信回線設備であって、特定の利用者に当該設備を専用させる電気通信役務の用に供するものをいう。
② アナログ電話用設備とは、電話用設備であって、端末設備又は自営電気通信設備を接続する点においてベースバンド信号を入出力とするものをいう。
③ インターネットプロトコル電話端末とは、端末設備であって、インターネットプロトコル電話用設備に接続されるものをいう。]

2 端末設備の機器は、その電源回路と筐(きょう)体及びその電源回路と［（イ）］との間において、使用電圧が300ボルト以下の場合にあっては、0.2メガオーム以上の絶縁抵抗を有しなければならない。

[① 伝送装置　② 事業用電気通信設備　③ 他の端末設備]

3 評価雑音電力とは、通信回線が受ける妨害であって人間の聴覚率を考慮して定められる［（ウ）］をいい、誘導によるものを含む。

[① 実効的雑音電力　② 漏話雑音電力　③ 雑音電力の尖(せん)頭値]

4 安全性等について述べた次の二つの文章は、［（エ）］。

A　端末設備は、事業用電気通信設備から漏えいする通信の内容を意図的に識別する機能を有してはならない。

B　端末設備は、事業用電気通信設備との間で鳴音(電気的又は音響的結合により生ずる発振状態をいう。)を発生することを防止するために総務大臣が別に告示する条件を満たすものでなければならない。

[① Aのみ正しい　② Bのみ正しい　③ AもBも正しい　④ AもBも正しくない]

5 端末設備の機器の金属製の台及び筐体は、接地抵抗が［（オ）］オーム以下となるように接地しなければならない。ただし、安全な場所に危険のないように設置する場合にあっては、この限りでない。

[① 10　② 100　③ 200]

第4章
端末設備等規則(Ⅱ)

1. アナログ電話端末

基本的機能

条文

第10条〔基本的機能〕

アナログ電話端末の直流回路は、発信又は応答を行うとき閉じ、通信が終了したとき開くものでなければならない。

アナログ電話端末の直流回路を閉じると、交換設備と端末設備との間に直流電流が流れ、交換設備がこれを検知して端末設備の発信または応答を判別する。また、直流回路を開くと直流電流が流れなくなり、これにより交換設備は通信の終了を判別する。

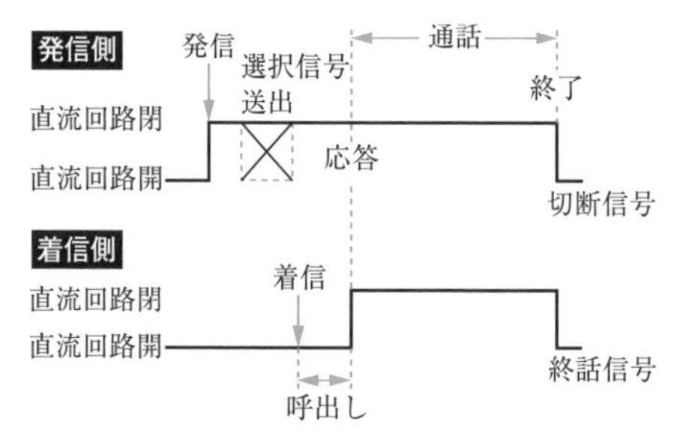

直流回路は、発信または応答を行うとき閉じ、通信が終了したとき開く。

図4・1　直流回路の動作

発信の機能

条文

第11条〔発信の機能〕

アナログ電話端末は、発信に関する次の機能を備えなければならない。

(1)　自動的に選択信号を送出する場合にあっては、直流回路を閉じてから3秒以上経過後に選択信号の送出を開始するものであること。ただし、電気通信回線からの発信音又はこれに相当する可聴音を確認した後に選択信号を送出する場合にあっては、この限りでない。

(2)　発信に際して相手の端末設備からの応答を自動的に確認する場合

にあっては、電気通信回線からの応答が確認できない場合選択信号送出終了後2分以内に直流回路を開くものであること。

(3)　自動再発信(応答のない相手に対し引き続いて繰り返し自動的に行う発信をいう。以下同じ。)を行う場合(自動再発信の回数が15回以内の場合を除く。)にあっては、その回数は最初の発信から3分間に2回以内であること。この場合において、最初の発信から3分を超えて行われる発信は、別の発信とみなす。

(4)　前号の規定は、火災、盗難その他の非常の場合にあっては、適用しない。

●選択信号の自動送出

交換設備は、端末設備からの発呼信号を受信してから選択信号の受信が可能となるまでに、若干の時間を要する。交換設備は、選択信号の受信が可能な状態になると可聴音(発信音)を送出する。端末設備がこれを確認してから選択信号を送出すれば問題はないが、確認をせずに自動的に送出する場合は、交換設備が受信可能状態になる前に選択信号が送出される可能性がある。

そこで、自動的に選択信号を送出する端末設備については、安全な時間を見込んで、直流回路を閉じてから3秒以上経過後に選択信号を送出することにしている(図4・2参照)。

●相手端末の応答の自動確認

相手端末が応答しないときに長時間にわたって相手端末を呼び出し続けると、電気通信回線の無効保留が生じ、他の利用者に迷惑を及ぼすことになる。

このため、相手端末からの応答を自動的に確認する場合は、選択信号送出終了後、2分以内に直流回路を開くことにしている(図4・3参照)。

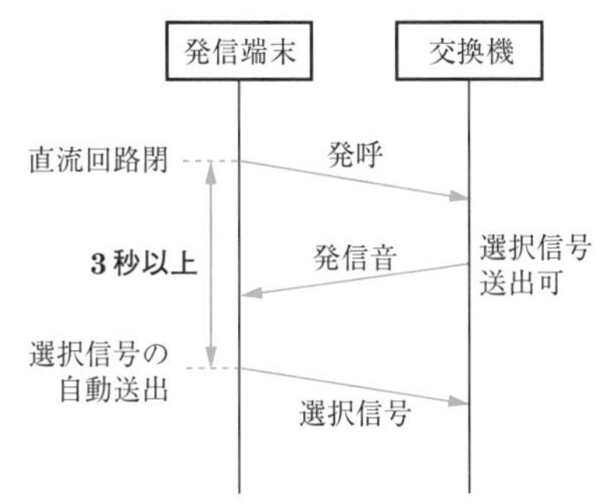

図4・2　選択信号の自動送出

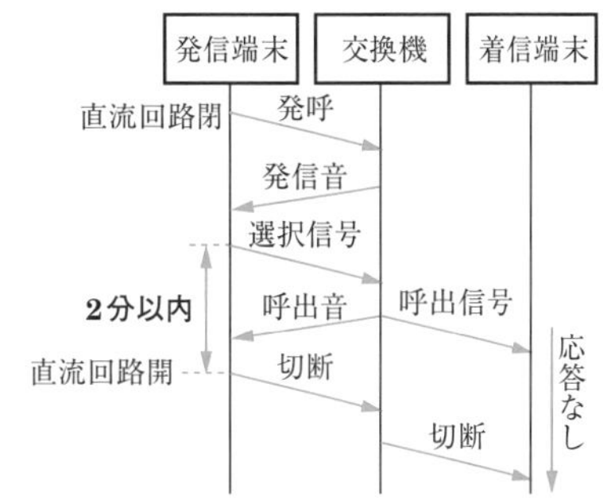

図4・3　相手端末の応答の自動確認

●自動再発信

短い間隔で同一の相手に再発信すると再度通話中に遭遇する確率が高く、電気通信回線設備を無効に動作させ、他の利用者に迷惑を及ぼすことになる。このため、自動的に行う再発信の回数を、原則として最初の発信から**3分間に2回以内**としている。ただし、最初の発信から**3分**経過後に行われる発信は、別の発信とみなすことにしている。

また、人の操作によって再発信を行う場合や、自動再発信の回数が**15回以内**のものについては、本規定は適用されない。さらに、火災、盗難その他の非常事態の場合は、緊急措置として何回でも自動再発信が認められている。

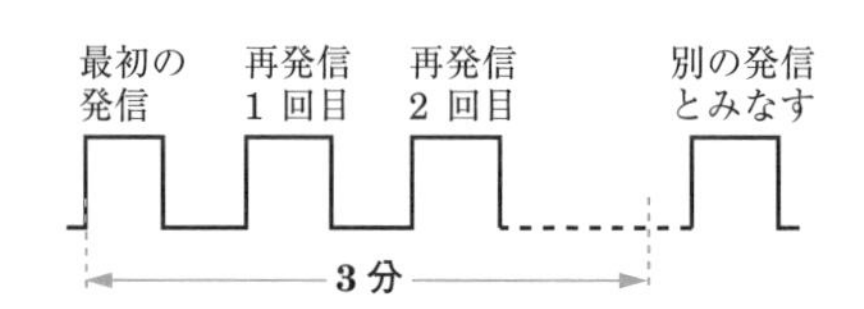

自動再発信の回数は、原則として3分間に2回以内とする。
なお、最初の発信から3分を超えて行われる発信は、別の発信とみなされる。

図4・4　自動再発信の回数

選択信号の条件

条文

第12条〔選択信号の条件〕

アナログ電話端末の選択信号は、次の条件に適合するものでなければならない。

(1)　ダイヤルパルスにあっては、別表第1号の条件

(2)　押しボタンダイヤル信号にあっては、別表第2号の条件

別表第1号　ダイヤルパルスの条件(第12条第一号関係)

第1　ダイヤルパルス数

ダイヤル番号とダイヤルパルス数は同一であること。ただし、「0」は、10パルスとする。

第2　ダイヤルパルスの信号

ダイヤルパルスの種類	ダイヤルパルス速度	ダイヤルパルスメーク率	ミニマムポーズ
10パルス毎秒方式	10 ± 1.0 パルス毎秒以内	30%以上 42%以下	600ms以上
20パルス毎秒方式	20 ± 1.6 パルス毎秒以内	30%以上 36%以下	450ms以上

注1　ダイヤルパルス速度とは、1秒間に断続するパルス数をいう。

2　ダイヤルパルスメーク率とは、ダイヤルパルスの接(メーク)と断(ブレーク)の時間の割合をいい、次式で定義するものとする。

ダイヤルパルスメーク率＝{接時間÷(接時間＋断時間)}×100%

3　ミニマムポーズとは、隣接するパルス列間の休止時間の最小値をいう。

別表第2号　押しボタンダイヤル信号の条件(第12条第二号関係)

第1　ダイヤル番号の周波数

ダイヤル番号	周 波 数
1	697Hz及び1,209Hz
2	697Hz及び1,336Hz
3	697Hz及び1,477Hz
4	770Hz及び1,209Hz
5	770Hz及び1,336Hz
6	770Hz及び1,477Hz
7	852Hz及び1,209Hz
8	852Hz及び1,336Hz
9	852Hz及び1,477Hz
0	941Hz及び1,336Hz
*	941Hz及び1,209Hz
#	941Hz及び1,477Hz
A	697Hz及び1,633Hz
B	770Hz及び1,633Hz
C	852Hz及び1,633Hz
D	941Hz及び1,633Hz

第2　その他の条件

項　目		条　件
信号周波数偏差		信号周波数の±1.5%以内
信号送出電力の許容範囲	低群周波数	(略)
	高群周波数	(略)
	2周波電力差	5dB以内、かつ、低群周波数の電力が高群周波数の電力を超えないこと。
信号送出時間		50ms以上
ミニマムポーズ		30ms以上
周　期		120ms以上

注1　低群周波数とは、697Hz、770Hz、852Hz及び941Hzをいい、高群周波数とは1,209Hz、1,336Hz、1,477Hz及び1,633Hzをいう。
2　ミニマムポーズとは、隣接する信号間の休止時間の最小値をいう。
3　周期とは、信号送出時間とミニマムポーズの和をいう。

●ダイヤルパルスの条件

選択信号は、相手の端末設備を指定するための信号であり、ダイヤルパルスと押しボタンダイヤル信号に大別される。

このうちダイヤルパルス方式は、ダイヤル番号と同一の数のパルスを断続させ、交換設備側でこのパルスの数をカウントすることによりダイヤル番号を識別する方式である。交換設備側で正しくパルス数がカウントできるよう、各ダイヤル番号のパルス列間の休止(ポーズ)時間の最小値(ミニマムポーズ)、断続するパルス列間の接時間と断時間の割合(ダイヤルパルスメーク率)が規定されている。

●押しボタンダイヤル信号の条件

押しボタンダイヤル信号は、低群周波数1つと高群周波数1つの組合せにより構成されている。低群と高群それぞれ4つの周波数が規定されているので、これらの組合せで16種類の押しボタンダイヤル信号が規定できる。現在一般的に使用されているのは、1〜9、0、#、*の12種類である。交換設備側では、受信した信号がどの周波数の組合せかを判定することでダイヤル番号を識別する。

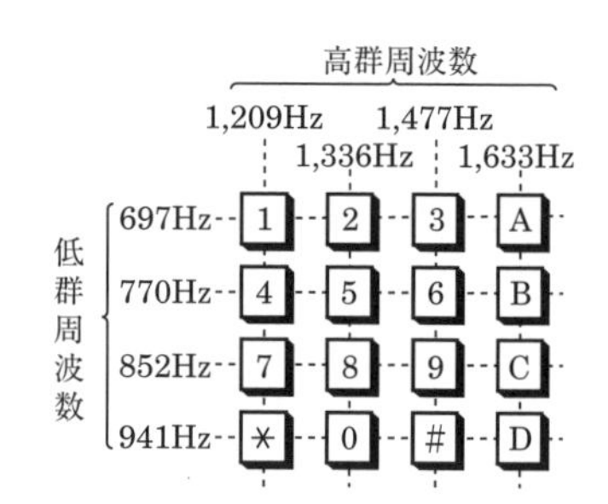

図4・5　押しボタンダイヤル信号の周波数

- 低群周波数 ―― **600Hz～1,000Hz**の範囲内にある特定の4つの周波数
- 高群周波数 ―― **1,200Hz～1,700Hz**の範囲内にある特定の4つの周波数

押しボタンダイヤル信号方式では、交換設備側で信号を正しく識別できるように信号周波数偏差、信号送出電力、信号送出時間、隣接する信号間の休止時間の最小値（ミニマムポーズ）、信号の周期などの条件が規定されている。

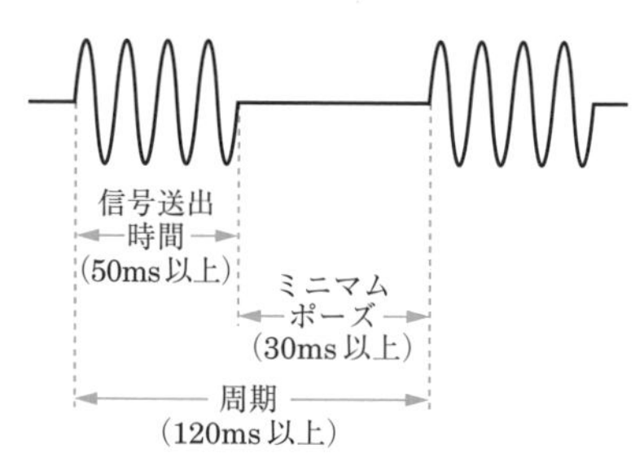

図4・6　押しボタンダイヤル信号の送出時間等

緊急通報機能

条文

第12条の2〔緊急通報機能〕

アナログ電話端末であって、通話の用に供するものは、電気通信番号規則別表第12号に掲げる緊急通報番号を使用した警察機関、海上保安機関又は消防機関への通報（以下「緊急通報」という。）を発信する機能を備えなければならない。

アナログ電話端末の他、移動電話端末（第28条の2）、インターネットプロトコル電話端末（第32条の6）、インターネットプロトコル移動電話端末（第32条の23）等も、緊急通報機能を備えることが義務づけられている。

送出電力

条文

第14条〔送出電力〕

アナログ電話端末の送出電力の許容範囲は、通話の用に供する場合を除き、別表第3号のとおりとする。

別表第3号　アナログ電話端末の送出電力の許容範囲(第14条関係)

項　目		アナログ電話端末の送出電力の許容範囲
4kHzまでの送出電力		－8dBm(平均レベル)以下で、かつ0dBm(最大レベル)を超えないこと。
不要送出レベル	4kHzから8kHzまで	－20dBm以下
	8kHzから12kHzまで	－40dBm以下
	12kHz以上の各4kHz帯域	－60dBm以下

注1　平均レベルとは、端末設備の使用状態における平均的なレベル(実効値)であり、最大レベルとは、端末設備の送出レベルが最も高くなる状態でのレベル(実効値)とする。
　2　送出電力及び不要送出レベルは、平衡600オームのインピーダンスを接続して測定した値を絶対レベルで表した値とする。
　3　dBmは、絶対レベルを表す単位とする。

端末設備からの送出電力がある値以上になると、他の電気通信回線への漏話が発生したり、電気通信回線設備に損傷を与えたりするおそれがあるので、これを防止するための規定である。

アナログ電話用設備はもともと音声の送出電力を対象として設計されているため、通話信号に対しては問題とはならないが、データ伝送用の変復調装置(モデム)の出力信号のように平均電力の大きい信号が送出されると他の電気通信回線に悪影響を及ぼす。したがって、本規定は、通話の用に供する端末設備には適用しないことになっている。

送出電力は4kHzごとに許容範囲が定められているが、これは、周波数分割多重方式の伝送路において通話チャネルを4kHzおきに配置しているからであり、多重時における他の電気通信回線への影響を考慮したものである。4kHzまでは通信に利用されるが、4kHz以上の周波数は本来、通信には必要のない高調波であるため不要送出レベルとしている。

また、別表第3号中の最大レベルの規定は、近端漏話を防止するために電力のピーク値を制限したものである。一方、平均レベルの規定は、アナログ伝送路における過負荷や歪みを防止するために定められたものである。平均レベルは、端末設備の使用状態における平均的な電力レベルであり、一般に3秒間を単位時間として測定を行う。

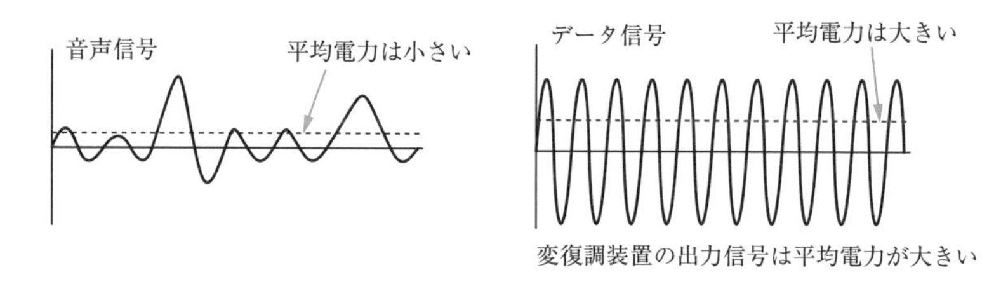

図4・7　音声信号とデータ信号の送出波形

漏話減衰量

条文

第15条〔漏話減衰量〕

複数の電気通信回線と接続されるアナログ電話端末の回線相互間の漏話減衰量は、**1,500ヘルツ**において**70デシベル以上**でなければならない。

本条は、アナログ電話端末の内部での漏話を防止するための規定である。**1,500Hz**において**70dB以上**という規定値は、他の利用者の通信に妨害を与えないという観点から、実態を考慮して定められたものである。

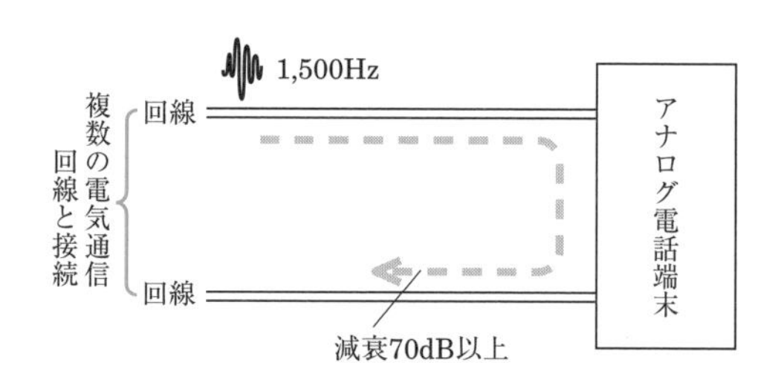

図4・8　漏話減衰量

練習問題

【1】アナログ電話端末の「選択信号の条件」において、押しボタンダイヤル信号の高群周波数は、（ア）までの範囲内における特定の四つの周波数で規定されている。

［① 1,200ヘルツから1,700ヘルツ
② 1,300ヘルツから2,000ヘルツ
③ 1,500ヘルツから2,500ヘルツ］

答（ア）①

2. 移動電話端末

基本的機能

条文

第17条〔基本的機能〕

移動電話端末は、次の機能を備えなければならない。

(1)　発信を行う場合にあっては、発信を要求する信号を送出するものであること。

(2)　応答を行う場合にあっては、応答を確認する信号を送出するものであること。

(3)　通信を終了する場合にあっては、チャネル(通話チャネル及び制御チャネルをいう。以下同じ。)を切断する信号を送出するものであること。

移動電話端末は、一般の端末設備とは異なり、電気通信回線設備と電波で接続される。本条は、移動電話端末に対して、次の基本的機能を備えるよう義務づけている。

●発信を行う場合

発信を要求する信号を送出する機能。

●応答を行う場合

応答を確認する信号を送出する機能。

●通信を終了する場合

チャネル(通話チャネルおよび制御チャネルをいう。)を切断する信号を送出する機能。

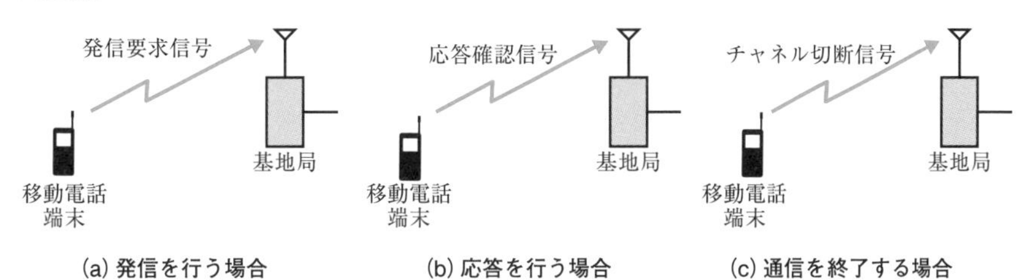

図4・9　移動電話端末の基本的機能

発信の機能

重要　**第18条〔発信の機能〕**　条文

移動電話端末は、発信に関する次の機能を備えなければならない。

(1)　発信に際して相手の端末設備からの応答を自動的に確認する場合にあっては、電気通信回線からの応答が確認できない場合**選択信号送出終了後1分以内**にチャネルを切断する信号を送出し、送信を停止するものであること。

(2) 自動再発信を行う場合にあっては、その回数は**2回以内**であること。ただし、最初の発信から**3分**を超えた場合にあっては、別の発信とみなす。

(3) 前号の規定は、火災、盗難その他の非常の場合にあっては、適用しない。

本条は、アナログ電話端末の発信の機能（第11条）に対応したものであるが、ここでは、発呼から選択信号送出までの時間が規定されていないことと、相手の端末設備からの応答の自動確認時間が「1分以内」となっていることに注意する必要がある。

●相手端末の応答の自動確認

相手の端末設備からの応答を自動的に確認する場合において、電気通信回線からの応答が確認できない場合は、**選択信号送出終了後1分以内**にチャネルを切断する信号を送出することとしている。

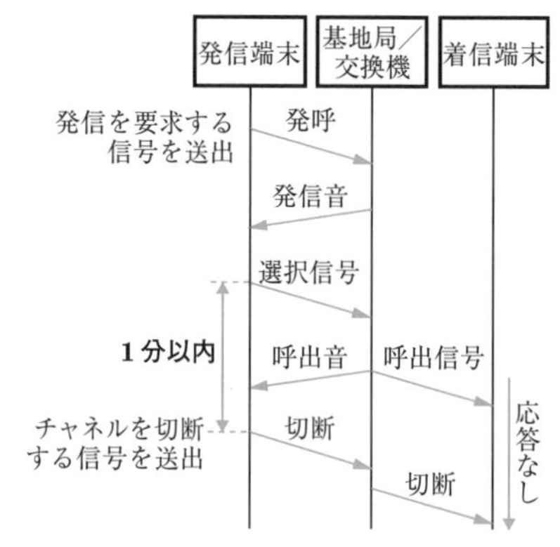

図4・10　相手端末の応答の自動確認

●自動再発信

自動的に行う再発信の回数は、2回以内としている。ただし、最初の発信から3分を超えた場合や、火災、盗難その他の非常事態の場合は、この規定から除かれている(つまり自動再発信の回数は3回以上でもよい)。

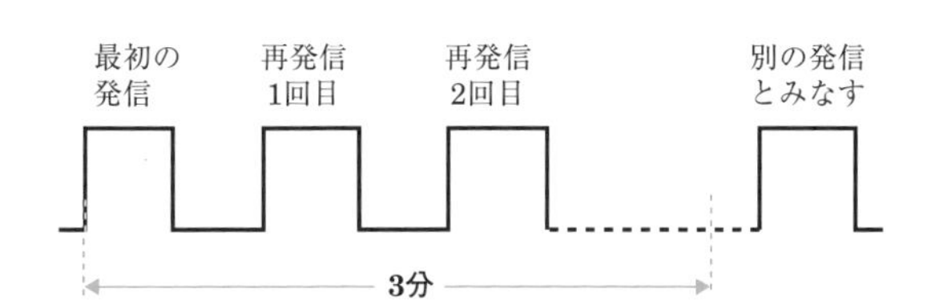

図4・11　自動再発信の回数

送信タイミング

条文

第19条〔送信タイミング〕

移動電話端末は、総務大臣が別に告示する条件に適合する送信タイミングで送信する機能を備えなければならない。

送信タイミングは、移動電話端末が使用する無線設備ごとに規定されている。

漏話減衰量

条文

第31条〔漏話減衰量〕

複数の電気通信回線と接続される移動電話端末の回線相互間の漏話減衰量は、1,500ヘルツにおいて70デシベル以上でなければならない。

漏話減衰量の規定値は、アナログ電話端末および専用通信回線設備等端末の場合も同じである(第15条、第34条の9)。

3. インターネットプロトコル電話端末

基本的機能

重要　第32条の2〔基本的機能〕　条文

インターネットプロトコル電話端末は、次の機能を備えなければならない。

(1) 発信又は応答を行う場合にあっては、呼の設定を行うためのメッセージ又は当該メッセージに対応するためのメッセージを送出するものであること。

(2) 通信を終了する場合にあっては、呼の切断、解放若しくは取消しを行うためのメッセージ又は当該メッセージに対応するためのメッセージ(以下「通信終了メッセージ」という。)を送出するものであること。

インターネットプロトコル電話端末とは、IP電話システムに対応した電話機(IP電話機など)を指す。移動電話端末と同様に、基本的機能として、発信、応答、および通信終了を行う場合について規定されている。

発信の機能

重要　第32条の3〔発信の機能〕　条文

インターネットプロトコル電話端末は、発信に関する次の機能を備えなければならない。

(1) 発信に際して相手の端末設備からの応答を自動的に確認する場合にあっては、電気通信回線からの応答が確認できない場合呼の設定を行うためのメッセージ送出終了後2分以内に通信終了メッセージを送出するものであること。

(2) 自動再発信を行う場合(自動再発信の回数が15回以内の場合を除く。)にあっては、その回数は最初の発信から3分間に2回以内であること。この場合において、最初の発信から3分を超えて行われる発信は、別の発信とみなす。

(3)　前号の規定は、火災、盗難その他の非常の場合にあっては、適用しない。

●相手端末の応答の自動確認

相手の端末設備からの応答を自動的に確認する場合において、電気通信回線からの応答が確認できないとき、呼の設定を行うためのメッセージを送出終了後2分以内に、通信終了メッセージを送出することとしている。

●自動再発信

自動的に行う再発信の回数は、最初の発信から3分間に2回以内としている。ただし、最初の発信から3分を超えて行われる発信や、自動再発信の回数が15回以内のものについては、この規定は適用されない。さらに、火災、盗難その他の非常事態の場合も、この規定から除かれている。

識別情報登録

条文

第32条の4〔識別情報登録〕

インターネットプロトコル電話端末のうち、識別情報(インターネットプロトコル電話端末を識別するための情報をいう。以下同じ。)の登録要求(インターネットプロトコル電話端末が、インターネットプロトコル電話用設備に識別情報の登録を行うための要求をいう。以下同じ。)を行うものは、識別情報の登録がなされない場合であって、再び登録要求を行おうとするときは、次の機能を備えなければならない。

(1)　インターネットプロトコル電話用設備からの待機時間を指示する信号を受信する場合にあっては、当該待機時間に従い登録要求を行うための信号を送信するものであること。

(2)　インターネットプロトコル電話用設備からの待機時間を指示する信号を受信しない場合にあっては、端末設備ごとに適切に設定された待機時間の後に登録要求を行うための信号を送信するものであること。

2　前項の規定は、火災、盗難その他の非常の場合にあっては、適用しない。

インターネットプロトコル電話端末のうち、識別情報の登録要求を行う端末に関する規定である。識別情報の登録がなされない場合において、再び登録要求を行おうとするときは、原則として次の機能を備えなければならない。

●インターネットプロトコル電話用設備からの待機時間を指示する信号を受信する場合

当該待機時間に従い、登録要求を行うための信号を送出する機能。

●インターネットプロトコル電話用設備からの待機時間を指示する信号を受信しない場合

端末設備ごとに設定された待機時間の後に、登録要求を行うための信号を送出する機能。

電気的条件等

条文

第32条の7〔電気的条件等〕

インターネットプロトコル電話端末は、総務大臣が別に告示する電気的条件及び光学的条件のいずれかの条件に適合するものでなければならない。

2 インターネットプロトコル電話端末は、電気通信回線に対して直流の電圧を加えるものであってはならない。ただし、前項に規定する総務大臣が別に告示する条件において直流重畳が認められる場合にあっては、この限りでない。

インターネットプロトコル電話端末の電気的条件および光学的条件は、総務大臣の告示で定められている。たとえば光伝送路インタフェースのインターネットプロトコル電話端末の光出力は、伝送路速度が6.312Mb/s以下の場合、－7dBm(平均レベル)以下でなければならないとされている。

練習問題

【1】インターネットプロトコル電話端末は、発信に際して相手の端末設備からの応答を自動的に確認する場合にあっては、電気通信回線からの応答が確認できない場合呼の設定を行うためのメッセージ送出終了後 (ア) 以内に通信終了メッセージを送出するものでなければならない。

[①1分 ②2分 ③3分]

答 (ア) ②

4. インターネットプロトコル移動電話端末

基本的機能

条文

重要 第32条の10〔基本的機能〕

インターネットプロトコル移動電話端末は、次の機能を備えなければならない。

(1) 発信を行う場合にあっては、発信を要求する信号を送出するものであること。

(2) 応答を行う場合にあっては、応答を確認する信号を送出するものであること。

(3) 通信を終了する場合にあっては、チャネルを切断する信号を送出するものであること。

(4) 発信又は応答を行う場合にあっては、呼の設定を行うためのメッセージ又は当該メッセージに対応するためのメッセージを送出するものであること。

(5) 通信を終了する場合にあっては、通信終了メッセージを送出するものであること。

インターネットプロトコル移動電話端末とは、IP移動電話(VoLTE：Voice over LTE)方式の電気通信設備に接続される端末のことをいう。VoLTEは、第3世代携帯電話のデータ通信を高速化した規格であるLTE(Long Term Evolution)のネットワークを使用する。VoLTE方式では、音声通信とデータ通信が統合されるので設備が簡素化される。

インターネットプロトコル移動電話端末が備えるべき基本的機能として、発信、応答、および通信終了を行う場合について規定されている。上記条文の(1)～(3)は無線回線制御に関する機能であり、(4)および(5)は呼制御に関する機能である。

条文

重要 第32条の11〔発信の機能〕

インターネットプロトコル移動電話端末は、発信に関する次の機能を備えなければならない。

⑴　発信に際して相手の端末設備からの応答を自動的に確認する場合にあっては、電気通信回線からの応答が確認できない場合呼の設定を行うためのメッセージ送出終了後128秒以内に通信終了メッセージを送出するものであること。
⑵　自動再発信を行う場合にあっては、その回数は3回以内であること。ただし、最初の発信から3分を超えた場合にあっては、別の発信とみなす。
⑶　前号の規定は、火災、盗難その他の非常の場合にあっては、適用しない。

●相手端末の応答の自動確認

相手の端末設備からの応答を自動的に確認する場合において、電気通信回線からの応答が確認できないとき、呼の設定を行うためのメッセージを送出終了後128秒以内に、通信終了メッセージを送出することとしている。

●自動再発信

自動的に行う再発信の回数は、3回以内としている。ただし、最初の発信から3分を超えて行われる発信や、火災、盗難その他の非常事態の場合については、この規定は適用されない。

条文

第32条の12〔送信タイミング〕

インターネットプロトコル移動電話端末は、総務大臣が別に告示する条件に適合する送信タイミングで送信する機能を備えなければならない。

送信タイミングは、通信方式ごとに定められている。たとえばLTE方式では、インターネットプロトコル移動電話用設備から受信したフレームに同期させ、かつ、インターネットプロトコル移動電話用設備から指定されたサブフレームにおいて送信を開始するものとし、その送信の開始時点の偏差は±130ns（ナノ秒）の範囲でなければならないとされている。

5. 専用通信回線設備等端末

電気的条件等

条文

重要 **第34条の8〔電気的条件等〕**

専用通信回線設備等端末は、総務大臣が別に告示する電気的条件及び光学的条件のいずれかの条件に適合するものでなければならない。

2　専用通信回線設備等端末は、電気通信回線に対して直流の電圧を加えるものであってはならない。ただし、前項に規定する総務大臣が別に告示する条件において直流重畳が認められる場合にあっては、この限りでない。

インターネットプロトコル電話端末の場合(第32条の7)と同様、専用通信回線設備等端末の電気的条件および光学的条件は、告示で具体的に定められている。

漏話減衰量

条文

重要 **第34条の9〔漏話減衰量〕**

複数の電気通信回線と接続される専用通信回線設備等端末の回線相互間の漏話減衰量は、1,500ヘルツにおいて70デシベル以上でなければならない。

アナログ電話端末および移動電話端末の場合と同様に、漏話減衰量は1,500Hzにおいて70dB以上と規定されている。

練習問題

【1】専用通信回線設備等端末は、総務大臣が別に告示する電気的条件及び （ア） 条件のいずれかの条件に適合するものでなければならない。
［① 機械的　② 光学的　③ 磁気的］

答（ア）②

実戦演習問題 

次の各文章の ＿＿ 内に、それぞれの[　　]の解答群の中から、「端末設備等規則」に規定する内容に照らして最も適したものを選び、その番号を記せ。

1 アナログ電話端末の「選択信号の条件」における押しボタンダイヤル信号について述べた次の文章のうち、誤っているものは、 (ア) である。

[① ダイヤル番号の周波数は、低群周波数のうちの一つと高群周波数のうちの一つとの組合せで規定されている。
② 低群周波数は、600ヘルツから900ヘルツまでの範囲内における特定の四つの周波数で規定されている。
③ ミニマムポーズとは、隣接する信号間の休止時間の最小値をいう。]

2 アナログ電話端末であって、通話の用に供するものは、電気通信番号規則に掲げる緊急通報番号を使用した警察機関、 (イ) 機関又は消防機関への通報（「緊急通報」という。）を発信する機能を備えなければならない。

[① 医　療　② 海上保安　③ 気　象]

3 移動電話端末は、発信に際して相手の端末設備からの応答を自動的に確認する場合にあっては、電気通信回線からの応答が確認できない場合 (ウ) 後1分以内にチャネルを切断する信号を送出し、送信を停止するものでなければならない。

[① 通信路設定完了　② 選択信号送出終了　③ 周波数捕捉完了]

4 インターネットプロトコル電話端末の「基本的機能」について述べた次の二つの文章は、 (エ) 。

A　発信又は応答を行う場合にあっては、呼の設定を行うためのメッセージ又は当該メッセージに対応するためのメッセージを送出するものであること。

B　通信を終了する場合にあっては、呼の切断、解放若しくは取消しを行うためのメッセージ又は当該メッセージに対応するためのメッセージ（「通信終了メッセージ」という。）を送出するものであること。

[① Aのみ正しい　② Bのみ正しい　③ AもBも正しい　④ AもBも正しくない]

5 専用通信回線設備等端末は、 (オ) に対して直流の電圧を加えるものであってはならない。ただし、総務大臣が別に告示する条件において直流重畳が認められる場合にあっては、この限りでない。

[① 電気通信回線　② 配線設備　③ 他の端末設備]

実戦演習問題 4-2

次の各文章の　　　内に、それぞれの[　]の解答群の中から、「端末設備等規則」に規定する内容に照らして最も適したものを選び、その番号を記せ。

1 アナログ電話端末の（ア）は、発信又は応答を行うとき閉じ、通信が終了したとき開くものでなければならない。

[① 直流回路　② 受話回路　③ 電源回路]

2 アナログ電話端末の「選択信号の条件」における押しボタンダイヤル信号について述べた次の文章のうち、正しいものは、（イ）である。

[① 周期とは、信号送出時間とミニマムポーズの和をいう。
② 高群周波数は、1,300ヘルツから1,700ヘルツまでの範囲内における特定の四つの周波数で規定されている。
③ 数字又は数字以外を表すダイヤル番号として規定されている総数は、12種類である。]

3 インターネットプロトコル移動電話端末の「送信タイミング」又は「発信の機能」について述べた次の文章のうち、誤っているものは、（ウ）である。

[① インターネットプロトコル移動電話端末は、総務大臣が別に告示する条件に適合する送信タイミングで送信する機能を備えなければならない。
② 発信に際して相手の端末設備からの応答を自動的に確認する場合にあっては、電気通信回線からの応答が確認できない場合呼の設定を行うためのメッセージ送出終了後128秒以内に通信終了メッセージを送出するものであること。
③ 自動再発信を行う場合にあっては、その回数は5回以内であること。ただし、最初の発信から3分を超えた場合にあっては別の発信とみなす。
なお、この規定は、火災、盗難その他の非常の場合にあっては、適用しない。]

4 専用通信回線設備等端末について述べた次の二つの文章は、（エ）。

A　複数の電気通信回線と接続される専用通信回線設備等端末の回線相互間の漏話減衰量は、1,500ヘルツにおいて50デシベル以上でなければならない。

B　専用通信回線設備等端末は、総務大臣が別に告示する電気的条件及び光学的条件のいずれかの条件に適合するものでなければならない。

[① Aのみ正しい　② Bのみ正しい　③ AもBも正しい　④ AもBも正しくない]

5 移動電話端末は、基本的機能として、発信を行う場合にあっては、（オ）する信号を送出する機能を備えなければならない。

[① 発信を要求　② チャネルを確認　③ 登録位置を確認]

実戦演習問題 解答＆解説

[電気通信技術の基礎]

第1章　電気回路

(1－1)

(ア)　③　42

解説　設問の回路において抵抗R_2、R_3に流れる電流をそれぞれI_2、I_3とする。このとき、$I_2R_2 = I_3R_3$であるから(*)、I_3を求めると、

$$I_3 = \frac{I_2R_2}{R_3} = \frac{4\times3}{2} = \frac{12}{2} = 6〔A〕$$

ここで、$I_2 + I_3 = 4 + 6 = 10$〔A〕が回路の電流Iであるから、電池Eの電圧は、次のようになる。

$$E = R（回路の合成抵抗）\times I（回路の電流）$$
$$= \left(\frac{R_2R_3}{R_2+R_3} + R_1\right)\times 10$$
$$= \left(\frac{3\times2}{3+2} + 3\right)\times 10$$
$$= \left(\frac{6}{5} + \frac{15}{5}\right)\times 10 = \frac{21}{5}\times 10$$
$$= 4.2\times 10 = \mathbf{42}〔V〕$$

(*)抵抗R_2とR_3は並列に接続されているので、それぞれに加わる電圧の値は同じである。

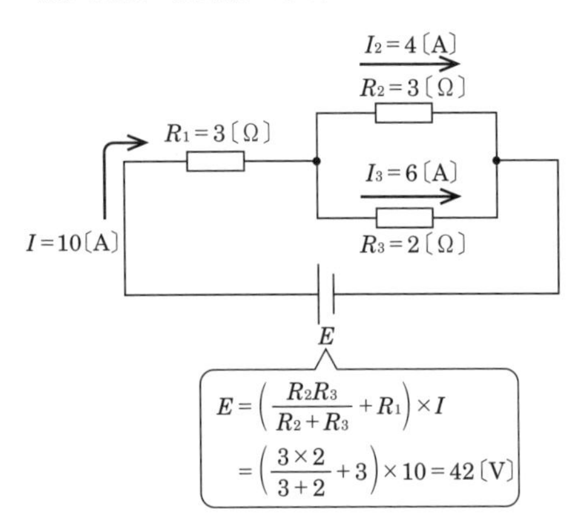

図1

(イ)　②　4

解説　抵抗Rと容量性リアクタンスX_Cの直列回路の合成インピーダンスZの大きさは、次式で求められる。

$$Z = \sqrt{R^2 + X_C{}^2}〔Ω〕$$

上式に$R = 15$〔Ω〕、$X_C = 8$〔Ω〕を代入してZを求めると、

$$Z = \sqrt{15^2 + 8^2} = \sqrt{225+64} = \sqrt{289} = 17〔Ω〕$$

ここで、端子a－b間に流れる電流Iは、

$$I = \frac{V}{Z}〔A〕$$

であるから、$V = 68$〔V〕、$Z = 17$〔Ω〕を代入すると、次のようになる。

$$I = \frac{68}{17} = \mathbf{4}〔A〕$$

(ウ)　②　引き合う力が働く

解説　帯電した物質のことを「帯電体」という。電荷を帯びていない導体球に帯電体を近づけると、両者の間には**引き合う力が働く**。

(エ)　①　$\frac{F}{R}$

☞ 19頁「起磁力と磁気回路」

(1－2)

(ア)　③　10

解説　設問の回路は、図2のように書き換えることができる。それぞれの接続点をc、d、e、fとし、各端子間の合成抵抗を順次求めて、端子a－b間の合成抵抗を求める。

端子d－e間の合成抵抗R_{de}は、

$$R_{de} = \frac{12\times6}{12+6} = \frac{72}{18} = 4〔Ω〕$$

端子c－e間の合成抵抗R_{ce}は、

$$R_{ce} = 8 + 4 = 12〔Ω〕$$

端子c－f間の合成抵抗R_{cf}は、

$$R_{cf} = \frac{12\times4}{12+4} = \frac{48}{16} = 3〔Ω〕$$

したがって、端子a－b間の合成抵抗R_{ab}は、

$$R_{ab} = 7 + 3 = \mathbf{10}〔Ω〕$$

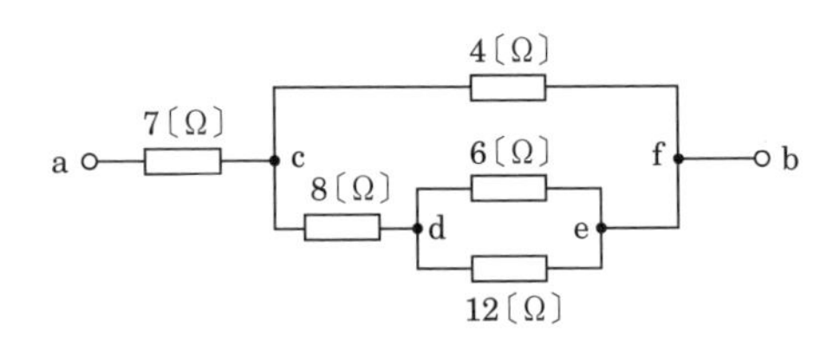

図2

(イ) ① 20

解説 設問の回路は、誘導性リアクタンスX_Lと容量性リアクタンスX_Cの直列回路である。この回路において、端子a－b間の合成インピーダンスZは次のように求められる。

$$Z=\sqrt{(X_L-X_C)^2}=\sqrt{(7-3)^2}=\sqrt{4^2}=4〔\Omega〕$$

したがって、回路に流れる交流電流Iが5〔A〕であるとき、端子a－b間の交流電圧Vは次のようになる。

$$V=IZ=5\times4=\mathbf{20}〔V〕$$

(ウ) ① 人差し指を磁界、中指を電流

☞ 17頁「電磁力」

(エ) ② $\frac{1}{3}$

解説 導線の抵抗Rは、長さlに比例し、断面積Sに反比例する。物質固有の抵抗率をρとしたとき、抵抗Rは次式で表される。

$$R=\frac{\rho\cdot l}{S}〔\Omega〕\cdots\cdots（*）$$

ここで、長さlと抵抗率ρが一定で、断面積Sを3倍にしたときの抵抗R_0は、（*）の式より次のように表される。

$$R_0=\frac{\rho\cdot l}{3S}$$

したがって、断面積を3倍にしたとき、導線の抵抗は、$\mathbf{\frac{1}{3}}$倍になる。

第2章 電子回路

(2－1)

(ア) ① 正孔

☞ 46頁「多数キャリアと少数キャリア」

(イ) ③ 上昇すると小さくなる

☞ 44頁「半導体の性質」

(ウ) ② 増幅

解説 設問のようなエミッタ接地の回路では、ベースを入力電極、コレクタを出力電極としているので、ベース電流I_Bの変化に対してコレクタ電流I_Cが大きく変化する。この現象は、トランジスタの**増幅**作用と呼ばれている。

(エ) ① 順方向の電圧

☞ 50頁「ダイオードの応用」

(オ) ③ 直流電流

解説 バイアス回路は、トランジスタの動作点の設定を行うために必要な**直流電流**を供給する回路である。トランジスタ増幅回路は、ベースにバイアス電圧を加え一定の直流電流を流し、そこに入力信号（交流）を加えることによって増幅が可能となる。

(2－2)

(ア) ② 空乏層

☞ 47頁「pn接合の整流作用」

(イ) ②

解説 それぞれの回路中のダイオードの両端の電圧から、V_Iがダイオードによって遮断（しゃだん）される電圧を考える。V_Iが遮断されると、V_Oは電池の起電力と等しくなる。

①は、V_Iが＋Eを超えると遮断される。

②は、V_Iが－Eを下回ると遮断される。

③は、V_Iが＋Eを下回ると遮断される。

④は、V_Iが－Eを超えると遮断される。

したがって、設問の図2－bと一致するものは、②である。

(ウ) ① エミッタ

解説 トランジスタ回路の接地方式のうち、電力増幅度（電力利得）が最も大きく、入力電圧と出力電圧が逆位相となるのは、**エミッタ**接地方式である。

(エ) ① 抵抗値

☞ 49頁「ダイオードの応用」

(オ) ② 2.59

解説 トランジスタにおけるエミッタ電流I_E、ベース電流I_B、コレクタ電流I_Cの間には次の関係がある。

$$I_E=I_B+I_C$$

上式に$I_E=2.62$〔mA〕、$I_B=30$〔μA〕$=0.03$〔mA〕を代入してI_Cを求めると、次のようになる。

$$I_C=I_E-I_B=2.62-0.03=\mathbf{2.59}〔mA〕$$

（参考：1〔mA〕＝1,000〔μA〕）

第3章　論理回路

(3−1)

(ア)　③　$\overline{A}\cdot B\cdot C$

解説　設問の図1−a、図1−b、および図1−cの斜線部分を示す論理式の論理積をベン図で示す。図1−a〜図1−cのいずれにおいても共通して斜線になっている領域を求めればよいので、図3の右辺のようになる。

したがって正解は、$\overline{\mathbf{A}}\cdot\mathbf{B}\cdot\mathbf{C}$である。

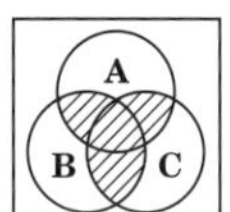

(設問の図1−a)

・

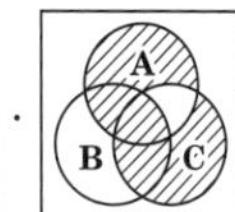

(設問の図1−b)

・

(設問の図1−c)

＝

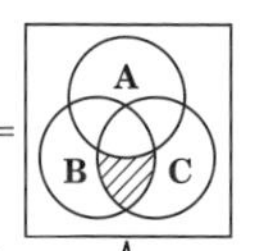

図3

(イ)　③　**768**

解説　10進数では、1と1を足し合わせると2になる$(1+1=2)$。しかし、2進数では1と1を足し合わせると桁が上がり、10となる$(1+1=10)$。したがって、2進数の加算は、最下位の桁の位置(右端)をそろえて、下位の桁から順に桁上がりを考慮しながら行う必要がある。

設問のX_1(110101011)とX_2(101010101)を足し合わせた値X_0は、図4に示すように10桁の2進数1100000000となる。

$$
\begin{array}{rl}
110101011 & \cdots\cdots X_1 \\
+)\ 101010101 & \cdots\cdots X_2 \\
\hline
1100000000 & \cdots\cdots X_0
\end{array}
$$

図4

次に、この10桁の2進数1100000000を10進数に変換すると、次のようになる。

2^9の位	2^8の位	2^7の位	2^6の位	2^5の位	2^4の位	2^3の位	2^2の位	2^1の位	2^0の位
↓	↓	↓	↓	↓	↓	↓	↓	↓	↓
1	1	0	0	0	0	0	0	0	0

$= 2^9\times1+2^8\times1+2^7\times0+2^6\times0+2^5\times0+$
$2^4\times0+2^3\times0+2^2\times0+2^1\times0+2^0\times0$
$= 512+256+0+0+0+0+0+0+0+0$
$= \mathbf{768}$

(ウ)　③

解説　設問の図1−eの入出力の関係を表で示すと、表1のようになる。この表1を整理して、さらに入力a、入力b、出力cの論理レベルの関係を表した真理値表を作成すると、表2のようになる。

表1　図1−dの論理回路の入出力

入力	a	0	0	1	1	0	0	1	1
	b	0	1	0	1	0	1	0	1
出力	c	0	1	1	1	0	1	1	1

表2　図1−dの論理回路の真理値表

入力	a	0	0	1	1
	b	0	1	0	1
出力	c	0	1	1	1

次に、設問の図1−dの論理回路の入力a、b、および出力cに表2の真理値表の論理レベルをそれぞれ代入すると、各論理素子における論理レベルの変化は図5のようになる。

この図5に示すように、論理素子Mの入力端子の一方を点d、他方を点eと定め、入力a、bの入力条件に対応した点d、eおよび出力cの真理値表を作ると表3のようになる。この表から、Mは③のNANDであることがわかる。

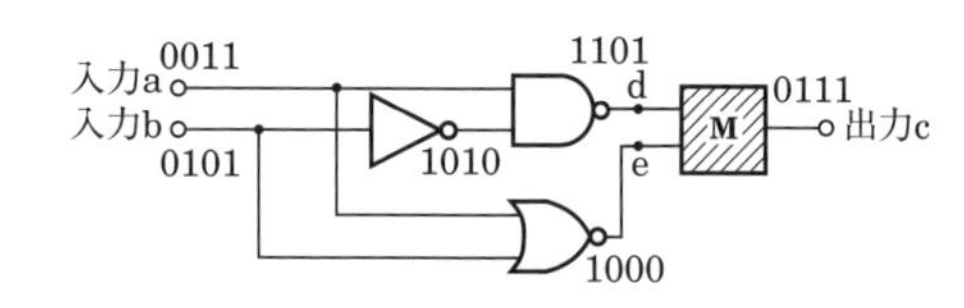

図5

表3　論理素子Mに関する真理値表

入力		空欄Mの入力		出力
a	b	d	e	c
0	0	1	1	0
0	1	1	0	1
1	0	0	0	1
1	1	1	0	1

Mの入出力
└→NANDの関係

(エ)　①　$A+\overline{C}$

解説　$X=(A+\overline{B})\cdot(A+\overline{C})+(A+B)\cdot(A+\overline{C})$
$=A\cdot A+A\cdot\overline{C}+\overline{B}\cdot A+\overline{B}\cdot\overline{C}+$
$A\cdot A+A\cdot\overline{C}+B\cdot A+B\cdot\overline{C}$
$=A+A\cdot\overline{C}+\overline{B}\cdot A+\overline{B}\cdot\overline{C}+A+$
$A\cdot\overline{C}+B\cdot A+B\cdot\overline{C}$

$= A + A \cdot \overline{C} + \overline{B} \cdot A + \overline{B} \cdot \overline{C} + B \cdot A + B \cdot \overline{C}$

$= A \cdot (1 + \overline{C} + \overline{B} + B) + \overline{C} \cdot (\overline{B} + B)$

$= A \cdot 1 + \overline{C} \cdot 1$

$= \mathbf{A + \overline{C}}$

(3－2)

(ア)　①　図2－a

解説　設問文で与えられた論理式$A \cdot \overline{B} + B \cdot \overline{C} + \overline{B} \cdot C$を、論理和の記号"＋"で区切られた項ごとに考えていくとわかりやすい。まず、第1項の$A \cdot \overline{B}$の範囲をベン図で表すと、図6のようになる。次に、第2項の$B \cdot \overline{C}$の範囲、第3項の$\overline{B} \cdot C$の範囲をベン図で表すと、それぞれ図7、図8のようになる。

したがって、第1項と第2項と第3項の論理和である$A \cdot \overline{B} + B \cdot \overline{C} + \overline{B} \cdot C$は図9のようになり、**図2－a**が正解となる。

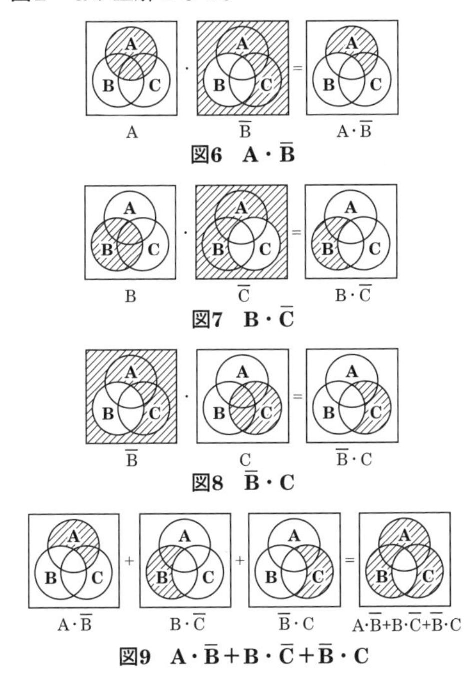

図6　$A \cdot \overline{B}$

図7　$B \cdot \overline{C}$

図8　$\overline{B} \cdot C$

図9　$A \cdot \overline{B} + B \cdot \overline{C} + \overline{B} \cdot C$

(イ)　②　119

解説　論理和では、2値論理演算においてすべての入力値が"0"のとき出力が"0"となり、1つでも入力値に"1"があれば出力は"1"となる。複数桁の2進数について論理和を求める場合は、桁ごとに計算する。また、論理演算なので、桁の繰り上がりが発生しないことに注意する。

設問の2進数X_1、X_2について論理和を求めると、次のようになる。

```
      1110011  ←……  X1
  OR) 1010101  ←……  X2
  ───────────
      1110111  ……→  出力
```

図10

次に、これを10進数に変換すると、以下のようになる。

$1110111 = 2^6 \times 1 + 2^5 \times 1 + 2^4 \times 1 + 2^3 \times 0 + 2^2 \times 1 + 2^1 \times 1 + 2^0 \times 1$

$= 64 + 32 + 16 + 0 + 4 + 2 + 1$

$= \mathbf{119}$

(ウ)　④

解説　設問の図2－eの入出力の関係を表で示すと、表4のようになる。この表4を整理して、さらに入力a、入力b、出力cの論理レベルの関係を表した真理値表を作成すると、表5のようになる。

表4　図2－dの論理回路の入出力

入力	a	0	0	1	1	0	0	1	1
	b	0	1	0	1	0	1	0	1
出力	c	1	0	1	1	1	0	1	1

表5　図2－dの論理回路の真理値表

入力	a	0	0	1	1
	b	0	1	0	1
出力	c	1	0	1	1

次に、設問の図2－dの論理回路の入力a、b、および出力cに表5の真理値表の論理レベルをそれぞれ代入すると、各論理素子における論理レベルの変化は図11のようになる。NAND素子の片方の入力(e点)は、論理素子Mが確定していないため不明であるが、他方の入力(f点)と出力cから推定することができる。

ここで、すべての入力が"1"の場合のみ出力が"0"となり、少なくとも1つの入力が"0"のとき出力が"1"になるというNAND素子の性質を利用すると、入力fが1、1、0、1で、出力cが1、0、1、1であるとき、入力eの論理レベルは、0、1、*、0(*は0または1のどちらかの値をとる。)となる。この結果から、論理素子Mの入出力に関する真理値表を作成すると、表6のようになる。

したがって、解答群中、Mに該当する論理素子は④のANDであることがわかる。

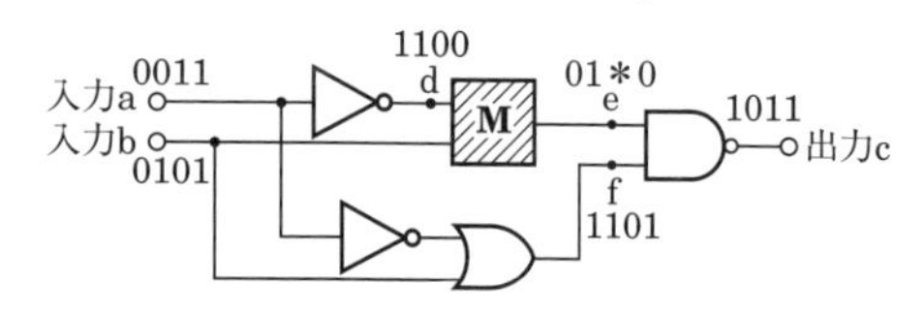

図11

表6　論理素子Mに関する真理値表

空欄Mの入力		NANDの入力		出力
b	d	e	f	c
0	1	0	1	1
1	1	1	1	0
0	0	＊	0	1
1	0	0	1	1

Mの入力　Mの出力（＊は0または1）

ANDの関係

(エ) ①　$\overline{A}+\overline{B}$

解説

$$X=\overline{(A+\overline{B})\cdot(B+\overline{C})}+\overline{(A+B)\cdot(B+C)}$$
$$=\overline{(A+\overline{B})}+\overline{(B+\overline{C})}+\overline{(A+B)}+\overline{(B+C)}$$
$$=\overline{A}\cdot\overline{\overline{B}}+\overline{B}\cdot\overline{\overline{C}}+\overline{A}\cdot\overline{B}+\overline{B}\cdot\overline{C}$$
$$=\overline{A}\cdot B+\overline{B}\cdot C+\overline{A}\cdot\overline{B}+\overline{B}\cdot\overline{C}$$
$$=\overline{A}\cdot(B+\overline{B})+\overline{B}\cdot(C+\overline{C})$$
$$=\overline{A}\cdot 1+\overline{B}\cdot 1$$
$$=\overline{\mathbf{A}}+\overline{\mathbf{B}}$$

第4章　伝送理論

(4－1)

(ア) ③　1.2

解説　電気通信回線への入力電力をP_I〔mW〕、出力電力(電力計の読み)をP_O〔mW〕、増幅器の利得をG〔dB〕、伝送損失をL〔dB〕とすると、発振器から電力計までの伝送量A〔dB〕は、次式で表される。

$$A=10\log_{10}\frac{P_O}{P_I}=-L+G〔dB〕$$

上式に$P_I=25$〔mW〕、$P_O=2.5$〔mW〕、$G=26$〔dB〕を代入してLを求めると、

$$A=10\log_{10}\frac{2.5}{25}=-L+26〔dB〕$$

$$\rightarrow\ 10\log_{10}\frac{1}{10}=-L+26$$
$$\rightarrow\ 10\log_{10}10^{-1}=-L+26$$
$$\rightarrow\ 10\times(-1)=-L+26$$
$$\rightarrow\ -10=-L+26$$
$$\therefore\ L=10+26=36〔dB〕$$

（参考：$\log_{10}\frac{1}{10}=\log_{10}10^{-1}=-1$）

したがって、電気通信回線全体(20km＋10km＝30km)の伝送損失が36〔dB〕であるから、1〔km〕当たりの伝送損失は、36〔dB〕÷30〔km〕＝**1.2**〔dB／km〕となる。

(イ) ③　AもBも正しい

☞ 87頁「漏話の原因」

(ウ) ①　$\frac{V_R}{V_F}$

☞ 85頁「反射」

(エ) ②　10

解説　1mW(ミリワット)を基準電力としたときの絶対レベル〔dBm〕は次式で表される。

$$絶対レベル〔dBm〕=10\log_{10}\frac{P〔mW〕}{1〔mW〕}$$

この式に、設問で与えられた絶対レベルの値すなわち10〔dBm〕を代入すると、次のようになる。

$$10=10\log_{10}\frac{P}{1}\ \rightarrow\ 1=\log_{10}P$$

$$\therefore\ P=\mathbf{10}〔mW〕$$

（参考：$\log_{10}10=1$）

(4－2)

(ア) ②　16

解説　電気通信回線への入力電力をP_I〔mW〕、出力電力(電力計の読み)をP_O〔mW〕、増幅器の利得をG〔dB〕、伝送損失をL〔dB〕とすると、発振器から電力計までの伝送量A〔dB〕は、次式で表される。

$$A=10\log_{10}\frac{P_O}{P_I}=-L+G〔dB〕\ \cdots\cdots\ (＊)$$

設問文より、1〔km〕当たり0.9〔dB〕の伝送損失が生じることから、電気通信回線全体(32km＋8km＝40km)の伝送損失Lは、

$$L=40\times0.9=36〔dB〕$$

となる。ここで(＊)の式にP_I=160〔mW〕、P_O＝1.6〔mW〕、L ＝ 36〔dB〕を代入してGを求めると、

$$A = 10\ log_{10}\frac{1.6}{160} = -36 + G〔dB〕$$

$$\rightarrow\ 10\ log_{10}\frac{1}{100} = -36 + G$$

$$\rightarrow\ 10\ log_{10}10^{-2} = -36 + G$$

$$\rightarrow\ 10 \times (-2) = -36 + G$$

$$\rightarrow\ -20 = -36 + G$$

$$\therefore\ G = 36 - 20 = \mathbf{16}〔dB〕$$

（参考：$log_{10}\frac{1}{100} = log_{10}10^{-2} = -2$）

(イ) ② 遠端

☞ 87頁「漏話現象」

(ウ) ③ $Z_2 = \infty$

☞ 86頁「反射」

(エ) ① $10\ log_{10}\frac{P_S}{P_N}$

☞ 90頁「雑音」

第5章　伝送技術

(5－1)

(ア) ② FSK

☞ 98頁「周波数変調方式」

(イ) ① 最高周波数

☞ 101頁「PCM伝送の流れ」

(ウ) ② TDMA

☞ 95頁「多元接続方式」

(エ) ① ジッタ

解説 再生中継伝送において、いくつかの要因によりタイミング抽出回路の出力振幅が変動する場合がある。その変動が、伝送するパルス列の時間軸上の位相変動、すなわち**ジッタ**といわれるデジタルパルス列の時間的な揺らぎに変換され、伝送品質の劣化を招く。

(オ) ① 分岐・結合

☞ 109頁「光アクセスネットワークの構成」

(5－2)

(ア) ② SSB

☞ 98頁「振幅変調方式」

(イ) ② 56

解説 8kHzで標本化するということは、1秒間に8×10^3回の標本化が行われていることを意味する。また、1回の標本化で7〔bit〕の符号化が行われることから、信号の伝送速度を$x \times 10^3$〔bit/s〕とすると、次の式が成り立つ。

8×10^3〔回/s〕× 7〔bit/回〕＝ $x \times 10^3$〔bit/s〕

この式からxを求めると、x ＝ **56**となる。

(ウ) ③ WDM

☞ 110頁「光アクセスネットワークにおける双方向多重伝送方式」

(エ) ① 1×10^{-3}

☞ 96頁「伝送品質」

(オ) ① 位相

☞ 106頁「光ファイバ伝送」

[端末設備の接続のための技術及び理論]

第1章　端末設備の技術

(1－1)

(ア) ③ 光スプリッタ

解説 GE－PONは、「1対多」の光アクセス方式であり、IEEE802.3ahとして標準化されている。GE－PONでは、電気通信事業者側のOLTとユーザ側のONUとの間において、光信号と電気信号との相互変換を行わず、**光スプリッタ**を用いて光信号を複数に分岐する。これにより、光ファイバの1心を複数のユーザで共用している。

(イ) ② ADSLモデム

☞ 114頁「ADSLモデム」

(ウ) ① 有効フレームの先頭からFCSまでを受信した後、異常がなければフレームを転送する。

☞ 141頁「集線装置」

(エ) ③ AもBも正しい

解説 ISM(Industrial, Scientific and Medical)バンドは、産業、科学、医療用の機器に利用されている免許不要の周波数帯域である。5GHz帯を使用する無線LANは、使用周波数がISMバンドとは大きく異なることからISMバンドとの干渉問題がなく、近くで電子レンジやコードレス電話などが使用されているときでも安定したスループット(処理能力)が得られる。

さて、IEEE802.11で規定される無線LANでは、CSMA/CA(Carrier Sense Multiple Access with Collision Avoidance:搬送波感知多重アクセス/衝突回避)と呼ばれる媒体アクセス制御方式を使用している。このCSMA/CA方式において送信端末は、アクセスポイント(AP)からのACK信号を受信することにより、送信データが正常にAPに送信できたことを確認する。したがって、設問の記述は、**AもBも正しい**。

(オ) ③ ルータ

☞ 143頁「LAN間接続装置」

(1−2)

(ア) ① 1

解説 GE-PONでは、電気通信事業者側のOLTとユーザ側のONUとの間で、1心の光ファイバを光スプリッタで分岐し、イーサネットフレーム形式で信号を伝送する。その伝送速度は、上り方向、下り方向ともに、最大1Gbit/s(毎秒**1**ギガビット)である。

(イ) ③ ADSLスプリッタ

☞ 116頁「ADSLスプリッタ」

(ウ) ① CSMA/CA

☞ 136頁「CSMA/CA方式」

(エ) ① 非シールド撚(よ)り対線ケーブル

解説 IP電話機を100BASE-TXなどのLAN配線に接続するためには、一般に、RJ-45といわれる8ピン(8極8心)・モジュラプラグを取り付けたUTP(Unshielded Twisted Pair:**非シールド撚り対線**)**ケーブル**が用いられる。

(オ) ③ AもBも正しい

☞ 132頁「PoE機能」

第2章 ネットワークの技術

(2−1)

(ア) ② 01111110

☞ 155頁「HDLC手順のフレーム構成」

(イ) ① Manchester

☞ 152頁「デジタル伝送路符号化方式の種類」

(ウ) ④ ネットワークインタフェース

☞ 172頁「TCP/IPの階層構造」

(エ) ③ 16進数

解説 IPv6アドレスは、128ビットを16ビットずつコロン(:)で区切って、その内容を**16進数**で表示する。

(オ) ③ PDS

解説 **PDS**(PON)方式では、電気通信事業者のOSUから配線された光ファイバの1心を、光スプリッタを用いて分岐する。そして、光信号を電気信号に変換することなく、光信号のままユーザ側のONUへドロップ光ファイバケーブル(引込み光ケーブル)で配線する。

(2−2)

(ア) ① 端末が送受信する信号レベルなどの電気的条件、コネクタ形状などの機械的条件などを規定している。

☞ 158頁「OSI参照モデル」

(イ) ② ICMP

☞ 178頁「tracertコマンド等」

(ウ) ① SS

☞ 182頁「光アクセス技術」

(エ) ③ IPv4及びIPv6の両方

☞ 175頁「IP電話関連プロトコル(SIP)」

(オ) ③ VDSL

解説 光アクセスネットワークの一形態として、電気通信事業者のビルから大規模集合住宅などのMDF(主配線盤)室までの区間に光ファイバケーブルを敷設し、集合メディア変換装置(メディアコンバータ)により光信号を電気信号に変換して各住戸に分配する方法がある。この方法では、MDF室から各住戸までの区間に**VDSL**方式を適用して、通信用PVC屋内線を用いた既設の電話用の宅内配線を利用する。

第3章　情報セキュリティの技術

(3－1)

(ア) ③　ブルートフォース

☞ 191頁「不正アクセス等」

(イ) ②　ポートスキャン

☞ 191頁「不正アクセス等」

(ウ) ①　可用性

☞ 188頁「情報セキュリティとは」

(エ) ③　AもBも正しい

☞ 190頁「コンピュータウイルス」

(オ) ③　NAT

☞ 194頁「NAT、シンクライアントシステム等」

(3－2)

(ア) ②　キャッシュポイズニング

☞ 191頁「不正アクセス等」

(イ) ③　セッションハイジャック

☞ 191頁「不正アクセス等」

(ウ) ①　Aのみ正しい

解説　Wordなどのマクロ機能を悪用して、マクロの実行時にウイルスも実行して感染させる、いわゆる「マクロウイルス」の被害が後を絶たない。これを防ぐには、マクロの自動実行機能を無効にするなどの対策が必要である。

なお、ウイルスの感染が疑われる場合は、まず初めに、コンピュータを物理的にネットワークから切り離すことが重要である。ウイルスの影響範囲などを確認する前にコンピュータを再起動してしまうと、ウイルスの手掛かりが消えてしまうだけでなく、さらに被害が大きくなるおそれがある。したがって、設問の記述は、**Aのみ正しい**。

(エ) ①　シンクライアント

☞ 194頁「NAT、シンクライアントシステム等」

(オ) ①　DMZ

☞ 192頁「ファイアウォール」

第4章　接続工事の技術

(4－1)

(ア) ②　コアがクラッドより僅かに大きい値

☞ 202頁「光ファイバ」

(イ) ①　1番と2番

☞ 200頁「UTPケーブルの成端」

(ウ) ①　32

☞ 210頁「pingコマンドを用いたLANの通信確認試験」

(エ) ①　Aのみ正しい

解説　メカニカルスプライス接続は、専用の部品を用いて光ファイバどうしを軸合せして機械的に接続する方法である。接続部品の内部には、光ファイバの接合面で発生する反射を抑制するための屈折率整合剤があらかじめ充てんされている。この接続方法では、メカニカルスプライス工具が必要になるが、融着接続機などの特別な装置や電源は不要である。

一方、コネクタ接続は、光ファイバを光コネクタで機械的に接続する方法である。着脱作業を比較的簡単に行うことができ、再接続が可能という利点を持つ。したがって、設問の記述は、**Aのみ正しい**。

(オ) ②　セルラフロア

☞ 208頁「配線方式」

(4－2)

(ア) ②　コアの軸ずれ

☞ 206頁「光ファイバの接続」

(イ) ①　5e

☞ 198頁「ツイストペアケーブル」

(ウ) ①　硬質ビニル管

☞ 208頁「配線補助用品」

(エ) ③　AもBも正しい

解説　ブリッジタップがある回線にADSLのような高い周波数の信号を流すと、分岐配線の末端で信号の反射や干渉などが生じ、伝送速度の低下の原因となる。また、宅内にあるテレビやPCのノイズが、屋内配線ケーブルを通る信号に悪影響を与え、xDSLの伝送速度が低下する場合がある。したがって、設問の記述は、**AもBも正しい**。

(オ) ③　LED

☞ 202頁「光ファイバ」

[端末設備の接続に関する法規]

第1章　電気通信事業法

(1－1)

(ア) ③　データ伝送役務とは、音声その他の音響を伝送交換するための電気通信設備を他人の通信の用に供する電気通信役務をいう。

☞ ①、②　218頁第2条「定義」
③　220頁施行規則第2条「電気通信役務の種類」

(イ) ②　利益

☞ 218頁第1条「目的」

(ウ) ①　Aのみ正しい

☞ A　220頁第4条「秘密の保護」
B　220頁第3条「検閲の禁止」

(エ) ③　請求を拒む

☞ 229頁第70条「自営電気通信設備の接続」

(オ) ②　電気的

☞ 218頁第2条「定義」

(1－2)

(ア) ③　音声伝送役務とは、おおむね3キロヘルツ帯域の音声その他の音響を伝送交換する機能を有する電気通信設備を他人の通信の用に供する電気通信役務であってデータ伝送役務を含むものをいう。

☞ ①、②　218頁第2条「定義」
③　220頁施行規則第2条「電気通信役務の種類」

(イ) ①　業務の方法の改善

☞ 224頁第29条「業務の改善命令」

(ウ) ③　AもBも正しい

☞ 229頁第71条「工事担任者による工事の実施及び監督」

(エ) ②　技術基準

☞ 225頁第52条「端末設備の接続の技術基準」

(オ) ①　認定をしたものを修了

☞ 230頁第72条「工事担任者資格者証」

第2章　工担者規則、認定等規則、有線法、設備令、不正アクセス禁止法

(2－1)

(ア) ③　インターネットに接続する

☞ 237頁工事担任者規則第4条「資格者証の種類及び工事の範囲」

(イ) ③　AもBも正しい

☞ 242頁認定等規則第10条「表示」

(ウ) ①　設置及び使用

☞ 244頁有線電気通信法第1条「目的」

(エ) ②　支持物とは、電柱、支線、つり線その他電線又は強電流電線を支持するための工作物をいう。

☞ 248頁有線電気通信設備令第1条「定義」

(オ) ②　制限

☞ 257頁不正アクセス禁止法第2条「定義」

(2－2)

(ア) ①　Aのみ正しい

☞ 237頁工事担任者規則第4条「資格者証の種類及び工事の範囲」

(イ) ①　インターネットプロトコル電話用設備

☞ 242頁認定等規則第10条「表示」

(ウ) ②　物件に損傷を与えない

☞ 246頁有線電気通信法第5条「技術基準」

(エ) ②　接近した

☞ 248頁有線電気通信設備令第1条「定義」

(オ) ③　秩序の維持

☞ 256頁不正アクセス禁止法第1条「目的」

第3章　端末設備等規則(Ⅰ)

(3－1)

(ア) ②　デジタルデータ伝送用設備とは、電気通信事業の用に供する電気通信回線設備であって、多重伝送方式により、専ら符号又は影像の伝送交換を目的とする電気通信役務の用に供するものをいう。

☞ 264頁第2条「定義」

(イ) ①　責任

☞ 269頁第3条「責任の分界」
(ウ) ② Bのみ正しい
☞ 274頁第9条「端末設備内において電波を使用する端末設備」
(エ) ③ 音響衝撃
☞ 272頁第7条「過大音響衝撃の発生防止」
(オ) ② 200
☞ 273頁第8条「配線設備等」

(3－2)

(ア) ② アナログ電話用設備とは、電話用設備であって、端末設備又は自営電気通信設備を接続する点においてベースバンド信号を入出力とするものをいう。
☞ 264頁第2条「定義」
(イ) ② 事業用電気通信設備
☞ 271頁第6条「絶縁抵抗等」
(ウ) ① 実効的雑音電力
☞ 273頁第8条「配線設備等」
(エ) ③ AもBも正しい
☞ A 270頁第4条「漏えいする通信の識別禁止」
B 270頁第5条「鳴音の発生防止」
(オ) ② 100
☞ 271頁第6条「絶縁抵抗等」

第4章 端末設備等規則(Ⅱ)

(4－1)

(ア) ② 低群周波数は、600ヘルツから900ヘルツまでの範囲内における特定の四つの周波数で規定されている。
☞ 281頁第12条「選択信号の条件」
(イ) ② 海上保安
☞ 282頁第12条の2「緊急通報機能」
(ウ) ② 選択信号送出終了
☞ 286頁第18条「発信の機能」
(エ) ③ AもBも正しい
☞ 288頁第32条の2「基本的機能」
(オ) ① 電気通信回線
☞ 293頁第34条の8「電気的条件等」

(4－2)

(ア) ① 直流回路
☞ 278頁第10条「基本的機能」
(イ) ① 周期とは、信号送出時間とミニマムポーズの和をいう。
☞ 281頁第12条「選択信号の条件」
(ウ) ③ 自動再発信を行う場合にあっては、その回数は5回以内であること。ただし、最初の発信から3分を超えた場合にあっては別の発信とみなす。なお、この規定は、火災、盗難その他の非常の場合にあっては、適用しない。
☞① 292頁第32条の12「送信タイミング」
②、③ 292頁第32条の11「発信の機能」
(エ) ② Bのみ正しい
☞ A 293頁第34条の9「漏話減衰量」
B 293頁第34条の8「電気的条件等」
(オ) ① 発信を要求
☞ 285頁第17条「基本的機能」

科目別索引

電気通信技術の基礎

■英数字

■ア行

■カ行

■サ行

■マ行

■ヤ行

■ラ行

■ワ行

端末設備の接続のための技術及び理論

■英数字

■ア行

■カ行

■サ行

端末設備の接続に関する法規

工事担任者(こうじたんにんしゃ) 第2級(だいきゅう)デジタル通信(つうしん) 標準(ひょうじゅん)テキスト

2021年 2月 5日 第1版第1刷発行
2023年 12月26日 第1版第4刷発行

編 者 株式会社リックテレコム
書籍出版部
発行人 新関 卓哉
編集担当 古川 美知子
発行所 株式会社リックテレコム
〒113-0034 東京都文京区湯島3—7—7
電話 03(3834)8380(代表)
振替 00160—0—133646
URL https://www.ric.co.jp/

装丁 長久 雅行
組版 ㈱リッククリエイト
印刷・製本 シナノ印刷㈱

● 訂正等
本書の記載内容には万全を期しておりますが、万一誤りや情報内容の変更が生じた場合には、当社ホームページの正誤表サイトに掲載しますので、下記よりご確認ください。
＊正誤表サイトURL
https://www.ric.co.jp/book/errata-list/1

● 本書の内容に関するお問い合わせ
FAXまたは下記のWebサイトにて受け付けます。回答に万全を期すため、電話でのご質問にはお答えできませんので ご了承ください。
・FAX：03-3834-8043
・読者お問い合わせサイト：https://www.ric.co.jp/book/ のページから「書籍内容についてのお問い合わせ」をクリックしてください。

製本には細心の注意を払っておりますが、万一、乱丁・落丁(ページの乱れや抜け)がございましたら、当該書籍をお送りください。送料当社負担にてお取り替え致します。

ISBN978—4—86594—268—2